气象水文应用马尔科夫链统计模拟

丁裕国　刘吉峰　王　冀　著

气象出版社
China Meteorological Press

内容简介

本书从 Markov 链理论出发,探讨应用随机模拟方法建立各种统计或动力模式,并应用于大气和水文科学领域。全书共分三篇 7 章:第一篇为基础篇,叙述 Markov 过程与隐式 Markov 过程的基本理论、基于 Markov 理论的随机模拟方法与时空降尺度技术;第二篇为应用篇,介绍基于 Markov 链的天气气候变量的随机模拟技术方法;第三篇则是前沿篇,重点涉及 Markov 过程与复杂气候系统问题、气候系统的不确定性及其他一些问题。

本书可作为大气科学、水利工程、地球科学类研究生教材,也可以作为相关专业教师、本科生及科技工作者参考用书。

图书在版编目(CIP)数据

气象水文应用马尔科夫链统计模拟/丁裕国,刘吉峰,王冀著.

北京:气象出版社,2014.12

ISBN 978-7-5029-6079-7

Ⅰ.①气… Ⅱ.①丁… ②刘… ③王… Ⅲ.①马尔柯夫链-应用-水文气象学 Ⅳ.①P339

中国版本图书馆 CIP 数据核字(2014)第 301348 号

Qixiang Shuiwen Yingyong Maerkefulian Tongji Moni

气象水文应用马尔科夫链统计模拟

丁裕国 刘吉峰 王 冀 著

出版发行:气象出版社

地　　址: 北京市海淀区中关村南大街 46 号		**邮政编码:** 100081	
总 编 室: 010-68407112		**发 行 部:** 010-68409198	
网　　址: http://www.qxcbs.com		**E-mail:** qxcbs@cma.gov.cn	
责任编辑: 蔺学东		**终　　审:** 陈凤贵	
封面设计: 博雅思企划		**责任技编:** 吴庭芳	
印　　刷: 北京中新伟业印刷有限公司			
开　　本: 787 mm×1092 mm　1/16		**印　　张:** 13	
字　　数: 335 千字			
版　　次: 2015 年 6 月第 1 版		**印　　次:** 2015 年 6 月第 1 次印刷	
定　　价: 72.00 元			

序　言

　　近年来,丁裕国教授等人克服种种困难,以顽强的毅力写成这本专著。谨向作者表示衷心的祝贺!

　　丁裕国教授早年师从我国统计气象奠基人么枕生教授。20世纪80年代,他花了近10年时间完成了么枕生教授《气候统计》专著(1963年版,30万字)的扩编工作,出版了75万字的《气候统计》(修订本),该书出版后,受到各界好评。

　　近50年来,丁教授在南京信息工程大学(原南京气象学院)任教,为祖国培养了许多气象和气候专门人才,对气象科学事业,作出了很大贡献,在大气科学的教学和科研方面成就卓著。直到退休后仍笔耕不止,论文和著作延绵不断,至今已在国内外各种刊物发表学术论文200多篇,出版教科书和专著7部。尤其是近年来他与江志红教授合著的《极端气候研究方法导论》及时填补了我国在该领域的空白,率先对国际上关注的重要问题加以研究,很有意义。

　　当前的这部专著,更从随机过程理论认识到,气象观测记录只不过是随时间演变着的大气物理系统状况的一种写照。严格说来,气象观测记录,并非是一组随机样本,而只是时间的函数,原则上它们并不相互独立,这一全新的学术思想非常符合大气科学的客观事实。

　　在近代统计数学领域,随机过程理论占有重要地位。而在理论上较为成熟且应用上具有较大进展的,一般认为有两大分支:其一是平稳随机过程;其二是Markov过程。作者在《气象时间序列信号处理》这本专著中已重点阐明了第一分支的基本原理和气象应用,而本书则主要是从Markov过程和Markov链来对大气变化和运动过程加以描述。

　　20世纪后期,国际上以非线性耗散结构理论和协同学理论为代表的一种全新的"复杂系统科学"逐步形成并受到科学界的高度重视,例如,协同学理论中的自组织现象及耗散结构系统都涉及应用Markov链理论推导的主方程。在大气科学界虽有学者已经引进了这类新的理论,并逐步形成了随机—动力气候学和非线性随机—动力气候学的内容,但都未做出详细的解读和研究。近年来,经典大气动力学受到有关"内在随机性和外在随机性"问题的挑战,加之全球气候系统模式AOGCM模拟结果所存在的种种不确定性,采用统计降尺度方法细化区域和局地预测结果不失为一种有效途径,其中以Markov链理论为基础,应用Monte-Carlo随机模拟方法,构造随机天气发生器模型可以重复产生理想的模拟序列。研究表明,利用 Markov 链模型作为描述逐日气象要素演变过程的统计学模型是相当可行的。而基于 Markov 链模式的随机天气发生器是目前较为流行的模型之一。近几十年来,这类模拟方法又有新的发展,已经提出了基于 Markov 链和隐 Markov 链(HMM)方法的一系列包括逐日降水、温度、土壤湿度和太阳辐射及其大气环流型在内的随机模拟模式。

　　天气本是气候变化的基础,气候特征又是天气演变的背景。极端气候事件的出现,往往与强烈的天气转折有关,某种天气状态的持续与转折总有一定的规律可寻,各地不同气候条件所具有的天气状态转移概率的极限分布代表了各地天气气候的持续性、转折性和可预报性特征。在这一领域尚有许多问题值得深入探讨。借助于 Markov 链理论对未来气候情景的预估也有一定的可行性。所有这些有益于气候和日常天气预报的研究都有重要的学术意义。丁裕国教授等人所撰写的这本专著,开创了我国大气科学界统计学与动力学相结合的范例。另一方面,本书所阐述的随机动力学也为发展新一代的天气气候预测理论和方法提供了有价值的参考。

中国工程院院士　丁一汇

2012 年 9 月 3 日

前　言

　　人们对大气系统中的各种要素的观测记录,实际上都是时间的函数,原则上它们并不相互独立。从某种意义上说,任何观测记录都只是随机过程的一次现实(即样本函数)。因此,大气系统中的各种要素的观测记录,并不等同于数理统计学理论中的随机抽样的概念。换言之,气象观测记录序列并非就是一组随机样本,因其前提条件并不完全满足于数理统计学所要求的抽样独立性和等可能性。所以,严格说来,气象观测记录只不过是随时间演变着的大气物理系统状况的一种写照。例如,某地的逐日气温观测序列显然不能看作统计学的一个随机样本,而只能看作是逐日随机过程的一次现实;至于具有年际相关性的其他气候统计量,是否严格符合随机抽样条件,也需要深入探讨,不能一概而论。可见,若将一组气象或气候观测值记录序列作为气象或气候随机过程的一次现实来分析,应当说是合理的。

　　在近代统计数学领域,随机过程理论占有重要地位。而在理论上较为成熟且应用上具有较大进展的,一般认为有两大分支:其一是平稳随机过程;其二是 Markov 过程和 Markov 链。我们在《气象时间序列信号处理》这本专著中已重点阐明了第一分支的基本原理和气象应用,本书不作赘述。

　　Markov 链理论是 1907 年由俄罗斯著名科学家 A. A. Markov(1856—1922)奠定的,后人为了纪念他的这一贡献遂将其命名为 Markov 链或 Markov 过程。近一百多年来,Markov 过程理论及其应用有了很大发展,尤其是近几十年来,几乎在所有科学或学科,如天文科学、数理科学、生物科学、地球科学、工程科学和社会科学的各部门,有关 Markov 链应用的论著或论文一直都层出不穷。就国内大气科学界而言,以 Markov 链为基础的统计模型用于天气气候状态演变的研究尽管较少,但也与国际上基本同步。20 世纪 70 年代以来,以研究非平衡态的耗散结构理论和协同学为代表的新的统计力学取得了飞速进展。基于 Markov 链理论推导的主方程则是研究这类非平衡问题的有效方法。普利高津曾将主方程用于耗散结构问题,先后采用生灭过程、相空间及非线性三种形式的主方程讨论涨落与耗散结构。这些新的成果被引入气象学研究,有力地推动了大气科学理论的发展。例如,建立了大气系统的熵平衡理论和热力学熵模式,探讨了大气中的自组织现象,逐步形成随机—动力气候学内容。近年来,尽管AOGCM 所模拟的各种排放方案下的未来气候情景已具有时间上的高分辨率,但其空间尺度分辨率仍有细化的必要,在全球不同地区采用嵌套的区域模式或者采用各种降尺度方法已经成为研究区域尺度气候状况的有力工具。基于 Markov 链模型的随机天气发生器是目前广为应用的降尺度方法之一。伴随着气候变化不确定性理论的不断发展,基于 Markov 链理论的随机天气气候研究方法将得到不断丰富和完善。

　　此外,将当前气候条件(如当地月平均温度、降水量)作为输入的逐日天气状况模拟序列与实际观测序列尽管仍有一定的差异,但已有较高的逼真性。倘若能在未来气候情景下,保持这种逼真性,则未来气候情景下的各种基于逐日天气状态的总体气候特征就可较为真实地模拟出来,如日平均最高(低)温度、辐射、相对湿度、高(低)温日数、降水日数、最大降水量、最高(低)温度极值等。

　　撰写本书的目的之一,是从 Markov 链理论出发,探讨用 Monte-Carlo 随机模拟方法建立各种统计或动力模式,并应用于大气科学领域,如统计降尺度技术、复杂大气动力学系统的主方程和涨落理论、极端天气气候事件的频率分析等。

　　全书分三篇共 7 章:第一篇为基础篇,其中第 1 章叙述 Markov 过程与 Markov 链的基本理论;第 2 章简述新近发展的隐式 Markov 过程模式及其他具有 Markov 性的模型;第 3 章则叙述随机模拟(Monte-Carlo)方法与时空降尺度技术;第二篇为应用篇,其中第 4 章简介水文气象变量的随机模拟及其应用;第 5 章叙述基于 Markov 链的天气气候变量的随机模拟技巧;第三篇则是前沿篇,其中第 6 章重点涉及 Markov 过程与复杂气候系统问题;第 7 章简述气候不确定性及其他一些问题如多变量极值分布及其在极端天气气候事件分析中的应用。第 1、2、6、7 章由丁裕国、王冀共同编写,第 3、4 章由刘吉峰编写,第 5 章由王冀、刘吉峰共同编写,全书由丁裕国负责统稿。

　　本书的基本素材除了我们多年从事研究工作的积累外,还来源于国内外同行专家及学生们多年来的研究成果,在此一并致谢。非常感谢气象出版社的蔺学东先生对本书出版给予的大力协助和支持,他严谨、细致和耐心的工作是本书得以顺序出版的保证。特别需要指出的是,南京信息工程大学江志红教授在本书编写和出版过程中给予许多宝贵的建议,在此表示衷心的感谢。

　　本书出版得到北京市科委绿色通道项目"北京地区强降水定量预报及风险预警技术研究与应用"和公益性行业(气象)科研专项"近百年全球陆地气候变化监测技术与应用"(编号20120624)资助,在此表示感谢。

丁裕国
2012 年春于南京高教新村寓所

目　录

三、前沿篇

绪　论

　　近年来,全球气候变化已成为科学界关注的焦点。气候极值与非气候极值在时间域上的分布往往是一个个接近脉冲函数的起伏序列,这种时间序列很适合应用 Markov 过程或 Markov 链的分析方法。将随机天气发生器方法引入气候时空降尺度技术中,为 Markov 过程的应用重新开拓发展了更为广阔的研究空间。所谓降尺度方法,乃是基于把区域气候变化情景视为大尺度(如大陆尺度,甚至行星尺度)气候背景条件下,由大尺度、低分辨率的 AOGCM 模式输出信息转化为区域尺度的地面气候变化信息(如气温、降水)的一种技术方法,它弥补了 AOGCM 对区域气候变化情景预测的局限性。目前,降尺度技术得到了进一步发展,通常分为动力和统计降尺度两类。而后者则包括函数转换法、天气分型法、随机天气发生器三种方法。Markov 链方法就是随机天气发生器方法的一种。随机天气发生器是一系列可以构建气候要素随机过程的统计模型,它们可以被看作是一种复杂的随机数发生器。随机天气发生器通过直接拟合气候要素的观测值,得到统计模型的拟合参数,然后用统计模型模拟生成随机的气候要素时间序列。

　　Markov 过程与平稳随机过程既然是随机过程理论的两大主要分支,那么,验证某序列是否为 Markov 过程或 Markov 链,首先就是要验证它们是否具有 Markov 性。什么是 Markov 性? 通俗地讲,如果一个随机过程的“将来”仅仅依赖于“现在”而不依赖于“过去”,则此过程即为具有 Markov 性的 Markov 过程。换言之,它是一种“无记忆”过程,例如,就逐日时间序列而论,今天的状况只与昨天的状况有关,而与前天的状况无关。明日只与今日有关,而与前日并无直接的关系,这就是 Markov 性,俗称“无后效性”。

　　Markov 链是具有 Markov 性质的离散时间随机过程。该过程中,在给定当前知识或信息的情况下,过去(即当期以前的历史状态)对于预测将来(即当期以后的未来状态)是无关的。从理论上说,Markov 链是一个随机变量序列。这些变量所有可能取值的集合,被称为“状态空间”,而 Markov 链在时间点 n 的取值即被称之为它在时间点 n 的“状态”。如果对于时间序列的($n+1$)时间点,过去状态的条件概率分布仅仅是时间点 n 的一个函数。即为具有 Markov 性,又称为 Markov 过程的无后效性。

　　值得指出的是,所谓 Markov 过程的无后效性也还是一种理想状况,它们与实际过程的千差万别也是存在的。

1. Markov 过程的基本概念

　　随机过程理论产生于 20 世纪初,可以说,一切所谓随机过程,都只不过是随机变量理论的进一步推广。我们知道,概率论是研究随机变量的数学理论。在概率论中研究对象是指单一变量而言,即一维的,至多是二维的,或是多维的,等等。但是,假如将概率论的研究范围进一步扩大:(1)将其研究对象扩大为某个随机变量的序列(有限集或无限集,或不可数集);(2)将随机变量序列(可数或不可数集)视为另一参数(如时间或空间)的函数。那么,我们就可以称这样的随机变量序列或不可数集的随机变量集合为随机过程。例如,Markov 过程具有无后效特性,其参数 t 若看作为时间,则表明,"现在"t_r,某个系统 X 的状态与"未来"$t > t_r$ 的 X 的状态是有关联的,而与其"过去"$t_1 < t_2 < \cdots < t_{r-1}(<t_r)$ 的 X 的状态无关。也可以这样说,系统 X 的未来状态只通过现在状态与过去状态发生联系,一旦"现在"已知,"未来"和"过去"就是无关的了。为了强调$\{X_t\}$,$t = 0,1,2,\cdots$ 的参数是非负整数,对于具有 Markov 特性的时间离散且变量的状态也离散的一类随机过程又称之为 Markov 链,这是本书的主要研究对象。此外,后面将要提到的独立增量过程就是与 Markov 过程有关的一种随机过程,其增量是一组相互独立的随机变量。理论上可以证明,它就是 Markov 过程的一种特例。如果独立增量过程本身又是均值函数为零的平稳二阶矩过程,则又称其为正交增量过程。而且,假定一个独立增量过程,其增量的分布仅与参量的差值有关,与参量本身的位置无关,则称这一过程为齐次的。在随机过程理论中早已证明了以下的两种独立增量过程。

其一是维纳—爱因斯坦(Wiener-Einstein)过程。作者曾在《气象时间序列信号处理》一书的第一章提到了随机过程的一般定义和性质,其中主要提到了平稳随机过程具有有限方差函数和均值函数。而所谓 Wiener-Einstein 过程,实际上它既具有平稳正态过程的特点,又具有Markov 过程的特性,其均值函数为零,而其方差为参量差值的函数。假如以时间为参量,则过程增量随时间间隔的增大而不断改变。其二是 Poisson 随机点过程,它也是一类应用十分广泛的统计数学模型。在医学、社会学、经济学、电子与通信科学及软件与硬件可靠性等许多科学领域都能找到应用 Poisson 随机点过程的例子。而在水文、气象和地学科学领域中,更有广阔的应用空间。所谓 Poisson 随机点过程,简而言之,是指下列这样的独立增量过程:对每一时刻,过程增量(记为 X_t)均为服从 Poisson 分布的随机变量。为便于读者直观理解这类过程,我们举一气象例子,假定暴雨出现的过程符合 Poisson 分布,即在时段$(0,t)$内,暴雨出现次数 $N(t)$ 为具有参数 λt 的 Poisson 分布,则有:

$$P(N(t) = n) = \frac{(\lambda t)^n}{n!}\exp(-\lambda t) \qquad n = 0,1,\cdots \qquad (0.1.1)$$

式中:λ 称为暴雨发生率或到达率(即在单位时间中出现的暴雨次数),由此可计算在时段$(0,t)$内各时刻出现 $n = 0,1,\cdots$ 次暴雨的概率。换言之,在任何时段$(0,T)$内,暴雨次数也服从Poisson 分布,其参数为 λT。若假定随机(白噪声)降雨量为 R,显然它们与暴雨的出现次数有关。例如,假定 R 服从 Gamma 分布,其形状和尺度参数分别为(α, β)。我们称这类过程为Poisson 白噪声过程(简记为 PWN),它是最简单的 Poisson 随机点过程。如果同时考虑在时段$(0,T)$内的总降水量,则可设定累积降水量为 $Z(t) = \sum_{i=1}^{N(t)} R_i$,这种累积的降水过程就是复杂Poisson 点过程。由于 PWN 模型过于简化了实际过程,在应用于降水量模拟时误差较大,仅在特殊场合应用,一般并不采用。

2. Markov 过程的研究进展

在许多学科的研究中,都涉及 Markov 类的随机过程,例如,在独立增量过程和泊松过程的基础上,发展了均匀独立增量过程和均匀泊松过程,进一步推广就有富雷—雅尔(Furry-yule)过程(或增长过程),后来又发展出所谓增消过程(又称生灭过程)。这类随机过程虽然都同属于一类 Markov 过程,但由于其应用领域不同,其术语也略有区别。20 世纪以来,随着信息科学、生物科学、物理科学和地球科学的发展,一些非常有用的随机过程理论也得到相应的发展。如纯不连续 Markov 过程,该类过程是指那些时间参量连续变化,但其状态却是跳跃变化的。由此就可导出所谓扩散过程。所谓扩散过程非常有用,如城市大气环境中污染物的扩散过程与此模型有密切关系,而近年来,由于复杂性科学的进步,引入 Markov 过程和转移概率函数结合微分方程理论导出了许多普适性的微分或积分方程,如科尔莫哥洛夫方程、前进方程、后退方程等,如何深入研究这类学术思想,对于发展随机—动力气候模拟十分有用。关于这类概念在本书第 1 章中将有更详细说明。

以大气科学中的应用研究为例,1953 年 Brooks 和 Carruthers 在其合著的《气象学统计方法手册》一书中首次应用了 Markov 链方法分析逐日晴雨的变化过程,其后 Gabriel 和 Neumann(1962)用一阶两状态简单 Markov 链研究了以色列特拉维夫的逐日干湿变化;从此在国际上,采用简单 Markov 链模拟逐日干湿(或干湿期)变化得到了推广应用(Weiss,1963;Green,1964;Caskey,1964;Feyerherm 等,1965;Katz,1974;Gates 等,1976)。20 世纪 70 年代 Allen 和 Haan(1974)率先提出了改进的多状态 Markov 链并应用 Monte-Carlo 随机模拟方法研究逐日干湿变化。自从 20 世纪 80 年代以来,有不少学者进一步提出了用多状态 Markov 链描述不同程度的干湿状态演变,例如,Billard 和 Meshkasi 认为根据实测降水量多少可将湿日细分为不同湿润程度的状态(Allen 等,1974)。20 世纪末到 21 世纪初,美国农业部提出的有关水资源管理的 SWAT 模式大量运用 Markov 链方法,模拟逐日降水和各种气象要素变化,取得了显著效果。

在国内,Markov 链模式模拟气候序列的研究工作做得不多,么枕生(1966)为了改进 Markov 链无后效性的缺点,曾提出过一种划分状态的方法:用各状态的历史演变来定义新的“状态”取得了较好效果。王宗皓和李麦村(1974)用 Markov 链研究了天气变化的持续性指标及其预报问题。周家斌等(1975)用 Markov 链预报浙北汛期逐日晴雨变化。卢文芳(1986)曾利用简单 Markov 链对我国逐日降水过程的统计特征做了初步分析并讨论了 Markov 链阶数确定的一些问题。张耀存等(1990)从逐日降水过程干湿日演变的一阶 Markov 链及日降水量的 Gamma 分布模式出发,从理论上得到任意给定时期 N 日降水总量及最大日降水量的理论分布函数,同时得到 N 日总降水量和最大日降水量的数学期望和方差,初步证实所得模式的普适性。因此,可利用该模式估计任意给定时期内 N 日降水总量和最大日降水量的概率。丁裕国等(1990)还利用 Markov 链研究我国各大气候区若干代表测站干湿月游程的统计特征,得到许多有实际应用意义的气候统计信息。丁裕国等(1987)利用多状态 Markov 链,根据模拟理论建立一种用以产生单站逐日降水量模拟记录的随机模式,通过检验发现,模式模拟的气候统计参数同实测结果十分吻合。廖要明等(2004)曾建立过一个适用于中国广大地区的随机天气发生器,并重点介绍了常用的随机降水模拟模型(两状态一阶 Markov 链和两参数分布),根据各地不同月份计算的 4 个降水模拟参数对中国各地的逐日降水进行模拟,并利用实测的年数据对 30 年模拟结果在统计意义上进行了检验,模拟结果较好。董婕等(1997)以两状态一阶 Markov 链和两参数 Gamma 分布为天气发生器,发现 Markov 模型做气象要素短期预报能够得到较理想的结果。的确,此方法对气象资料和计算条件的要求都不高,而它有较大的实用性,能较好地反映气象要素的一般变化规律。例如,张家诚等(1963)就曾用 Markov 链研究月平均环流场的切比雪夫展开系数序列的演变规律;前已提及,么枕生(1966)用隐含前期状态的历史演变特征作为状态划分标准从而改进了 Markov 链无后效性的缺点,这类方法就是目前广为学者所应用的隐 Markov 链模型的一种;此外,还有多位学者利用 Markov 链为工具研究我国各地旱涝、干湿、环流型的变化等多种问题:例如,么枕生(1990)年曾提出过用Markov链和自回归相结合,描述干湿游程和转折点的概率计算方法。近几十年来,关于这类模拟方法又有新的发展。Richardson(1981)提出了对降水、温度和太阳辐射的一系列随机模式模拟逐日天气演变;Racsko 等(1991)提出了包括 Markov 链在内的各种模拟天气演变的方法;Bardossy和 Plate(1991)提出了用大气环流型表示的半 Markov 链方法。丁裕国等(2009)利用多状态 Markov 链,根据 Monte-Carlo 方法建立了一种用以产生单站逐日降水量记录的随机模式估计极值分位数的方法,统计检验表明,模式模拟的气候统计参数与实测结果十分吻合,据此就可间接估计出各种不同重现期的极值分位数。由此可见,利用 Markov 链模型作为描述逐日气象要素演变过程的统计学模型是相当可行的。

　　将当前气候条件(如当地月平均温度、降水量)作为输入的逐日天气状况模拟序列与实际观测序列尽管仍有一定的差异,但已有较高的逼真性。倘若能在未来气候情景下,保持这种逼真性,则未来气候情景下的各种基于逐日天气状态的总体气候特征就可以较为真实地模拟出来,如日平均最高(低)温度、辐射、相对湿度、高(低)温日数、降水日数、最大降水量、最高(低)温度极值等。天气是气候变化的基础,气候特征又是天气演变的背景。转折性天气往往是日常预报的难点,尤其是极端天气气候事件的出现,都因强烈的天气转折而产生。某种天气状态的持续与转折总是有一定规律可循的,各地不同气候条件所具有的天气状态转移概率的极限分布代表了各地天气气候的持续性和转折性特征,在这一领域尚有许多问题值得深入探讨。

3. Markov 过程研究在 21 世纪的新进展和未来展望

　　Markov 模型是对实际随机过程的一种简化,在自然界中大量存在着近似于 Markov 特性的随机过程。因此,国际上历来对这一领域十分重视。在国内,不少学科也都有一定的应用和进展,例如,在生物、物理、化学、社会科学、地学等方面,尤其在通信工程、自动控制、水文、地质、气象等学科和管理科学中都得到了极其广泛的应用。近年来,全球变化研究已成为科学界关注的焦点。将随机天气发生器方法引入气候降尺度技术中,又为 Markov 链统计学的应用重新开拓发展了更为广阔的研究空间,如常用的 Poisson 随机点过程、生灭过程、扩散过程等。

　　特别值得一提的是,21 世纪以来,隐 Markov 模式(HMM)的应用研究十分活跃。尤其是在语音和信号识别、计算机科学、金融预测等学科领域已有相当丰富的研究成果,但是,HMM在地球科学和大气科学中的应用还较为少见,在国内几乎是空白。作者认为,HMM 模式在气象学和气候学乃至一切地学学科(包括农业科学)的应用,其前景十分看好。仅举下面的例子即可说明。

　　(1)目前包括卫星在内的各种遥感数据资料,已经有相当丰富的积累,如何根据遥感数据资料将地面的各种要素记录反演出来,以减小其误差,这是一个非常棘手的问题。而如果能较好地建立一种 HMM 模式来模拟有关各种要素记录,将不失为一种解决的途径。

　　(2)通常的短期或中期天气预报,往往将预报因子纳入线性回归模型或其他线性模型中,但如果采用隐式 Markov 模式建立一种具有概率意义的随机预测模式,也许有更好的效果,因为严格说来,线性回归模型或其他线性模型都是建立在样本中的样品为相互独立假定基础上的,而实际上,其相互之间并非独立。

(3)在气候变化研究中,通常的统计降尺度技术,对未来预估的气候状况,仅用随机天气发生器来模拟,最多只用到 Markov 链模拟逐日天气,如能加入大气环流背景条件的演变,则其物理意义则更加清楚,这就需要用隐式 Markov 模型建立各种具有物理解释的统计气候模式。

诸如此类,以上只是列举出一部分应用之例而已,更为广泛的应用,还需要读者不断地推陈出新,创造新的应用成果。总而言之,基于 Markov 过程的各种统计概率模式或时间序列模式,一旦与随机模拟(Monte-Carlo)方法相结合,可能是气象学和气候学科的重要研究途径之一。

一、基础篇

第 1 章　Markov 过程与 Markov 链

1.1　基本概念和运算

　　近 100 多年来，在理论和实践两个方面，Markov 链统计学都有了很大发展。Markov 过程与平稳随机过程理论同属随机过程理论的两大主要分支，在物理、生物、通信工程、自动控制、地球科学、管理科学、社会科学等领域都得到了极其广泛的应用。

　　近年来，全球气候变化研究已成为科学界关注的焦点。将随机天气发生器方法引入气候降尺度技术中，为 Markov 链统计学的应用重新开拓发展了更为广阔的研究空间。20 世纪后期发展起来的复杂系统科学如协同学和耗散结构理论更加拓展了 Markov 过程和 Markov 链的应用空间。与此有关的过程，如 Poisson 随机点过程、独立增量过程、生灭过程、扩散过程等，也都成为重要的研究工具。

　　设有随机变量序列 $X(n)$，$n=0,1,2,\cdots$，假定它具有如下性质：

　　对于任意非负整数 $t_1 < t_2 < \cdots < t_r < t$，只要满足：

$$P\{X(t_1) = i_1, X(t_2) = i_2, \cdots, X(t_r) = i_r\} > 0 \tag{1.1.1}$$

就有：

$$
\begin{aligned}
P\{X(t) = j \mid X(t_1) &= i_1, X(t_2) = i_2, \cdots, X(t_r) = i_r\} \\
&= P\{X(t) = j \mid X(t_r) = i_r\}
\end{aligned}
\tag{1.1.2}
$$

满足上式条件的随机变量序列 $\{X(n)\}$ 就称为具有 Markov 特性（即无后效性）的随机序列，显然，所谓无后效性实际上就是无记忆性。根据无后效性，我们将（1.1.2）式又可写为下列形式：

$$P_{i,j}(t_r, t) = P\{X(t) = j \mid X(t_r) = i_r\} \tag{1.1.3}$$

上式中，通常 $P_{i,j}(t_r, t)$ 被称为从状态 i_r 转移到状态 j 的转移概率，若将上述随机序列 $X(n)$ 中的参变量 n 视为"时间"，将（1.1.3）式中的 t_r 作为"现在"，$t > t_r$ 就是"未来"，而 $t_1 < t_2 < \cdots < t_{r-1} < t_r$ 就是"过去"。换言之，所谓 Markov 性（无后效性）的概念可表述为：已知现在 $X(t_r) = i_r$ 的条件下，未来 $X(t) = j$ 发生的概率只与现在的条件有关联，而与过去的情况无关。进一步地，这就意味着，"未来"只是通过"现在"与"过去"有联系。假定时间参变量全为非负整数，则我们称上述具有 Markov 性（或无后效性）的随机序列为 Markov 链。后面我们将会见到，Markov 链就是时间离散、状态离散的 Markov 随机过程。

　　Markov 链在气象科学的应用，最早是在 20 世纪 50 年代用于晴雨逐日序列的描述，其后有人用一阶两状态简单 Markov 链研究逐日降水记录的承替规律，自 60 年代中期以后陆续又有许多学者应用这种简单 Markov 链很好地描述了各地逐日（或逐月乃至更长时期）的干湿状态变化，形成了以 Markov 链概率模式描述逐日天气型的一类研究方法。

1.2　转移概率的重要性质和运算

为了进一步从理论上说明 Markov 链的转移概率及其重要性质,再一次列出:

$$P_{i,j}(t_r,t) = P\{X(t) = j \mid X(t_r) = i_r\} \tag{1.2.1}$$

上述条件概率代表了 Markov 链的状态随着时间推移的转换情况,故又称此为转移概率。通常为了方便,用符号 $P_{i,j}(t_r,t)$ 表示在时刻 t_r 由状态 i_r 转移到时刻 t 的状态 j 的概率。推广为更一般的情形,引入最常见的具有平稳转移概率的所谓均匀 Markov 链。假定第 n 时刻的转移概率为:

$$P_{ij}(n-1,n) = P\{X_n = S_j \mid X_{n-1} = S_i\} \tag{1.2.2}$$

它与时间序号 n 无关,而仅与前后两时刻的时间差有关,换言之:

$$P_{ij}(m,n) = P(X_n = S_j \mid X_m = S_i) = p_{ij}(n-m) \tag{1.2.3}$$

则称此 Markov 链为均匀 Markov 链。这就是所谓时齐的 Markov 过程的特例。有时又称这种时间上的 Markov 链为具有平稳转移概率的 Markov 链。

由上可见,在均匀 Markov 链假定下,系统由状态 S_i 经一步转移到达状态 S_j 的转移概率 $P_{ij}(t-1,t) = p_{ij}(1)$ 与所进行的是第几步转移无关,因此,常将此概率记作 $p_{ij}(1) = p_{ij}$。显然,相应地便可将经过 n 步转移的概率写为:

$$P_{ij}(t,t+n) = p_{ij}(n) \tag{1.2.4}$$

或写为:

$$P_{ij}(t,t+n) = p_{ij}^{(n)} \tag{1.2.5}$$

上两式表明,由状态 S_i 经 n 步转移到达状态 S_j 的概率只与转移步数 n 有关。假定某一变量的状态可划分为 q 种,则由状态 $S_i(i=1,\cdots,q)$ 经过一步转移可到达所有状态 $S_1,S_2,\cdots,S_q$ 中的一个。故必有:

$$\sum_{j=1}^{q} p_{ij} = 1 \qquad (p_{ij} \geqslant 0, j=1,2,\cdots,q) \tag{1.2.6}$$

由此我们可将全部可能的转移概率排成一个转移概率矩阵:

$$\boldsymbol{P} = \begin{bmatrix} p_{11} & p_{12} & \cdots & p_{1q} \\ p_{21} & p_{22} & \cdots & p_{2q} \\ \cdots & \cdots & \cdots & \cdots \\ p_{q1} & p_{q2} & \cdots & p_{qq} \end{bmatrix} \tag{1.2.7}$$

根据上式不难看出,转移概率矩阵为非负定阵,且各行元素之和为 1。在均匀 Markov 链条件下,由全概率定理和 Markov 链的无后效性,不难得到:

$$p_{ij}(n) = \sum_k p_{ik}(m) p_{kj}(n-m) \tag{1.2.8}$$

这就是著名的切普曼—柯尔莫哥洛夫(Chapman-Kolmogorov)方程。(1.2.8)式可借助于转移概率矩阵的乘法计算,即有:

$$P(n) = P(m)P(n-m) \tag{1.2.9}$$

由(1.2.9)式便可求得任何一种状态的转移概率,因此,整个 Markov 链可以想象为从一种状态到另一种状态不断转移状态的过程(图 1.1)。而描述初始状态 S_i 的概率向量则可写为

$p_i(0), i=1,2,\cdots,q$。一般都假定初始状态概率为确定的（即各种可能的初始态是实际所固有的）。如果给定了初始状态概率向量 $p_i(0)=\pi_0$ 与任何转移概率矩阵 $\boldsymbol{P}$，则其 Markov 链就可唯一确定。显然，若给定了整个 Markov 过程的转移概率矩阵 $\boldsymbol{P}$，对于不同的初始状态概率向量 π_0，就可有不同的转移路径和结果。

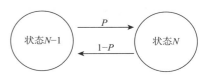

图 1.1　Markov 过程状态转移示意

根据 Chapman-Kolmogorov 方程，可以证明：

$$P(n) = P(0)P(0,n) = \pi_0 P(0,n) \tag{1.2.10}$$

式中：π_0 为在时刻 $n=0$ 的初始概率向量。在均匀链假定下，借助于 Chapman-Kolmogorov 方程就可逐步递推得到：

$$P = P(0,n) = P(0,1)P(1,2)\cdots P(n-1,n) = P^n \tag{1.2.11}$$

$$P(n) = \pi_0 P(0,n) = \pi_0 P^n \tag{1.2.12}$$

例如，在给定初始态 S_i 的情况下，就有初始概率向量 $\pi_0 = (0,0,\cdots,1,\cdots,0)$，这就等价于某一 S_i 的概率分量为 1。因此，依据 (1.2.12) 式，上述 Markov 链就可唯一确定。

这里仅以均匀 Markov 链的转移概率计算为例加以说明。假定逐日天气气候的时间序列可划分为若干状态，如 $(S_0, S_1, \cdots, S_i, \cdots, S_q)$，则 p_{ij} 代表由状态 $s_i \to s_j$ 的一步转移概率。对所有状态而言，就可排列为一种状态转移概率矩阵，这类矩阵一般又称为随机矩阵（表 1.1）。

表 1.1　转移概率矩阵（或随机矩阵）表

$t=0$	S_1	S_2	$\cdots$	S_j	$\cdots$	S_q
S_1	p_{11}	p_{12}	$\cdots$	p_{1j}	$\cdots$	p_{1q}
S_2	p_{21}	p_{22}	$\cdots$	p_{2j}	$\cdots$	p_{2q}
	$\vdots$	$\vdots$	$\vdots$	$\vdots$	$\vdots$	$\vdots$
S_i	p_{i1}	p_{i2}	$\cdots$	p_{ij}	$\cdots$	p_{iq}
	$\vdots$	$\vdots$	$\vdots$	$\vdots$	$\vdots$	$\vdots$
S_q	p_{q1}	p_{q2}	$\cdots$	p_{qj}	$\cdots$	p_{qq}

而转移概率实际上是满足无后效性即 Markov 性假定下的条件概率。对于一步状态转移，其概率写为：

$$p_{ij}(1) = p_{ij} = P(X(t)=s_j \mid X(t-1)=s_i) \tag{1.2.13}$$

上式表示，在第 $t-1$ 时刻变量处于状态 s_i，而在第 t 时刻变量转为状态 s_j 的条件概率就是状态的一步转移概率。若经过 n 步由状态 $s_i \to s_j$ 的转移概率，就可写为：

$$p_{ij}^{(n)} = p_{ij}(n) = p_{ij} \tag{1.2.14}$$

因此，只要给定了初始时刻的概率向量 $\pi_0 = (0,0,\cdots,1,\cdots,0)$，就可由 (1.2.12) 式推出任意步状态转移后的概率。例如，假定选取初始状态为 S_0，则有 $\pi_0 = (1,0,\cdots,0,\cdots,0)$，相应地由 (1.2.12) 式得到矩阵式：

$$(1,0,\cdots,0,\cdots,0)\begin{bmatrix} p_{00} & p_{01} & \cdots & p_{0q} \\ p_{11} & p_{12} & \cdots & p_{1q} \\ \cdots & \cdots & \cdots & \cdots \\ p_{q1} & p_{q2} & \cdots & p_{qq} \end{bmatrix} = (p_{00}, p_{01}, \cdots, p_{0q}) \tag{1.2.15}$$

若选取初始状态为 S_2,则有 $\pi_0=(0,0,1,\cdots,0,\cdots,0)$,相应地由(1.2.12)式就得到:

$$(0,0,1,\cdots,0,\cdots,0)\begin{bmatrix}p_{00} & p_{01} & \cdots & p_{0q}\\ p_{11} & p_{12} & \cdots & p_{1q}\\ \cdots & \cdots & \cdots & \cdots\\ p_{q1} & p_{q2} & \cdots & p_{qq}\end{bmatrix}=(p_{20},p_{21},\cdots,p_{2q}) \qquad (1.2.16)$$

如此,不难类推。于是,在实际计算中,从 $S_i \to S_j$ 状态的 n 步转移概率就可写为:

$$p_{ij}(n)=\sum_k p_{ik}(m)p_{kj}(n-m) \qquad (1.2.17)$$

式中:n 为转移总步数,k 代表状态的数目。这一公式表明,由状态 $S_i \to S_j$ 经 n 步转移的概率等价于从状态 $S_i \to S_k$ 的前 m 步转移概率和由状态 $S_k \to S_j$ 的后 $n-m$ 步转移的全概率计算。例如,假定有一个三状态 Markov 链,经过 $n=2$ 步转移,得到下列转移矩阵:

$$\mathbf{P}^2=\begin{bmatrix}p_{00}^{(2)} & p_{01}^{(2)} & p_{02}^{(2)}\\ p_{10}^{(2)} & p_{11}^{(2)} & p_{12}^{(2)}\\ p_{20}^{(2)} & p_{21}^{(2)} & p_{22}^{(2)}\end{bmatrix} \qquad (1.2.18)$$

其中,如转移概率:

$$p_{12}^{(2)}=p_{12}^{(2)}=\sum_{k=1}^{3}p_{1k}^{(1)}p_{k2}^{(1)} \qquad (1.2.19)$$

表明了从状态 S_1 可经三条路径用两步转移到达状态 S_2,如图 1.2 所示。

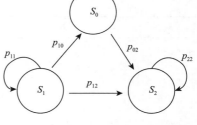

图 1.2　状态 S_1 经三条路径用
两步转移到达状态 S_2

　　由上可见,若各状态开始的概率向量为 π_0,则经 n 步转移到各状态的概率向量可结合上述例证,根据(1.2.12)式得到:

$$p_j^{(n)}=\pi_0 P^n \qquad (1.2.20)$$

其中,行向量为:

$$p_j^{(n)}=(p_{j0}^{(n)},p_{j1}^{(n)},\cdots,p_{jq}^{(n)}) \qquad (1.2.21)$$

初始向量为:

$$\pi_0=(p_0^{(0)},p_1^{(0)},\cdots,p_j^{(0)},\cdots,p_q^{(0)}) \qquad (1.2.22)$$

上面的初始向量中,除了 $p_j^{(0)}=1,j=0,1,2,\cdots$ 以外,其余元素皆为零。

1.3　状态的划分和 Markov 链的分类

1.3.1　几个重要的基本概念

　　Markov 链实际上是 Markov 过程的特例。首先,我们必须明确 Markov 过程的一个重要概念,即状态空间的概念。所谓 Markov 过程的状态空间是指该过程所有可能取值的全体,通常记为 $X(t),t \in T$。根据 Markov 链的状态空间特点,可以将 Markov 链划分为不同的类型。由此总可以寻找出符合观测实际的 Markov 链类型作为模拟天气气候记录的模式。为了划分 Markov 链的类别,还必须明确下列几个基本概念。

（1）相通状态

如前所说，在状态空间$(S_0,S_1,\cdots,S_i,\cdots,S_q)$中，若从状态 S_i 经过 $n\geqslant 1$ 转为状态 S_j 时，有 $p_{ij}^{(n)}>0$，那么我们就称状态 S_i 和状态 S_j 是相通的，并记为 $S_i\leftrightarrow S_j$。换言之，从状态 S_i 经过 $n\geqslant 1$ 步转移之后，总可达到状态 S_j。

（2）首次通过时间

所谓首次通过时间，又称为首次到达时间。在上述相通状态之间，如任两种状态 S_i 和 S_j 之间，对于随机变量 $\{X(0)=S_i\}$ 而言，若给定另一个随机变量取值为：

$$T_{ij}=\min\{n:X(0)=S_i,X(n)=S_j,n\geqslant 1\} \tag{1.3.1}$$

上式表明，在所有的正整数 n 中，取最小值，而这里，随机变量 T_{ij} 代表从初始时刻（$t=0$），变量由状态 S_i 首次到达状态 S_j 的时刻，又称为首次到达时间或首次通过时间。显然，由 S_i 状态，经 n 步首次到达状态 S_j 的概率可写为：

$$f_{ij}^{(n)}=P[T_{ij}=n\,|\,X(0)=S_i]\geqslant 0 \tag{1.3.2}$$

从形式上规定 $T_{ij}(\omega)=+\infty$，这里 ω 的取值或为$\{X(0)\neq S_i\}$，或为$\{X(0)=S_i,X(n)\neq S_j,n\geqslant 1\}$，于是，（1.3.2）式也可写成：

$$f_{ij}^{(n)}=P[X(n)=S_j;X(m)\neq S_j,m=1,2,\cdots,n-1\,|\,X(0)=S_i]$$
$$=\sum_{i_1=j}\cdots\sum_{i_{n-1}=j}p_{ii_1}p_{i_1i_2}\cdots p_{i_{n-1}j}\geqslant 0 \tag{1.3.3}$$

若定义：

$$f_{ij}=\sum_{n=1}^{\infty}f_{ij}^{(n)}=\sum_{n=1}^{\infty}P\{T_{ij}=n\}=P[T_{ij}<\infty] \tag{1.3.4}$$

则上式就是变量（或系统）自状态 S_i 出发迟早要到达状态 S_j 的概率。且有：

$$0\leqslant f_{ij}^{(n)}\leqslant f_{ij}\leqslant 1 \tag{1.3.5}$$

由此就可引出关于概率 $f_{ij}^{(n)}$ 的若干性质：可以证明，状态 S_i 与状态 S_j 相通的充要条件是 $f_{ij}>0$，$f_{ji}>0$；若 S_i 即为 S_j，则 T_{ii} 就是自状态 S_i 出发，首次返回状态 S_i 的时刻。f_{ii} 就是自状态 S_i 出发，在有限步内迟早要返回状态 S_i 的概率，且 $0\leqslant f_{ii}\leqslant 1$。于是，又可推得：

①常返状态：若有概率 $f_{ii}=1$，则表明 S_i 为常返状态或回返状态；

②非常返状态：若有概率 $f_{ii}^{(n)}<1$，则表明 S_i 为非常返状态或非回返状态。

我们来理解其含意：如果状态 S_i 是常返的，它必定以概率 1 不断地无穷次返回状态 S_i；如果状态 S_i 是非常返的，则以概率 1 只有有限次返回状态 S_i。换言之，系统无穷次返回状态 S_i 的概率为零。

另一方面，我们还可进一步讨论常返状态的性质：

对于常返状态 S_j，显然，其平均返回时间为：

$$\mu_j=\sum_{n=1}^{\infty}n\cdot f_{jj}^{(n)} \tag{1.3.6}$$

如果 $\mu_j<\infty$，则称这种状态为正常返状态（正回返）；如果 $\mu_j=\infty$（表明 $\dfrac{1}{\mu}=0$）则称这种状态为零常返状态（零回返）。

此外，可定义周期状态：所谓周期状态是指返回概率 p_{ii}（即前面所指 f_{ii}）除在 $n=t,2t,3t,\cdots$ 有 $p_{ii}>0$ 以外，其余都为零，且没有比 t 更大的 t' 存在。换言之，若不存在上述某个 t 时，状态 S_i 就称为非周期状态。这就是后面要提到的非周期的正常返状态，又称为遍历状态。

（3）遍历性或各态历经性

所谓遍历性即各态历经性是随机过程理论的重要概念之一。为了说明这一概念,可先设初始状态为 S_i,若存在任一状态 S_j,则人们必然会提出这样的问题:经过 n 步转移,能使得 $p_{ij}(n) > 0$,当 $n \to \infty$ 时,其转移概率 $p_{ij}(n)$ 将如何变化? 所谓"各态历经性"就是针对这一问题而言的。下面的定理称为各态历经定理:对于有限多种状态的均匀 Markov 链,当 $n \to \infty$ 时,其转移概率 $p_{ij}(n)$ 将趋于一个与 i 无关的极限 $p_j(j = 1, 2, \cdots, k)$。

换言之,若有多种状态($S_0, S_1, \cdots, S_i, \cdots, S_k$)的均匀 Markov 链之转移概率矩阵 $\boldsymbol{P}_1 = (p_{ij})$,假如有一正整数 k 存在,使得矩阵 $\boldsymbol{P}_k = (p_{ij})$ 中某个列 $k_1(k_1 > 1)$ 的诸元素 $p_{ij}(n)$ 满足关系:

$$\min_{1 \leqslant i \leqslant k} p_{ij}(n) = \delta > 0 \tag{1.3.7}$$

由此,得到:

$$\lim_{n \to \infty} p_{ij}(n) = p_j \qquad j = 1, 2, \cdots, k \tag{1.3.8}$$

即对于任何满足(1.3.8)式的 j,$p_{ij}(n) \geqslant \delta$。此外,还有:

$$\sum_{j=1}^{k} p_j = 1 \tag{1.3.9}$$

$$|p_{ij}(n) - p_j| \leqslant (1 - k\delta)^{\frac{n}{k} - 1} \tag{1.3.10}$$

总结上述几种 Markov 模型可见,所有的状态中只要不是吸收状态,它与相邻的状态(非吸收状态)都是相通的。从而在不带吸收壁的随机游动中,所有的状态都是相通的。

1.3.2　Markov 链的分类

上述这些概念中最为关键的是:根据状态及其转移概率可以确定几种类型,而进一步又可由各种状态组成的集合对 Markov 链进行分类。总结所述概念,可给出如下定理(证明略):

（1）理论上可以证明,状态 S_i 为常返的充要条件是:$\sum_{n=1}^{\infty} p_{ii}^{(n)} = \infty$;

（2）如果状态 S_i 为常返的,则它为零常返的充要条件是:$\lim_{n \to \infty} p_{ii}^{(n)} = 0$;

（3）如果状态 S_i 为非周期的正常返状态即遍历状态,则有 $\lim_{n \to \infty} p_{ii}^{(n)} = \dfrac{1}{\mu_i}$;

（4）如果状态 S_i 为周期的正常返状态,则有 $\lim_{n \to \infty} p_{ii}^{(n)} = \dfrac{t}{\mu_i}$。

根据上面的定理,可得如下依赖于转移概率渐近性的状态判别标准:

（1）若状态 S_i 为非常返的,必有 $\sum_{n=1}^{\infty} p_{ii}^{(n)} < \infty$,当然必有极限 $\lim_{n \to \infty} p_{ii}^{(n)} = 0$;

（2）若状态 S_i 为零常返的,必有 $\sum_{n=1}^{\infty} p_{ii}^{(n)} = \infty$,且有极限 $\lim_{n \to \infty} p_{ii}^{(n)} = 0$;

（3）若状态 S_i 为正常返的,必有 $\sum_{n=1}^{\infty} p_{ii}^{(n)} = \infty$,且有上极限 $\varlimsup_{n \to \infty} p_{ii}^{(n)} > 0$。

显然,若状态 S_i 与状态 S_j 是相通的,则两者同为一种类型的状态,或同为非常返,或同为常返,或同为非周期或同为周期的。本章 1.3.1 节已述及状态空间的概念,也可进一步说明状态空间与集合的关系。

1.3.3 闭集与状态空间的分解

所谓闭集是指由一些状态所组成的集合。如果对于任何状态 S_i 属于集合 C，而状态 S_j 不属于集合 C，有转移概率 $p_{ij}=0$，由此可进一步推得：

$$p_{ij}^{(2)} = \sum_{k=0}^{\infty} p_{ik}p_{kj} = \sum_{i \notin C} p_{ik}p_{kj} + \sum_{i \in C} p_{ik}p_{kj} \tag{1.3.11}$$

根据数学归纳法，不难证明：

$$p_{ij}^{(n)} = 0 \qquad (S_i \in C, S_j \notin C) \tag{1.3.12}$$

换句话说，只要 $S_i \in C$，$S_j \notin C$，则从状态 S_i 出发就不可能到达状态 S_j。推而广之，对一切 $n \geq 1$ 和 $S_i \in C$，必有 $\sum_{j \in C} p_{ij}^{(n)} = 1$。这就是说，对于整个状态空间构成一个闭集，这是一个较大的闭集，而吸收状态构成一个闭集，这是一个较小的闭集。除了整个状态空间外，没有任何其他闭集的 Markov 链就称为不可约链。根据以上这些原理，如果 S_i 为常返状态，且 $S_i \rightarrow S_j$，表明 S_j 必为常返状态。可见，自常返状态出发，只能到达常返状态，而不能到达非常返状态。因此，常返状态的全体构成一个闭集。在集合 C 中，相通状态即为等价状态，它们具有下列性质：

① 自返性：$S_i \leftrightarrow S_i$；

② 对称性：如 $S_i \leftrightarrow S_j$，则 $S_j \leftrightarrow S_i$；

③ 传递性：如 $S_i \leftrightarrow S_j$，$S_j \leftrightarrow S_k$，则 $S_i \leftrightarrow S_k$。

由此可以证明，所有的常返状态可以分成若干个互不相交的闭集 $\{C_k\}$，且有：

① C_k 中任两个状态相通；

② C_k 中任一个状态与 C_g 中的任一状态，在 $k \neq g$ 时是互不相通的。

上述属于常返状态的各个闭集 $\{C_k\}$ 统称为基本常返闭集。在此基础上，若将整个状态空间记为 I，则它可被分解为：

$$I = N + C_1 + C_2 + \cdots \tag{1.3.13}$$

式中：N 为非常返状态组成的集合；而各个 $C_i (i=1,2,\cdots)$ 均为基本常返闭集，其各闭集之间互不相通，但其各闭集内部却是互通的。由此我们可将所有的状态分类与 Markov 链的分类联系起来。现将状态空间归结如下：

$$\begin{cases} \text{基本常返集} \begin{cases} \text{非周期正常返集} \begin{cases} \text{单位集} \\ \text{正则集} \end{cases} \\ \text{零常返集} \\ \text{周期常返集（循环集）} \end{cases} \\ \text{非常返集（瞬时集）} \rightarrow \text{基本常返集}(N) \end{cases}$$

通常我们按照状态空间所具备的集合属性划分 Markov 链的类别：

① 没有瞬时集的 Markov 链

a) 正则 Markov 链（仅含一个各态遍历集）；b) 循环 Markov 链（含有周期状态）。

② 具有瞬时集的 Markov 链

a) 所有各态遍历集都为单位集（吸收 Markov 链）；b) 所有各态遍历集都为正则集（并全为单位集）；c) 所有各态遍历集都为循环集；d) 所有各态遍历集既有循环遍历集又有正则遍历集。

由此可见，上述这些 Markov 链都可以变换为正则链或各态遍历链或吸收链去处理。正则 Markov 链较易于数学处理，而天气气候状态序列的变化过程又往往符合正则链，即从任何天气气候状态出发,都能到达天气气候的任何另一状态(直接或间接),所以它又是所谓的各态遍历链。例如,由状态 $S_0,S_1,\cdots,S_m$ 出发,经过 n 步转移又返回出发状态,其最大公约数可证为 1,且其周期也为 1,故它就是一种正则 Markov 链。目前对于正则 Markov 链在气象中的应用研究较多。

1.4　随机游动模型和 Markov 链

假设在线段(1,5)上有一质点可在其左右随机游动。若假定它只能停留于 1,2,3,4,5 这五个位置上,且只能在可数的整时刻发生随机游动,而且每时刻只能移动一步,例如,在 1 秒、2 秒发生随机移动。显然,我们可以用 Markov 链来模拟其随机游动的全过程。为了叙述方便,首先介绍两种特殊的状态:吸收状态和反射状态。所谓吸收状态,就是指系统到达状态 S_i 或 S_j 时就永远停留于那里不再返回其他状态。其典型例证就是后面将要提到的随机游动模型中的吸收壁。而所谓反射状态就是指,系统到达状态 S_i 或 S_j 时就立即被返回其他状态,如同被反射回去一样,故又称其为反射状态。其典型例证就是后面将要提到的随机游动模型中的反射壁。为了研究方便,将上述 5 个坐标点分别以状态 $(S_1,\cdots,S_5)$ 表示。为此,据不同的假定条件下就可有几种典型的 Markov 链过程,即几种典型的 Markov 模型。

1.4.1　带有双吸收壁的随机游动模型

假定质点到达状态 S_1 和 S_5 时就永远停留于那里不再返回其他状态,于是将状态 S_1 和 S_5 统称为吸收壁,通常称此类模型为带有双吸收壁的 Markov 模型。其一步转移概率可写为:
$p_{i,i+1}=p,p_{i,i-1}=1-p=q,i=1,2,3,4,5$,显然,$p_{1,1}=p_{5,5}=1$,于是,其转移概率矩阵为:

$$\boldsymbol{P}=\begin{bmatrix}1&0&0&0&0\\q&0&p&0&0\\0&q&0&p&0\\0&0&q&0&p\\0&0&0&0&1\end{bmatrix} \tag{1.4.1}$$

1.4.2　带有双反射壁的随机游动模型

假定质点一旦到达状态 S_1 和 S_5 时就立即返回其他状态,于是将状态 S_1 和 S_5 统称为反射壁,通常称此类模型为带有双反射壁的 Markov 模型。假定其一步转移概率同前。

这时可有转移概率矩阵:

$$\boldsymbol{P}=\begin{bmatrix}0&1&0&0&0\\q&0&p&0&0\\0&q&0&p&0\\0&0&q&0&p\\0&0&0&1&0\end{bmatrix} \tag{1.4.2}$$

1.4.3　带有双反射壁的有条件的随机游动模型

假定质点一旦到达状态 S_1 和 S_5 时就立即以概率 1 返回中心点状态 S_3,这时可有转移概率矩阵：

$$\boldsymbol{P} = \begin{bmatrix} 0 & 0 & 1 & 0 & 0 \\ q & 0 & p & 0 & 0 \\ 0 & q & 0 & p & 0 \\ 0 & 0 & q & 0 & p \\ 0 & 0 & 1 & 0 & 0 \end{bmatrix} \qquad (1.4.3)$$

1.4.4 带有半吸收壁的随机游动模型

假定质点一旦到达状态 S_1 和 S_5 时就立即以概率 1/2 停留于该状态，又以概率 1/2 反射回其他状态，这时可有转移概率矩阵：

$$\boldsymbol{P} = \begin{bmatrix} \frac{1}{2} & 0 & 0 & 0 & \frac{1}{2} \\ q & 0 & p & 0 & 0 \\ 0 & q & 0 & p & 0 \\ 0 & 0 & q & 0 & p \\ \frac{1}{2} & 0 & 0 & 0 & \frac{1}{2} \end{bmatrix} \qquad (1.4.4)$$

1.4.5 有条件的带双反射壁的随机游动模型

假定质点一旦到达边界状态 S_1 和 S_5 时就立刻反射到另一边界状态，于是其转移矩阵为：

$$\boldsymbol{P} = \begin{bmatrix} 0 & 0 & 0 & 0 & 1 \\ q & 0 & p & 0 & 0 \\ 0 & q & 0 & p & 0 \\ 0 & 0 & q & 0 & p \\ 1 & 0 & 0 & 0 & 0 \end{bmatrix} \qquad (1.4.5)$$

1.4.6 爱伦菲斯特(Ehrenfest)模型

这是一种特殊的随机游动模型。由于其在物理科学上的重要地位，多年来，许多学者在说明这一模型时往往有一定的片面性，借此机会，本书对它作一全面的介绍。为了叙述方便，我们仍以上面的五种状态游动为例。假定有有限状态的时齐 Markov 链，其状态空间为 $C = \{-a, -a+1, \cdots, -1, 0, +1, +2, \cdots, a\}$，于是，上面的随机游动模型中的转移概率分别为：

当系统所处状态在中心原点的左侧时，有左移概率：

$$p_{i,i-1} = \frac{1}{2}\left(1 + \frac{i}{a}\right) < \frac{1}{2} \qquad (1.4.6)$$

当系统所处状态在中心原点的右侧时，有右移概率：

$$p_{i,i+1} = \frac{1}{2}\left(1 - \frac{i}{a}\right) > \frac{1}{2} \qquad (1.4.7)$$

换言之，当系统在原点的左侧时，其下一步系统向右移的可能性大；而当系统在原点的右侧时，其下一步系统向左移的可能性大。这种倾向性与它离原点的距离成正比。另一方面，当系统处于边界状态 $-a$ 或 a 时，其转移概率分别为：

$$p_{a,a-1} = 1 \tag{1.4.8}$$

$$p_{-a,-a+1} = 1 \tag{1.4.9}$$

上式表明,此模型的左右边界具有反射壁。这一模型是著名的奥地利科学家波尔兹曼(Boltzmann)的学生爱伦菲斯特(Ehrenfest)夫妇所提出的一种称为"罐子游戏"的实验模型。他们的论文对于统计物理的一些概念作了精辟的论述。设想有 N 个球分布在 A,B 两个罐子中,如果每隔一段时间 τ,任选一球,并将其从一个罐子移至另一罐中。设在 n_τ 时,A 中有 k 个球,B 中有 $N-k$ 个球。假定罐中球的转移概率,又称为跃迁概率与罐中球数成正比,则一个球从 $A \to B$ 的跃迁概率为 $\dfrac{k}{N}$,而从 $B \to A$ 的跃迁概率即为 $1-\dfrac{k}{N}$。如果该实验持续进行,最终将得到球的最可几分布(图 1.3)。关于爱伦菲斯特模型,对于研究非线性非平衡问题都有很重要的意义,我们在以后的章节中还要涉及有关概念。

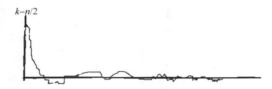

图 1.3　爱伦菲斯特(Ehrenfest)模型中的平衡态趋近示意图

此外,我们可以推得:

$$\begin{aligned} p_{ij}^{(n+1)} &= p_{i,j-1}^n p_{j-1,j} + p_{i,j+1}^n p_{j+1,j} \\ &= \frac{a-j+1}{2a} p_{i,j-1}^n + \frac{a+j+1}{2a} p_{i,j+1}^n \end{aligned} \tag{1.4.10}$$

根据扩散过程的推导,假定时间步长与空间步长的比值为:

$$\frac{(\Delta x)^2}{\Delta t} = 2D \tag{1.4.11}$$

即可证明随机游动的范围,随着时间步长的无限减小,而扩展到整个直线。利用泰勒展开及一系列数学处理,可得到类似的扩散过程。

1.5　正则 Markov 链及其简单应用

所谓正则 Markov 链就是没有瞬时集的各态遍历 Markov 链。本节我们就来详细叙述正则 Markov 链及其应用。正则 Markov 链的转移概率矩阵就称为正则转移矩阵。

1.5.1　正则 Markov 链及其极限分布

在正则 Markov 链中,无论从任何一种状态出发,都可以在 n 步转移后到达任何另一种状态。由此可见,n 阶转移矩阵 $\boldsymbol{P}^n$ 是没有零值分量的矩阵。如果 $\boldsymbol{P}$ 是正则 Markov 链的转移矩阵,则可以证明当 $n \to \infty$ 时,$\boldsymbol{P}^n \to \boldsymbol{A}$。矩阵 $\boldsymbol{A}$ 又被称为极限矩阵。显然,还有 $\boldsymbol{A} = \xi\alpha$,这里 $\alpha = (\alpha_0, \alpha_1, \cdots, \alpha_m)$ 为具有 $m+1$ 个分量的行向量(行矩阵)。而 ξ 就是所有分量皆为 1 的列向量。

换言之,正则链的转移概率为:

$$\lim_{n \to \infty} p_{jk} = a_k \tag{1.5.1}$$

式中：j 与 k 代表链的任何状态，且 a_k 和 j 无关，换句话说，从任何初始状态 j 出发，在转移次数达到相当大时（$n \to \infty$）若出现了上面的等式（1.5.1），则表明所有的状态经过若干次转移，都可达到任何一种状态，而与其初始的状态无关。显然，$p_{jk} \to a_k$ 恰恰代表了某一种极限概率分布，因此，矩阵 A 就是正则 Markov 链的极限矩阵（各列中的元素相同），向量 a 就是极限向量。众所周知，在统计物理和量子物理试验中，常常遇到某一物理系统经过一段时间以后，处于某种平衡状态，此后，在宏观上，系统不再随着时间而变化，一般就认为该系统达到了某种平衡分布或平稳分布。在有的场合，通常又称 P 为具有长历程分布或具有平稳分布。以下我们用实际天气气候演变过程中最典型的适合于正则 Markov 链模拟的过程为例，说明之。

通常是逐日天气状态的时间序列，如逐日干（湿）晴（雨）、逐日云量、逐日降水量、逐日温度等。也可以是不等时间间隔的天气气候时段统计量所构成的时间序列，如干湿期、冷暖期序列，甚或干湿年、冷暖年序列等。一般可根据一定的标准或实际问题的应用需要，将气象时间序列划分为若干状态，如（$S_0, S_1, \cdots, S_i, \cdots, S_q$），值得指出的是，经验表明，通常状态序号以 0 为起始而不以 1 为起始较为方便。状态划分的方法可以有多种。这里略举几种在以往研究中所提出的方法，供读者参考：①按变量的数值大小用等距量级划分状态；②按变量的数值大小用非等距量级划分状态，如算术级数或几何级数划分；③将变量的历史状态演变考虑在内的状态划分；④将与变量历史演变有关的成因考虑在内的状态划分。

上述状态划分方法仅是作者据多年来的经验和文献总结而成，并非至臻完善，在不断深入研究的基础上，未来还可能有所发展。即以上面这四种划分方法而论，方法①和②是日常所用的最普遍方法。而方法③是将变量的历史状态演变已考虑在内的状态划分方法。该状态划分方法是由我国著名气候学家么枕生教授在 1966 年提出的。从理论上说，这种状态划分法属于本书后面要提到的隐 Markov 链的一种。至于方法④，则更是一种隐 Markov 链模型。这种方法是作者近年来提出的，将与状态变量历史演变有关的成因考虑在内的一种状态划分方法。以干湿逐日变化为例，假定每一日都对应着高空大气环流的某一状态（如以西风指数为指标），则我们可将每日西风指数序列首先划分为两种对应于干湿日状态的指标（如高低西风指数），于是就构成了所谓的隐含 Markov 链。将隐含 Markov 链应用于历史演变的干湿日状态序列，其优点在于，它考虑了成因的历史演变。

现以方法③为例，将无雨日（干日）作为状态 S_0，并规定干日后出现一个雨日（湿日）作为状态 S_1。继续出现一个湿日作为状态 S_2，$\cdots$，以此类推，若当状态 S_p 后继续为湿日，则定为状态 S_{p+1}。

为了便于理解，假设我们有原始观测记录序列：

$$\text{DDDDWDDWWDDDWWWDD} \tag{1.5.2}$$

上述序列中 D（dry）表示干日（日降水量 < 0.1 mm）；W（wet）表示湿日（日降水量 $\geqslant 0.1$ mm）。那么，按照上述状态划分方法的规定，就有下列状态序列：

$$S_0 S_0 S_0 S_0 S_1 S_0 S_0 S_1 S_2 S_0 S_0 S_0 S_1 S_2 S_3 S_0 S_0 \tag{1.5.3}$$

当然也还可以将与变量历史演变有关的成因考虑在内的状态划分方法（后文将要提到）。现以（1.5.1）式和（1.5.2）式记录为例，采用正则 Markov 链，即可计算其转移概率矩阵：

$$\boldsymbol{P} = \begin{bmatrix} q_0 & p_0 & 0 & 0 \\ q_1 & 0 & p_1 & 0 \\ q_2 & 0 & 0 & p_2 \\ 1 & 0 & 0 & 0 \end{bmatrix} \tag{1.5.4}$$

式中：q_0 代表从状态 $S_0 \to S_0$ 的转移概率 p_{00}；p_0 代表从状态 $S_0 \to S_1$ 的转移概率 p_{01}；q_1 代表从状态 $S_1 \to S_0$ 的转移概率 p_{10}；p_1 代表从状态 $S_1 \to S_2$ 的转移概率 p_{12}；q_2 代表从状态 $S_2 \to S_0$ 的转移概率 p_{20}；p_2 代表从状态 $S_2 \to S_3$ 的转移概率 p_{23} 等。而一旦状态 S_3 出现，必然要返回 S_0，即转移概率为 1。假定持续湿日状态数最多为 $k=3$。则 $k > 1$，状态 $S_k \to S_k$ 或 $S_k \to S_{k-1}$ 都是不可能发生的。故其转移概率为 0。将其推广为一般形式，就可写成转移概率矩阵：

$$P = \begin{bmatrix} q_0 & p_0 & 0 & 0 & 0 & \cdots \\ q_1 & 0 & p_1 & 0 & 0 & \cdots \\ q_2 & 0 & 0 & p_2 & 0 & \cdots \\ \cdots & \cdots & \cdots & \cdots & \cdots & \cdots \\ q_k & 0 & 0 & 0 & 0 & p_k \\ 1 & 0 & 0 & 0 & 0 & 0 \end{bmatrix} \tag{1.5.5}$$

此转移概率矩阵和初始状态 S_0 就可规定一个具有状态 $S_0, S_1, S_2 \cdots$ 的有限 Markov 链。这是与一般实际相符的，因为湿日序列总是有限的，它不可能无限长。

1.5.2　正则 Markov 链的基本矩阵和主要性质

设正则 Markov 链的转移概率矩阵为 P，其极限矩阵为 A。可以证明，它们有下列关系：

$$Z = I + \sum_{n=1}^{\infty} (P^n - A) \tag{1.5.6}$$

上述矩阵 Z 便称为一个正则 Markov 链的基本矩阵。其中 I 为单位矩阵，P^n 为 n 步转移概率矩阵。与此同时，还可证明基本矩阵 Z 具有下列性质：

①$PZ = ZP$ $\tag{1.5.7a}$

②$Z\xi = \xi$ $\tag{1.5.7b}$

③$\alpha Z = \alpha$ $\tag{1.5.7c}$

④$I - Z = A - PZ$ $\tag{1.5.7d}$

⑤$Z = (I - P + A)^{-1}$ $\tag{1.5.7e}$

上式中除了 A 为极限矩阵外，α 则称为极限向量，ξ 为各元素为 1 的列向量。根据基本矩阵 Z 的定义，由于 I 的行和数为 1，$P^n - A$ 的行和数为零。所以，基本矩阵 Z 的每行和数为 1。

以下根据(1.5.2)式给出的记录序列，设 $p_0 = P(M|D)$ 代表在前一日为干日条件下，现转移为湿日的条件概率，$q_0 = P(D|D)$ 则代表前一日为干日条件下，现在仍为干日的条件概率，且 $p_0 + q_0 = 1$；$p_1 = P(M|DM)$ 代表在前面仅有一个湿日的条件下，现仍持续有一个湿日的条件概率，$q_1 = P(D|DM)$ 则代表前面仅有一个湿日的条件下，现转移为一个干日的条件概率，且 $p_1 + q_1 = 1$；$p_2 = P(M|DMM)$ 代表在前面已经持续两个湿日的条件下，现仍持续有一个湿日的条件概率，$q_2 = P(D|DMM)$ 则代表在前面已持续两个湿日的条件下，现转移为一个干日的条件概率，且 $p_2 + q_2 = 1$；等等。令 p_k 代表在前面已经持续 k 个湿日的条件下，现仍持续一个湿日的条件概率，q_k 则代表前面已持续出现 k 个湿日的条件下，现转移为一个干日的条件概率，且 $p_k + q_k = 1$。

另，设 $f_k (k = 1, 2, \cdots)$ 代表干日在初始试验(干日)以后第一次在第 k 次试验中出现的条件概率，即 $f_1 = \dfrac{P(DD)}{P(D)}, f_2 = \dfrac{P(DMD)}{P(D)}, f_3 = \dfrac{P(DMMD)}{P(D)}, f_4 = \dfrac{P(DMMMD)}{P(D)}, \cdots, f_1 + f_2 + \cdots = 1$，于是，根据条件概率可以求得：

$$p_0 = P(M \mid D) = \frac{P(D) - P(DD)}{P(D)} = 1 - f_1$$

$$p_1 = P(M \mid DM) = \frac{P(DM) - P(DMD)}{P(D) - P(DD)} = \frac{1 - (f_1 + f_2)}{1 - f_1}$$

$$p_2 = P(M \mid DMM) = \frac{P(DMM) - P(DMMD)}{P(D) - P(DD) - P(DMD)} = \frac{1 - (f_1 + f_2 + f_3)}{1 - (f_1 + f_2)}$$

于是,

$$p_k = \frac{1 - (f_1 + f_2 + \cdots + f_{k+1})}{1 - (f_1 + f_2 + \cdots + f_k)}$$

相应地,

$$q_k = 1 - p_k = \frac{f_{k+1}}{1 - (f_1 + f_2 + \cdots + f_k)}$$

这里,$k = 0, 1, 2, \cdots$;$f_0 = 0$。

由此进一步计算得:

$$p_0 = \frac{3}{10}, q_0 = \frac{7}{10}, p_1 = \frac{2}{3}, q_1 = \frac{1}{3}, p_2 = \frac{1}{2}, q_2 = \frac{1}{2}, p_3 = 0, q_3 = 1$$

于是(1.5.4)式就成为:

$$\boldsymbol{P} = \begin{bmatrix} \frac{7}{10} & \frac{3}{10} & 0 & 0 \\ \frac{1}{3} & 0 & \frac{2}{3} & 0 \\ \frac{1}{2} & 0 & 0 & \frac{1}{2} \\ 1 & 0 & 0 & 0 \end{bmatrix}$$

$$\boldsymbol{P}^2 = \begin{bmatrix} 0.58999 & 0.21000 & 0.19998 & 0.00000 \\ 0.56661 & 0.09999 & 0.00000 & 0.14022 \\ 0.85000 & 0.00000 & 0.00000 & 0.00000 \\ 0.70000 & 0.30000 & 0.00000 & 0.00000 \end{bmatrix}$$

$$\boldsymbol{P}^3 = \begin{bmatrix} 0.58298 & 0.17700 & 0.13999 & 0.04207 \\ 0.58760 & 0.06999 & 0.06665 & 0.00000 \\ 0.29499 & 0.25500 & 0.09999 & 0.00000 \\ 0.58999 & 0.21000 & 0.19998 & 0.00000 \end{bmatrix}$$

$$\boldsymbol{P}^4 = \begin{bmatrix} 0.58437 & 0.14490 & 0.11799 & 0.02945 \\ 0.39095 & 0.22898 & 0.14665 & 0.01402 \\ 0.58648 & 0.19350 & 0.16999 & 0.02104 \\ 0.58298 & 0.17700 & 0.13999 & 0.04207 \end{bmatrix}$$

$$\boldsymbol{P}^5 = \begin{bmatrix} 0.6333 & 0.1911 & 0.1160 & 0.0590 \\ 0.6034 & 0.1873 & 0.1527 & 0.0566 \\ 0.6101 & 0.1760 & 0.1290 & 0.0850 \\ 0.6371 & 0.1749 & 0.1180 & 0.0700 \end{bmatrix}$$

由上述结果可见,矩阵 $\boldsymbol{P}^5$ 中不但已无零值分量,且各列元素几近相等。若再经几步转移

即可达到给定精度下的极限分布。例如,

$$\boldsymbol{P}^8 = \begin{bmatrix} 0.62503 & 0.18669 & 0.12484 & 0.06332 \\ 0.62652 & 0.18944 & 0.12353 & 0.06032 \\ 0.62326 & 0.18863 & 0.12703 & 0.06100 \\ 0.62228 & 0.18728 & 0.12664 & 0.06370 \end{bmatrix}$$

到了第 12 步,就有:

$$\boldsymbol{P}^{12} = \begin{bmatrix} 0.62461 & 0.18746 & 0.12500 & 0.06243 \\ 0.62470 & 0.18755 & 0.12484 & 0.06238 \\ 0.62460 & 0.18760 & 0.12505 & 0.06237 \\ 0.62450 & 0.18754 & 0.12509 & 0.06250 \end{bmatrix}$$

由上可见,基本上非常接近于极限分布:

$$\boldsymbol{A} = \begin{bmatrix} 0.6250 & 0.1875 & 0.1250 & 0.0625 \\ 0.6250 & 0.1875 & 0.1250 & 0.0625 \\ 0.6250 & 0.1875 & 0.1250 & 0.0625 \\ 0.6250 & 0.1875 & 0.1250 & 0.0625 \end{bmatrix}$$

1.5.3 平均首次通过时间及其方差

前已表述过首次通过时间(详见 1.3.1 节),设有一函数 f_{ij},其值代表由状态 S_i 首次到达 S_j 的步数。则 f_{ij} 即为首次通过时间。所谓平均首次通过时间,即 $\mu_{ij} = E[f_{ij}]$。如以矩阵表示,设初始向量为 π,则根据转移概率的 Chapman-Kolmogorov 方程,首次通过时间可写为向量 πM 的各个分量。可以证明,矩阵 $\boldsymbol{M}$ 适合下列方程:

$$\boldsymbol{M} = \boldsymbol{P}(\boldsymbol{M} - \boldsymbol{M}_{dg}) + \boldsymbol{E} \tag{1.5.8}$$

设 $\alpha = (a_1, a_2, \cdots, a_m)$ 为 $\boldsymbol{P}$ 的极限向量,于是,可得到 $\mu_{ii} = \dfrac{1}{a_i}$。上式中 $\boldsymbol{E}$ 为全 1 方阵。η 为一行向量,其各个分量都为 1。换言之,对每个 i,都有 $a_i \mu_{ii} = 1$ 或 $\mu_{ii} = \dfrac{1}{a_i}$。因此,可以证明,平均首次通过矩阵为:

$$\boldsymbol{M} = (\boldsymbol{I} - \boldsymbol{Z} + \boldsymbol{E}\boldsymbol{Z}_{dg})\boldsymbol{D} \tag{1.5.9}$$

式中:$\boldsymbol{D}$ 为对角矩阵,其对角线元素为 $d_{ii} = \dfrac{1}{a_i}$。

设已求得 $\boldsymbol{P}$ 的极限向量为:

$$\alpha = \left(\frac{10}{16}, \frac{3}{16}, \frac{2}{16}, \frac{1}{16}\right)$$

于是矩阵 $\boldsymbol{D}$ 为:

$$\boldsymbol{D} = \begin{bmatrix} \dfrac{16}{10} & 0 & 0 & 0 \\ 0 & \dfrac{16}{3} & 0 & 0 \\ 0 & 0 & \dfrac{16}{2} & 0 \\ 0 & 0 & 0 & \dfrac{16}{1} \end{bmatrix}$$

可以证明,其基本矩阵公式为:

$$Z = (I - P + A) \tag{1.5.10}$$

可得:

$$
Z_{dg} = \frac{5}{8}
\begin{bmatrix}
\dfrac{13}{8} & \dfrac{3}{16} & -\dfrac{9}{120} & -\dfrac{33}{240} \\[2mm]
-\dfrac{3}{8} & \dfrac{19}{16} & \dfrac{71}{120} & \dfrac{47}{240} \\[2mm]
\dfrac{1}{8} & -\dfrac{21}{80} & \dfrac{49}{40} & \dfrac{41}{80} \\[2mm]
\dfrac{5}{8} & -\dfrac{9}{80} & -\dfrac{33}{120} & \dfrac{327}{240}
\end{bmatrix}
$$

据式(1.5.9)最终可得:

$$
M = (I - Z + E Z_{dg}) D =
\begin{bmatrix}
\dfrac{8}{5} & \dfrac{10}{3} & \dfrac{13}{2} & 15 \\[2mm]
2 & \dfrac{16}{3} & \dfrac{19}{6} & \dfrac{35}{3} \\[2mm]
\dfrac{3}{2} & \dfrac{29}{6} & 8 & \dfrac{51}{6} \\[2mm]
1 & \dfrac{13}{3} & \dfrac{15}{2} & 16
\end{bmatrix}
=
\begin{bmatrix}
1.6 & 3.3 & 6.5 & 15 \\
2 & 5.3 & 3.2 & 11.7 \\
1.5 & 4.8 & 8 & 8.5 \\
1 & 4.3 & 7.5 & 16
\end{bmatrix}
$$

　　由上述矩阵的第一行可见:今日为干日,其后首次为干日的平均时间为 1.6 天,而首次为湿日的平均时间为 3.3 天,其后首次为两个持续湿日的平均时间为 6.5 天,其后首次为三个持续湿日的平均时间为 15 天;等等:今日为湿日,其后首次为干日的平均时间为 2 天,而首次为湿日的平均时间为 5.3 天,其后首次为两个持续湿日的平均时间为 3.2 天,其后首次为三个持续湿日的平均时间为 11.7 天,等等。

　　首次通过时间的方差,可用下式表示:

$$\mathrm{Var} f_{ij} = E[f_{ij}^2] - E^2[f_{ij}] \tag{1.5.11}$$

　　由于前面已求得 $\mu_{ij} = E[f_{ij}]$,故上式只需式中右边第 1 项即可。假如我们设 $w_{ij} = E(f_{ij}^2)$,则有矩阵 $W = [w_{ij}]$,由此可得矩阵:

$$V = [\mathrm{Var} f_{ij}] = W - M \tag{1.5.12}$$

我们由一系列矩阵式的推导,最终可得到:

$$V = W - M \tag{1.5.13}$$

　　为了验证,仍以前例说明。只要求出矩阵 W,就可得到首次通过时间的方差,由式(1.5.12)最终得到的结果为:

$$
V =
\begin{bmatrix}
1.04 & 7.78 & 25.75 & 164 \\
1.93 & 8.44 & 17.97 & 156.22 \\
1.52 & 8.03 & 26.0 & 138.25 \\
1.27 & 10.25 & 25.75 & 164.0
\end{bmatrix}
$$

上式表明了首次通过时间的方差有三个特点:①各列近乎相等,说明首次通过时间的方差与初始状态基本无关;②除了第一列偏小外,其他列都偏大,说明首次通过时间的方差都比其平均值大;③由第一列可见,从干日到首次再出现干日的方差最小,而从长的连续湿日转向干日的时间其方差相对较大。

1.5.4　两状态时间序列的简化计算方法(两状态游程计算方法)

气象时间序列可大致分为两种:以数量记录的时间序列,如气温、降水量等;以天气气候特征记录的时间序列,如晴雨、干湿、冷暖、旱涝等对立事件(也可将数量变量分档、分级或某要素的正负距平)或特征组成时间序列。

为了计算方便,通常将两种对立特征或状态的时间序列用(0,1)变量时间序列表示。并引入所谓"游程"的概念。现假定时间序列 $x_t(t=1,2,\cdots,n)$ 有下列性质:

$$x_{t-1} \neq x_t = x_{t+1} = \cdots = x_{t+\tau-1} \neq x_{t+\tau} \tag{1.5.14}$$

则称 $(x_t = x_{t+1} = \cdots = x_{t+\tau-1})$ 为一个游程,而称 $t+\tau$ 为该"游程"的长度(t 可取 $1,2,3,\cdots,n$,而 τ 可取 $0,1,2,\cdots,n-t$)。一般的"游程"都可以是单一符号"0"或"1";而且也可以用它代表某种状态符号。

在特殊情形下,可以规定"混合游程",即游程内不一定为同种符号,如"0"或"1"也可以由多种或两种符号混合构成。例如,以 1 开端,以 1 结尾,中间以 0 或 1 相间排列的一般序列,就组成了一个混合游程。如 10101⋯01 等。为了估计"游程"统计量,对 0 或 1 序列,我们可计算由下列定义得到的和数:

$$S = \sum_{t=1}^{n} x_t; R_1 = \sum_{t=2}^{n} x_t x_{t-1}; R_2 = \sum_{t=3}^{n} x_t x_{t-2}; C = \sum_{t=3}^{n} x_t x_{t-1} x_{t-2};$$
$$H = x_1 + x_n; U = x_2 + x_{n-1}; V = x_1 x_2 + x_{n-1} x_n \tag{1.5.15}$$

式中:S 为样本序列取值之和,R_1 为样本序列中后延为 1 的两元素积和,R_2 为样本序列中后延为 2 的元素积和,C 为相邻三元素之积和,H 为首末元素之积和,U 为次首末元素之积和,V 为首两元素与末两元素之积和。

由此可以推导出下列关系式:

(1)首末各为"1"的"0"游程总数:

$$Z = S - R_1 - 1 \tag{1.5.16}$$

(2)首末各为"1"的"0"游程长度为 1 的(即仅有一个"0")游程总数:

$$Z' = R_2 - C \tag{1.5.17}$$

(3)首末各为"1"的包含两个以上"1"的游程总数:

$$F = R_1 - C \tag{1.5.18}$$

(4)而"1"的游程总数:

$$E = S - R_1 \tag{1.5.19}$$

(5)首末仅有一个"1"的游程总数:

$$G = H - V \tag{1.5.20}$$

(6)首末仅有一个"0"的游程总数:

$$G' = U - V \tag{1.5.21}$$

1.5.5　两状态特征时间序列与简单 Markov 链的关联性

假定天气气候状态序列符合一种简单的 Markov 链模型,例如,可规定 24 h 降水量小于 0.1 mm 为干日,而把 24 h 降水量大于等于 0.1 mm 规定为湿日。由此将这种干湿两状态时间演变序列赋予 Markov 链无后效性假定:即任何一日降水出现与否(干日或湿日),仅仅依赖于前一日是否出现干日或湿日。于是其转移概率为:

$$p_{11} = P(湿日,前一日为湿日) \tag{1.5.22}$$

$$p_{01} = P(湿日,前一日为干日) \tag{1.5.23}$$

显然,在均匀 Markov 链假定下,$p_{ij}^{(n)} = p_{ij}^{(2)} = p_{ij}$,其转移概率不随时间推移而改变。于是其一阶转移概率矩阵可写为:

$$\boldsymbol{P} = \begin{bmatrix} p_{00} & p_{01} \\ p_{10} & p_{11} \end{bmatrix} \tag{1.5.24}$$

其中应有:

$$p_{00} + p_{01} = 1 \tag{1.5.25}$$

$$p_{10} + p_{11} = 1 \tag{1.5.26}$$

换言之,对于干湿两状态 Markov 链,仅有两个参数就能确定其 n 步转移的全部状态。根据切普曼—科尔莫哥洛夫方程,不难得到递推关系式:

$$p_{ij}^{(n)} = p_{i1}^{(n-1)} p_{1j} + p_{i0}^{(n-1)} p_{0j} \tag{1.5.27}$$

这种干湿日简单 Markov 链模型,早在 20 世纪 50—60 年代就已有学者将其用于晴雨逐日序列的描述,他们用一阶两状态 Markov 链研究逐日降水记录。其后许多学者都用这类模型研究各种气象要素的简化序列,取得了一定的效果。由于它的计算简便,且在一定程度上也能基本描述天气气候状态的演变规律,深受应用学者们的青睐。利用上述简化计算方法,同样可以建立干湿演变的简单 Markov 链模型。

令 $\{x_t\}$($t=0,1,2,\cdots$)是一个两状态的第 ν 阶的平稳 Markov 链。若其中 $p(x_t=1)=p$;$p(x_t=0)=q$;则必有:

$$p + q = 1 \tag{1.5.28}$$

现若定义:

$$P[X_t = x_t \mid X_{t-1} = x_{t-1}, \cdots, X_{t-k} = x_{t-k}] = P_{t,t-1,\cdots,t-k} \tag{1.5.29}$$

则

$$P[X_t = x_t \mid X_{t-1} = x_{t-1}] = P_{t,t-1} = [p_{11}^{x_t}(1-p_{11})^{1-x_t}]^{x_{t-1}} [p_{10}^{x_t}(1-p_{10})^{1-x_t}]^{1-x_{t-1}} \tag{1.5.30}$$

显然,依此类推,就可得到一系列的条件概率:

$$P[X_t = x_t \mid X_{t-1} = x_{t-1}, \cdots, X_{t-k} = x_{t-k}] = P_{t,t-1,\cdots,t-k} \tag{1.5.31}$$

例如,$P_{t,t-1,t-2} = \{[p_{111}^{x_t} p_{011}^{1-x_t}]^{x_{t-1}} [p_{101}^{x_t} p_{001}^{1-x_t}]^{1-x_{t-1}}\}^{x_{t-2}} \{[p_{110}^{x_t} p_{010}^{1-x_t}]^{x_{t-1}} [p_{100}^{x_t} p_{000}^{1-x_t}]^{1-x_{t-1}}\}^{1-x_{t-2}}$

于是,根据概率论,就可得到序列 $\{x_t\}$($t=0,1,2,\cdots$)的联合概率为:

$$P[X_t = x_t, X_{t-1} = x_{t-1}, \cdots, X_n = x_n] = p^{x_t} q^{1-x_t} \prod_{t=2}^{n} \prod p_{y_t y_{t-1} \cdots y_1}^{h_t h_{t-1} \cdots h_1} \tag{1.5.32}$$

其中,

$$h_t = \begin{cases} x_t, y_t = 1 \\ 1-x_t, y_t = 0 \end{cases} \tag{1.5.33}$$

而乘积 $h_t h_{t-1} \cdots h_1$ 则是该平稳 Markov 链充分性统计量。

根据前面已定义和推导的结果式(1.5.15)~(1.5.21),假定 $\{x_t\}$($t=0,1,2,\cdots$)为两状态一阶平稳 Markov 链,则式(1.5.24)的一阶转移矩阵就可具体写为:

$$\boldsymbol{P} = \begin{bmatrix} p_{00} & p_{01} \\ p_{10} & p_{11} \end{bmatrix} = \begin{bmatrix} (1-2p+\lambda_1 p)/q & 1-\lambda_1 \\ (1-\lambda_1)p/q & \lambda_1 \end{bmatrix} \qquad (1.5.34)$$

式中：$\lambda_k = P(X_1 = 1 \mid X_{t-k} = 1)$，$k = 1, 2, \cdots$。

又据式（1.5.32），我们不难得到两状态一阶平稳 Markov 链 $\{x_t\}$（$t = 0, 1, 2, \cdots$）的联合概率公式为：

$$P[X_1 = x_1, \cdots, X_n = x_n] = p^{s-r_1} q^{s-h-n+2} (\lambda_1)^{r_1} (1-\lambda_1)^{2s-2r_1-h} (1-2p+\lambda_1 p)^{-2s+r_1+h+n-1}$$

$$(1.5.35)$$

这里，s, r_1, h 正是由式（1.5.15）所定义的充分性统计量 S, R_1, H 的取值，而这些统计量又是 p 和 λ_1 的函数。这些概念在后面几章中都要用到。

1.6   Markov 极限分布在降水气候特征描述中的应用

从 Markov 链理论出发，根据逐日降水状态的转移矩阵，可初步研究逐日降水天气状态演变过程的极限分布。由此若能算得各地逐日降水天气状态演变过程的极限分布，则各地的天气气候状态的自然持续性，即自然天气周期的气候状况就可一目了然。

1.6.1   资料

选用全国 160 个气象站（分布如图 1.4 所示）近 50 年（1960—2009 年）逐日地面降水观测资料数据作为研究对象。

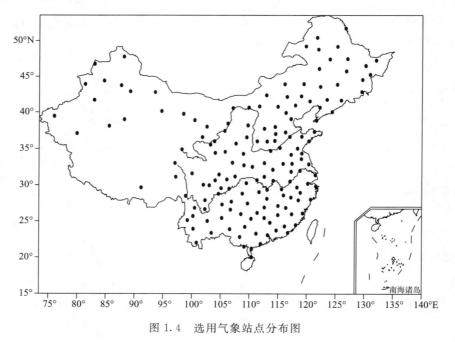

图 1.4   选用气象站点分布图

1.6.2   状态转移规律

据 Markov 链理论，随机变量的状态空间具有不同的类型，而 Markov 链也有不同的类别。

首先,根据实测天气气候记录,我们总可以找到符合实际的 Markov 链类型作为模拟模式。根据一般的分类方法,按照状态空间的性质(集合属性),Markov 链大致可分为:

(1)非瞬时集的 Markov 链

其一,正则 Markov 链(仅含一各态遍历集);

其二,循环 Markov 链(含有周期状态)。

(2)瞬时集的 Markov 链

本书主要涉及(1)中的正则 Markov 链。由于正则 Markov 链较易数学处理,而天气气候的随机变化常符合正则链。从任一状态 i 出发,经过若干步转移都可到达任何一种状态(含自身),这也意味着,转移矩阵是没有零分量的矩阵。这就是正则 Markov 链的主要性质特点。所谓正则 Markov 链的极限分布是指相应的转移概率具有如下极限:

$$\lim_{n \to \infty} p_{ij}^{(n)} = a_k \tag{1.6.1}$$

式中:j,k 分别代表任一状态,而且它们彼此无关;元素 a_k 正是极限转移矩阵 $\boldsymbol{A}$ 的元素。其中向量 a_k 即为极限向量。

$$\boldsymbol{A} = \begin{pmatrix} a_{11} & \cdots & a_{1n} \\ \cdots & \cdots & \cdots \\ a_{k1} & \cdots & a_{kn} \end{pmatrix} \tag{1.6.2}$$

1.6.3 状态划分

转移概率矩阵是俄国数学家 Markov 提出的,他在 20 世纪初发现:一个系统的某些因素在转移中,第 n 次结果只受第 $n-1$ 次结果的影响,即只与当前所处状态有关,而与过去状态无关。在 Markov 分析中,引入状态转移概念。

本书选取全国 160 代表测站 1960—2009 年逐日降水资料进行模拟,并分为 8 种状态按四个季节分别进行统计。分级区间界限采用经验公式:

$$m_h = \frac{(x_{m1} + x_{m2})}{2^{n-1}} 2^{(h-2)} \tag{1.6.3}$$

式中:h 为 m_h 分级区间上界,$h = 2,3,\cdots,n-1$,而 $h = 1$ 为降水量不大于 0.1 mm 的特定状态;x_{m1} 和 x_{m2} 分别为日降水量的样本极大值和次极大值;n 为分界点数。即 S_1,S_2 直到 S_{n-1} 的上界均可用上述经验公式来估计。表 1.2 列举了 7 个代表站夏季逐日降水量状态划分标准。

表 1.2　夏季 7 个代表站逐日降水量状态划分标准(mm)

状态	S_0	S_1	S_2	S_3	S_4	S_5	S_6	S_7
齐齐哈尔	≤0.1	≤1.61	≤3.22	≤6.43	≤12.87	≤25.74	≤51.48	>51.48
北京	≤0.1	≤2.88	≤5.76	≤11.51	≤23.03	≤46.05	≤92.1	>92.1
郑州	≤0.1	≤2.83	≤5.67	≤11.33	≤22.66	≤45.33	≤90.65	>90.65
成都	≤0.1	≤3.08	≤6.16	≤12.33	≤24.68	≤49.3	≤98.6	>98.6
南京	≤0.1	≤3.02	≤6.04	≤12.08	≤24.16	≤48.31	≤96.63	>96.63
上海	≤0.1	≤2.88	≤5.76	≤11.53	≤23.06	≤46.11	≤92.23	>92.23
广州	≤0.1	≤3.85	≤7.7	≤15.39	≤30.79	≤61.58	≤123.15	>123.15

1.6.4 状态转移概率矩阵的最小样本容量

若各站转移概率矩阵随样本容量增大而达到稳定状态,则计算结果较为可靠,否则,因转移概率抽样波动太大会造成计算结果出现较大波动。为了论证状态转移矩阵的最小样本容量,以南京逐日降水资料为例,计算了样本为 10 年(1960—1969 年)、20 年(1960—1979 年)、30 年(1960—1989 年)、50 年(1960—2009 年)夏季的转移矩阵,如下:

$$
\boldsymbol{P}_{10年} = \begin{bmatrix}
0.7747 & 0.0794 & 0.0373 & 0.0292 & 0.0438 & 0.0211 & 0.0130 & 0.0016 \\
0.5556 & 0.1717 & 0.0808 & 0.0606 & 0.0707 & 0.0202 & 0.0303 & 0.0101 \\
0.5000 & 0.1190 & 0.0714 & 0.0714 & 0.0952 & 0.0714 & 0.0476 & 0.0238 \\
0.4222 & 0.1778 & 0.0222 & 0.1111 & 0.1333 & 0.0667 & 0.0222 & 0.0444 \\
0.4074 & 0.1481 & 0.0556 & 0.1111 & 0.0741 & 0.1111 & 0.0370 & 0.0556 \\
0.2667 & 0.2667 & 0.0667 & 0.1000 & 0.1000 & 0.0333 & 0.1000 & 0.0667 \\
0.5000 & 0.0500 & 0.0500 & 0.1500 & 0.1000 & 0.0500 & 0.0000 & 0.1000 \\
0.2500 & 0.2500 & 0.0833 & 0.0833 & 0.1667 & 0.0833 & 0.0833 & 0.0000
\end{bmatrix}
$$

$$
\boldsymbol{P}_{20年} = \begin{bmatrix}
0.7748 & 0.0821 & 0.0293 & 0.0325 & 0.0382 & 0.0252 & 0.0154 & 0.0024 \\
0.4976 & 0.1914 & 0.0622 & 0.0622 & 0.0909 & 0.0574 & 0.0144 & 0.0239 \\
0.5333 & 0.1600 & 0.0800 & 0.0800 & 0.0800 & 0.0533 & 0.0133 & 0.0000 \\
0.4348 & 0.2065 & 0.0326 & 0.1087 & 0.0870 & 0.0543 & 0.0543 & 0.0217 \\
0.4476 & 0.1333 & 0.0667 & 0.1143 & 0.0762 & 0.0952 & 0.0381 & 0.0286 \\
0.3913 & 0.2174 & 0.0725 & 0.0870 & 0.0725 & 0.0580 & 0.0870 & 0.0145 \\
0.3571 & 0.0952 & 0.0952 & 0.0952 & 0.1905 & 0.0238 & 0.0952 & 0.0476 \\
0.2353 & 0.2353 & 0.0588 & 0.0588 & 0.2353 & 0.1176 & 0.0000 & 0.0588
\end{bmatrix}
$$

$$
\boldsymbol{P}_{30年} = \begin{bmatrix}
0.7575 & 0.0912 & 0.0345 & 0.0317 & 0.0423 & 0.0273 & 0.0139 & 0.0017 \\
0.5133 & 0.1711 & 0.0678 & 0.0737 & 0.0855 & 0.0560 & 0.0177 & 0.0147 \\
0.4762 & 0.1984 & 0.0714 & 0.0635 & 0.1111 & 0.0476 & 0.0238 & 0.0079 \\
0.4493 & 0.2029 & 0.0362 & 0.0942 & 0.0942 & 0.0435 & 0.0652 & 0.0145 \\
0.4464 & 0.1607 & 0.0774 & 0.0833 & 0.0655 & 0.1071 & 0.0357 & 0.0238 \\
0.3925 & 0.2150 & 0.0748 & 0.0841 & 0.1028 & 0.0280 & 0.0935 & 0.0093 \\
0.2656 & 0.1719 & 0.0938 & 0.1562 & 0.1719 & 0.0469 & 0.0625 & 0.0313 \\
0.2632 & 0.2105 & 0.0000 & 0.1053 & 0.1579 & 0.1579 & 0.0526 & 0.0526
\end{bmatrix}
$$

$$
\boldsymbol{P}_{50年} = \begin{bmatrix}
0.7488 & 0.0939 & 0.0336 & 0.0376 & 0.0420 & 0.0296 & 0.0113 & 0.0030 \\
0.5468 & 0.1789 & 0.0562 & 0.0528 & 0.0681 & 0.0613 & 0.0256 & 0.0102 \\
0.4700 & 0.2300 & 0.0600 & 0.0600 & 0.0800 & 0.0400 & 0.0500 & 0.0100 \\
0.4978 & 0.1775 & 0.0476 & 0.0779 & 0.0779 & 0.0649 & 0.0476 & 0.0087 \\
0.4170 & 0.1969 & 0.0656 & 0.1042 & 0.0811 & 0.0811 & 0.0463 & 0.0077 \\
0.3830 & 0.2287 & 0.0745 & 0.0798 & 0.1011 & 0.0479 & 0.0798 & 0.0053 \\
0.3558 & 0.1250 & 0.0962 & 0.1250 & 0.1442 & 0.0577 & 0.0481 & 0.0481 \\
0.2143 & 0.2143 & 0.0714 & 0.1071 & 0.1429 & 0.1429 & 0.0714 & 0.0357
\end{bmatrix}
$$

由此可见,当样本容量为 30 年($\boldsymbol{P}_{30年}$)时,转移矩阵已基本稳定(已经非常接近于样本容量为 50 年 $\boldsymbol{P}_{50年}$ 的数值),也就是说,30 年的数据已经趋于稳定状态了。即使样本数量再增加,最后也是趋于这个稳定状态。

（1）各步转移概率矩阵

遍历性是 Markov 链的重要性质，对本书所研究的逐日降水持续性来说，遍历性表明，无论初始状态如何，在相当长时间以后，过程可转移到任何状态，一般来说，天气气候的随机转移过程可用正则 Markov 链来描述，正则 Markov 链就是一种各态遍历链。转移矩阵的极限分布是指：当转移步数 $n \to \infty$ 时，天气状态的转移概率是否收敛于极限概率 P^*，而 P^* 与初始状态无关。本书对所选测站求得的极限分布，经过几步转移后，天气状态的概率就收敛于某一极限 P^*，而与初始状态无关。根据柯尔莫哥洛夫方程，可求得各步转移矩阵，以南京站为例，各步转移矩阵如下所示：

$$
P^1_{南京} = \begin{bmatrix}
0.7488 & 0.0939 & 0.0336 & 0.0376 & 0.0420 & 0.0296 & 0.0113 & 0.0030 \\
0.5468 & 0.1789 & 0.0562 & 0.0528 & 0.0681 & 0.0613 & 0.0256 & 0.0102 \\
0.4700 & 0.2300 & 0.0600 & 0.0600 & 0.0800 & 0.0400 & 0.0500 & 0.0100 \\
0.4978 & 0.1775 & 0.0476 & 0.0779 & 0.0779 & 0.0649 & 0.0476 & 0.0087 \\
0.4170 & 0.1969 & 0.0656 & 0.1042 & 0.0811 & 0.0811 & 0.0463 & 0.0077 \\
0.3830 & 0.2287 & 0.0745 & 0.0798 & 0.1011 & 0.0479 & 0.0798 & 0.0053 \\
0.3558 & 0.1250 & 0.0962 & 0.1250 & 0.1442 & 0.0577 & 0.0481 & 0.0481 \\
0.2143 & 0.2143 & 0.0714 & 0.1071 & 0.1429 & 0.1429 & 0.0714 & 0.0357
\end{bmatrix}
$$

$$
P^2_{南京} = \begin{bmatrix}
0.6801 & 0.1186 & 0.0405 & 0.0465 & 0.0519 & 0.0376 & 0.0194 & 0.0050 \\
0.6231 & 0.1385 & 0.0465 & 0.0538 & 0.0606 & 0.0442 & 0.0261 & 0.0069 \\
0.6044 & 0.1430 & 0.0489 & 0.0569 & 0.0640 & 0.0470 & 0.0271 & 0.0085 \\
0.6071 & 0.1413 & 0.0484 & 0.0572 & 0.0639 & 0.0460 & 0.0280 & 0.0080 \\
0.5856 & 0.1499 & 0.0503 & 0.0597 & 0.0668 & 0.0480 & 0.0310 & 0.0084 \\
0.5766 & 0.1501 & 0.0522 & 0.0621 & 0.0691 & 0.0494 & 0.0304 & 0.0100 \\
0.5519 & 0.1580 & 0.0525 & 0.0663 & 0.0722 & 0.0543 & 0.0350 & 0.0098 \\
0.5119 & 0.1713 & 0.0581 & 0.0710 & 0.0791 & 0.0569 & 0.0406 & 0.0110
\end{bmatrix}
$$

$$
P^3_{南京} = \begin{bmatrix}
0.6603 & 0.1250 & 0.0426 & 0.0492 & 0.0550 & 0.0399 & 0.0217 & 0.0058 \\
0.6439 & 0.1303 & 0.0443 & 0.0516 & 0.0576 & 0.0418 & 0.0236 & 0.0064 \\
0.6383 & 0.1323 & 0.0449 & 0.0524 & 0.0585 & 0.0425 & 0.0243 & 0.0066 \\
0.6390 & 0.1319 & 0.0448 & 0.0523 & 0.0584 & 0.0424 & 0.0242 & 0.0066 \\
0.6329 & 0.1338 & 0.0455 & 0.0532 & 0.0594 & 0.0431 & 0.0248 & 0.0069 \\
0.6300 & 0.1349 & 0.0457 & 0.0536 & 0.0598 & 0.0435 & 0.0253 & 0.0069 \\
0.6228 & 0.1370 & 0.0466 & 0.0547 & 0.0611 & 0.0443 & 0.0261 & 0.0072 \\
0.6112 & 0.1407 & 0.0478 & 0.0564 & 0.0629 & 0.0456 & 0.0274 & 0.0077
\end{bmatrix}
$$

$$
P^4_{南京} = \begin{bmatrix}
0.6545 & 0.1268 & 0.0432 & 0.0500 & 0.0559 & 0.0406 & 0.0224 & 0.0060 \\
0.6498 & 0.1284 & 0.0437 & 0.0507 & 0.0567 & 0.0411 & 0.0229 & 0.0062 \\
0.6482 & 0.1289 & 0.0439 & 0.0510 & 0.0569 & 0.0413 & 0.0231 & 0.0063 \\
0.6483 & 0.1288 & 0.0438 & 0.0509 & 0.0569 & 0.0413 & 0.0231 & 0.0062 \\
0.6465 & 0.1294 & 0.0440 & 0.0512 & 0.0572 & 0.0415 & 0.0233 & 0.0063 \\
0.6458 & 0.1297 & 0.0441 & 0.0513 & 0.0573 & 0.0416 & 0.0234 & 0.0063 \\
0.6437 & 0.1304 & 0.0444 & 0.0516 & 0.0577 & 0.0419 & 0.0236 & 0.0064 \\
0.6403 & 0.1315 & 0.0447 & 0.0521 & 0.0582 & 0.0422 & 0.0240 & 0.0066
\end{bmatrix}
$$

　　从南京站一步转移概率矩阵到四步转移概率矩阵可见,各列无零值分量(表明它符合正则 Markov 链),而且各列已将近相等,说明经过 4 天的平稳转移后,趋于一个稳定状态,将这个稳定的状态称为极限状态。比较四季的转移概率矩阵特征可见:春季长江以北大部分地区的首列数值均达到 0.60 以上;秋季西南地区首列数值均在 0.60 以下;冬季江南南部和华南北部地区一步转移概率矩阵首列数值均在 0.60 以下;夏季数值最小、冬季数值最大的区域位于中国北部和中西部;一年四季无明显差别的是贵州和新疆,秋季最大、春季最小的位于江南地区(湖南、江西、福建、浙江);春夏一致、秋冬一致的地区是广东和上海。

　　类似地,求得全国 160 站的状态转移概率极限矩阵,这里不一一列举。

　　(2)转移概率极限分布特征

　　根据极限转移概率矩阵,可以估计出各地降水持续期的极限天数长短,如图 1.5 所示。

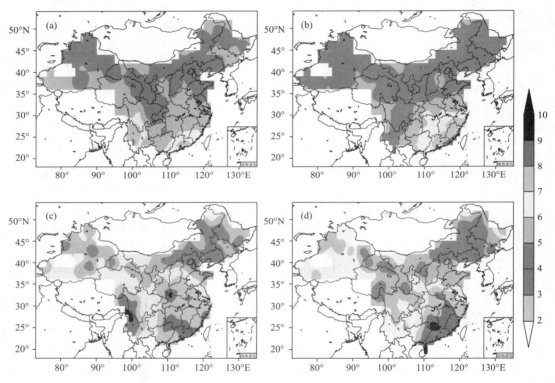

图 1.5　各地四季降水持续期的极限天数(单位:日数)
(a)春季;(b)夏季;(c)秋季;(d)冬季

　　从图 1.5 中可见,春季在华南中东部和西南地区南部的持续时间在 6 天以上,夏季江南和华南地区的持续期在 6 天以上,内蒙古和东北地区一年四季的持续期相对较短,华南和江南地区一年四季的持续期相对较长。综合 4 幅图可看到,夏季持续期最短,持续期由北向南、由西向东呈增加趋势。吐鲁番地区、哈密地区在春、夏季持续期都较短,为 3 天。

　　就全国平均而言,春季平均降水持续期为 5.1 天,夏季平均为 5 天,秋季平均为 6.5 天,冬季平均为 6.2 天。一般夏季要比其他季节的降水持续期短,这可能是因为夏季的天气系统比较复杂,而且中小尺度天气系统较多的缘故。

　　综合全国的情况可知:春季对于我国云南、广东和福建大部分地区而言,晴雨预报应考虑前 6 日的晴雨状态,而其他大部分地区的预报,则应考虑到前 4 天的晴雨演变。夏季东南部地区的预报考虑前 6 天左右的演变。秋、冬季对于东北、内蒙古、新疆部分地区持续时间较短,预报时考虑前 4 天左右的天气状态,东南大部考虑前 6 天左右的天气状况变化,有的地区如广东、福建等甚至要延伸到 8 天以上。由此可见:

①从 Markov 链理论出发,研究我国各站逐日天气状态演变过程的极限分布,所得结果可以描述降水过程的持续性;

②分析和计算结果表明,应用多状态 Markov 链的状态转移概率极限矩阵估算出的降水持续期的极限天数,有的地区仅有 3 天持续期,有的可达 4～6 天或更长天数,充分反映出不同地区因其影响天气系统的差异而造成的逐日天气气候的持续性和转折性特征的差异,这就为天气气候分型区划提供了一种理论依据;

③所求站点降水过程持续性的具体特征,本书已有详述。

第 2 章 隐 Markov 过程及其他随机过程

众所周知,通常的 Markov 链模型中,状态对于观察者来说,一般都是直接可见的。其状态的转移概率矩阵便是其全部的待估参数。而所谓隐 Markov 模型(即 hidden markov model,简记为 HMM)是 Markov 过程模型的一种推广,它可用来描述一个隐含未知参数的 Markov 过程。HMM 模型是一种重要的统计信号模型,即所谓隐式 Markov 方法。这一模型的基本理论是由 L. E. Baum 在 20 世纪 60 年代给出的,70 年代,刚刚出现的隐 Markov 模型就被用于解决连续语音识别中的问题,随后这一模型被应用到更多的领域,如基因关联分析和基因识别、文字识别、图像处理、目标跟踪和信号处理等。由于 HMM 是一种智能化算法,对于气象应用来说,其结构合理且容易理解,故而可将 HMM 模型引入到诸如天气气候状态模拟或土壤湿度预测以及其他要素的模拟预测中。由于在隐 Markov 模型中,我们要研究的状态转移序列并不是直接可观测的,而受研究对象影响的某些变量,其状态变化过程的序列却是可观测的。换言之,对于每一个可观测的状态序列来说,它们与另一变量的隐含状态序列都有一定的概率分布相对应。因此,从可观测状态序列,我们能够间接得到隐含状态序列的一些信息。正是利用这些关联性,才发展出各种 HMM 模型。近几十年来,HMM 模型又有了很大发展,并被广泛用于模式识别、通信工程、生物、医学等领域,对于大气科学来说,其应用还刚刚起步。

从理论上说,由 Markov 链推广的 HMM 模型是一种描述复杂随机过程统计特性的概率模型,它实际上是一类双重随机过程,在这个双重随机过程中,其中之一是基本随机过程,它是隐藏起来而观测不到的,人们只能通过另一组随机过程才能观测到,而这另一组随机过程则产生出观测序列。

以一阶的 HMM 模型为例,它存在两个特征:一是 Markov 性(无后效性),二是可观测序列与隐序列之间具有条件概率关系。

2.1 隐 Markov 模型的定义

假定有可观测变量所组成的记录序列 $\{x_t\}$($t=0,1,2,\cdots$)同时与不可见变量(又称隐含变量或隐藏变量)$\{y_t\}$($t=0,1,2,\cdots$)具有某种联系,则可以想象:隐含变量与观测变量之间有某种不确定性(或确定性)关联。这里,对于确定性关联暂不作探讨,主要是探讨不确定性关联。通常,不确定性关联都可用概率分布来表示。显然,若能将观测变量和隐含变量都划分成若干个状态,就可找到其对应的条件概率分布及其参数。如果变量 y_t 对于变量 x_t 具有某种指示性的概率分布,则问题即可简化为某种 Markov 概率模型。在图 2.1 中,示意性地给出了 HMM 模型的状态变化过程,X_t 与 Y_t 分别描述两种不同的变量在 t 时刻的状态,其中可观测状态序列为 X_t,隐含状态序列为 Y_t。

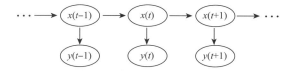

图 2.1 HMM 模型示意图

例如,有人试图利用海藻推断天气状况,可以观测到海藻的状态包括干燥、湿润、湿透等,而隐含的天气状况则包括晴天、多云、下雨等。假设隐藏状态由一个简单的一阶马尔科夫过程描述,则它们之间相互连接的网格关系如图 2.2 所示。

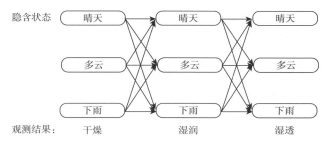

图 2.2 天气例子中 HMM 模型示意

可见,一个隐马尔科夫模型是在一个标准的马尔科夫过程中引入一组观察状态,以及观察状态与隐藏状态之间的概率关系。实际上 HMM 模型所需的参数为:两类状态和三组概率。其中两类状态即指观测状态和隐藏状态(如逐日天气状态和另一种与逐日天气状态密切相关的要素序列);三组概率即指:初始概率、状态转移概率(矩阵)和两态之间的条件概率所组成的混淆概率矩阵(confusion probability matrix)。因此我们定义 HMM 是一个三元函数组合 (Π, A, B),其中,$\Pi = (\pi_i)$ 为初始化概率向量,$A = (a_{ij})$ 为状态转移矩阵 $P(x_{i,t} \mid x_{j,t-1})$;$B = (b_{ij})$ 为混淆矩阵 $P(y_i \mid x_j)$。

2.2 隐 Markov 模型的运算

一旦一个系统可以作为 HMM 被描述,就可以用来解决三个基本问题。其中,前两个是模式识别问题:给定 HMM 求一个观察序列的概率,称之为评估问题;搜索最有可能生成一个观测序列的隐藏状态序列,称之为解码问题。第三个问题是给定观测序列生成一个 HMM,称之为学习问题。本小节重点讨论这三个基本问题的模型运算。

(1)根据已知的 HMM 找出一个观测序列的概率

这类问题是假设有一系列的 HMM 模型,描述不同的系统(如夏天的天气变化规律和冬天的天气变化规律),我们想知道哪个系统生成观测状态序列的概率最大。反过来说,把不同季节的天气系统应用到一个给定的观测状态序列上,得到概率最大的那个系统所对应的季节就是最有可能出现的季节。也就是根据观测状态序列,如何判断所处季节。用前向算法(forward algorithm)来得到观测状态序列对应于 HMM 的概率。

(2)根据观测序列找到最有可能出现的隐状态序列

在很多情况下,我们需要根据观测序列找出最有可能出现的隐藏状态,因为其包含了一些不能被直接观察到的有价值的信息。在这里,Viterbi 算法被广泛应用在自然语言处理领域。

如词性标注。字面上的文字信息就是观察状态,而词性就是隐藏状态。通过 HMM 我们就可以找到一句话在上下文中最有可能出现的句法结构,这对于英语文字处理更为有用。

（3）从观测序列中得出 HMM,这是最难的 HMM 应用

即根据观测序列和其代表的隐式状态,生成一个三元函数组 HMM(Π,A,B)。使这个三元函数组能够最好地描述我们所见的某现象的演化规律,这是 HMM 模型参数训练问题。由于给定的序列有限,因此不存在一种最佳方法来进行参数估计。

2.2.1 前向算法(forward algorithm)

我们用前向算法可以来解决在现实中经常出现的问题——转移矩阵和混淆矩阵不能直接得到的情况。这里采用天气状态与海藻湿度关联的隐马尔科夫模型(HMM)。

给定隐马尔科夫模型,也就是在模型参数(Π,A,B)已知的情况下,我们想到找到观察序列的概率。仍然采用天气状态的例子。图 2.2 网格中的每一列都显示了可能的天气状态,并且每一列中的每个状态都与相邻列中的每一个状态相连。而其状态间的转移都由状态转移矩阵提供一个概率。在每一列下面都是某个时间点上的观察状态,给定任一个隐藏状态所得到的观察状态的概率由混淆矩阵提供。一种计算观测序列的方式是找到每一种可能的隐藏状态,并且将这些隐藏状态下的观察序列概率相加。

（1）偏概率

可以看出,上述天气例子共有 27 种不同天气序列的可能性,概率计算比较困难。对于大的模型或者较长序列,通常利用概率的时间不变性质来减少问题的复杂度。定义偏概率 $\alpha_t(j)$ 为到达网格中心的某个中间状态时的概率,则初始状态的偏概率为:

$$\alpha_1(j) = \pi(j) \cdot b_{j,k_1} \tag{2.2.1}$$

即,初始时刻的偏概率等于当前状态的初始概率乘以该时刻观测状态的概率,这里用到了混淆矩阵的值,k_1 表示第一个观察状态,b_{j,k_1} 表示隐藏状态是 j,但是观察成 k_1 的概率。

显然,计算到达一个状态的所有路径的概率,就等于每一个到达该状态的路径之和。随着序列的增长,所要计算的路径数呈指数增长(图 2.3)。但是在 t 时刻我们已经计算出所有到达某一状态的偏概率,因此在计算 $t+1$ 时刻的某一状态的偏概率时只和 t 时刻有关,即:

$$\alpha_{t+1}(j) = b_{jk_{t+1}} \sum_{i=1}^{n} \alpha_t(i) \cdot a_{ij} \tag{2.2.2}$$

t=0   t=1   t=2

到达每一状态   到达每一状态
共有3条路径   共有9条路径

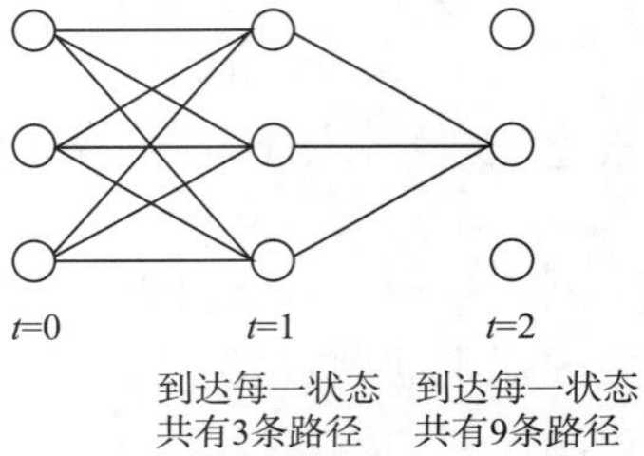

图 2.3   HMM 前向算法
路径示意图

这里是指,恰当的观测概率(状态 j 下,时刻 $t+1$ 所真正对应的观测状态的概率)乘以此时所有到达该状态的概率之和(前一时刻所有状态的概率与相应的转移概率的积)。因此,在计算 $t+1$ 时刻的概率时,只用到了 t 时刻的概率。这样我们就可以计算出整个观测序列的概率。

下面以天气例子(图 2.4)来说明当 $t=2$ 状态(多云)的偏概率。

（2）前向算法的计算步骤

若设观测序列 $Y^{(k)} = y_{k_1}, \cdots, y_{k_T}$,其长度为 T,则前向算法计算步骤如下:

①首先,计算 $\alpha_1(j) = \pi(j) b_{j,k_1}$;

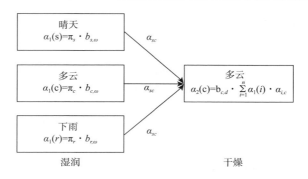

图 2.4 以天气为示例的 HMM 算法示意图

②其次,计算 $\alpha_{t+1}(j) = b_{j,k_{t+1}} \sum_{i=1}^{n} \alpha_t(i) a_{ij}$;

③最后,计算概率:

$$P[Y^{(k)}] = \sum_{j=1}^{n} \alpha_T(j) \tag{2.2.3}$$

前向算法主要采用的是递归的思想,使用这个算法的目的是从若干个 HMM 模型中选出一个最能够体现给定的观测状态序列的模型(概率最大的那个)。多数情况下,我们都希望能够根据一个给定的 HMM 模型,根据观测状态序列找到产生这一序列潜在的隐含状态序列。

2.2.2 维特比算法(Viterbi algorithm)

维特比算法(Viterbi algorithm)由安德鲁·维特比(Andrew Viterbi)于 1967 年提出,用于在数字通信链路中解卷积以消除噪音。现今也常被用于语音识别、关键字识别、计算语言学和生物信息学中。维特比算法是一种动态规划算法。它用于寻找最有可能产生观测事件序列的隐含状态序列,因而广泛应用于隐马尔科夫模型。本小节仍以天气问题为例,说明维特比算法在隐马尔科夫过程中的应用。

(1)局部概率和局部最优路径

图 2.5 为 $t=1\sim3$ 时刻的可能天气状态及可观察序列(干燥、湿润、湿透)的一阶转移。对于每一个中间状态和终止状态都有一个最可能的路径。比如说,在 $t=3$ 时刻的三个状态都有一个如图 2.6 所示的最可能的路径。这些路径为局部最优路径,每一条局部最优路径都对应一个关联概率——局部概率 δ。与前向算法中的偏概率不同,δ 是最有可能到达该状态的一条路径的概率。$\delta(i,t)$ 是所有序列中在 t 时刻以状态 i 终止的最大概率。当然它所对应的那条

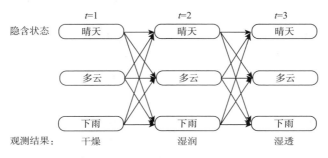

图 2.5 HMM 维特比算法(Viterbi algorithm)示意图

路径就是部分最优路径。$\delta(i,t)$对于每个(i,t)都是存在的。这样我们就可以在时间T(序列的最后一个状态)找到整个序列的最优路径。

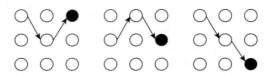

图 2.6　HMM 最优路径选择示意图

(2)计算 $t=1$ 时刻的初始值

由于在 $t=1$ 不存在任何部分最优路径,因此可以用初始状态 II 向量协助计算:

$$\delta_1(i) = \pi(i)b_{ik_1} \tag{2.2.4}$$

这一点与前向算法(forward algorithm)相同。

(3)计算 $t>1$ 时刻的局部概率

同样我们只用 $t-1$ 时刻的信息来得到 t 时刻的局部概率。由图 2.7 可以看出,到达 X 的最优路径是其中的一条:人们希望找到一条概率最大的最优路径。如前,在一阶 Markov 模型假设下,某状态出现概率与其前一时刻的状态有关。根据无后效性,在时刻 t 到达 X 状态的最大概率就是:

$$P_t(x) = \max_{i=a,b,c}P_{t-1}[x_i] \times P[x|x_i] \times P_t[x_i|x] \tag{2.2.5}$$

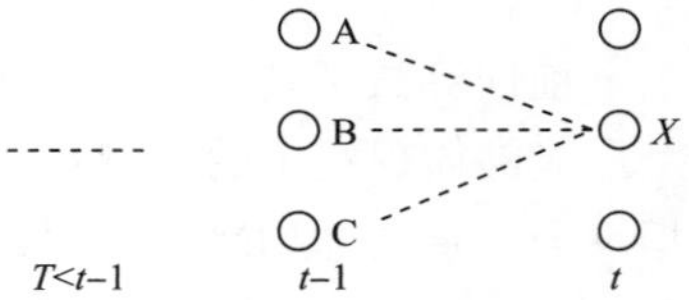

图 2.7　HMM 由 $t-1$ 时刻的信息得到 t 时刻局部概率示意图

显然,等式右端第一项由 $t-1$ 时刻的偏概率得到,第二项是状态的转移概率,第三项则是混淆矩阵中对应的概率。

一般来说,可以把概率的求解写成:

$$\delta_t(i) = \max[\delta_{t-1}(j)a_{ji}b_{ik_t}] \tag{2.2.6}$$

(4)反向指针

考虑图 2.5 的格状结构,现在可求得到达每一中间或者终点状态的概率最大的路径。但是我们的目的是找到最可能的隐藏状态序列,这就需要在每个状态记录得到该状态最优路径的前一状态。考虑到要计算 t 时刻的部分概率,我们只需要知道 $t-1$ 时刻的局部概率,所以我们只需要记录那个导致了 t 时刻最大局部概率的状态,也就是说,在任意时刻,系统都必须处在一个能在下一时刻产生最大局部概率的状态。

我们可以利用一个后向指针 φ 来记录导致某个状态最大局部概率的前一个状态,即:

$$\varphi_t(i) = \text{argmax}[\delta_{t-1}(j)a_{ji}] \tag{2.2.7}$$

这样 argmax 操作符就会选择使得括号中式子最大的下标 j。为什么未乘以混合矩阵中的观测概率因子呢? 这是因为,在到达当前状态的最优路径中,只与前一状态的信息有关,而与观测状态无关,所以这里不需要再乘上混淆矩阵因子。全局的行为如图 2.8 所示。

(5)Viterbi 算法的两个优点

①与前向算法一样,它极大地降低了计算的复杂程度;

②Viterbi 算法根据输入的观测序列,是"自左向右"的根据上下文给出最优的理解。由于 Viterbi 算法在给出最终选择前考虑所有的观测序列因素,这样就避免了由于噪声使得决策受影响。这种情况在真实的数据处理中经常出现。

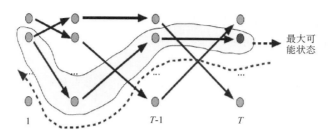

图 2.8　Viterbi 算法全局行为图

（6）Viterbi 算法的完整定义

下面给出 Viterbi 算法完整的定义。假设有序列：

$$X_i = (X_{i1}, X_{i2}, \cdots, X_{iT})$$

则对于在一阶 Markov 模型假设下，一般地说，可以把概率的求解写成：

$$\delta_t(i) = \max(\delta_{t-1}(j) a_{ji} b_{ik_t}) \qquad (2.2.8)$$

由此可求得，到达每一中间或终点态的概率最大路径，但需采取一些方法来记录这条路径。这就需要在每个状态记录得到该状态最优路径的前一状态。可记为：

$$\varphi_t(i) = \mathrm{argmax}(\delta_{t-1}(j) a_{ji})$$

我们仍用天气问题为例来说明如何计算状态为多云的局部概率，如图 2.9 所示。请注意它与前向算法的区别，根据给定的观测状态序列找出最有可能的隐状态序列，别忘了 Viterbi 算法不会被中间的噪音所干扰。

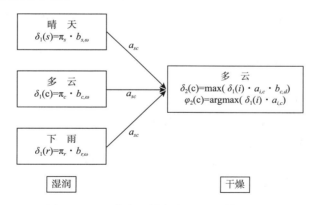

图 2.9　以天气问题为例的 HMM 算法示例

2.2.3　前向后向算法（Baum-Welch 算法）

在很多实际的情况下，HMM 不能被直接进行判断，这就变成了一个学习问题，因为对于给定的可观察状态序列来说，没有任何一种方法可以精确地找到一组最优的 HMM 参数，于是人们寻求使其局部最优的解决办法，而前向后向算法（也称为 Baum-Welch 算法）就成了 HMM 学习问题的一个近似的解决方法。这个算法已超出本书范畴，并不是因为它难以理解，而是它比前两个算法要复杂得多。这个算法在处理语音数据库上有重要应用，因为它可以帮助我们在状态空间很大且观测序列很长的条件下找到合适的 HMM 模型参数，即初始状态、转移概率、混淆矩阵等。值得指出的是，这里我们考虑的都是一阶 Markov 过程。由于 HMM

不仅从状态到状态之间的转移是随机的,而且每一状态的观测符号也是随机的,因而它不仅可以考虑测量数据的序列相关性,同时可以考虑测量过程中随机因素的影响。HMM 一般用以下 5 个参数来描述。

(1)N,模型状态数目,通常状态具有遍历性,即一个状态可从其他任何一个状态到达。模型状态记为 $S = \{S_1, S_2, \cdots, S_N\}$,$t$ 时刻的状态表示为 q_t。

(2)M,各状态可观测的离散符号数,对过程的物理输出进行矢量化编码,符号数就是码数大小。观测符号集合表示为 $V = \{V_1, V_2, \cdots, V_M\}$。

(3)$A_{N \times N}$,状态转移概率矩阵,描述 HMM 模型中各个状态之间的转移概率。其中,

$$A = \{a_{i,j}\}, a_{i,j} = P(q_{t+1} = S_j | q_1 = S_i), 1 \leqslant i, j \leqslant N \qquad (2.2.9)$$

上式表示,在 t 时刻,状态为 S_i 的条件下,在 $t+1$ 时刻状态为 S_j 的概率。

(4)$B_{N \times M}$,观测符号概率分布矩阵,描述每个状态产生观测符号的概率。其中,

$$B = \{b_j(k)\}, b_j(k) = P(V_k(t) | q_t = S_j), 1 \leqslant j \leqslant N, 1 \leqslant i \leqslant M \qquad (2.2.10)$$

上式表示,在 t 时刻状态是 S_j 条件下,观察符号为 $V_i(t)$ 的概率。

(5)$\pi_{N \times 1}$,初始状态分布,描述过程初始选取每个状态的概率。其中,

$$\pi = \{\pi_j\}, \pi_j = P(q_1 = S_j), 1 \leqslant j \leqslant N \qquad (2.2.11)$$

上式表示,在初始 $t=1$ 时刻状态为 S_j 的概率。

完整描述一个 HMM 需要两个模型参数——N 和 M,以及三个概率分布参数 A, B, π。实际上这些参数之间存在着一定的联系,当参数 A, B 确定后,N, M 也随之确定,为了方便,使用简洁标注 $\lambda = (A, B, \pi)$ 表示模型的全部参数集合。

2.3 HMM 模型的应用

如前所述,若系统可作为 HMM 来描述,则可用来解决三个基本问题。其中前两个是模式识别的问题:给定 HMM 求一个观测序列的概率;搜索最有可能生成一个观测序列的隐藏状态。第三个问题是给定观测序列生成一个 HMM。在大气科学与水文科学中,目前使用 Viterbi 算法(Viterbi algorithm)确定已知观测序列,以及给定 HMM 下最可能的隐藏状态序列,是人们用得最多的试验研究方法。

2.3.1 基于 HMM 模型的干湿期变化模拟

(1)模型的建立

根据本章介绍的 HMM,选取江淮流域各站逐日地面气压作为观测序列,逐日降水实测记录作为隐含序列,而采用区域站点总雨量的距平百分率作为降水状态的划分标准,则观测序列可大体分为 4 种状态,并分别记为 E1、E2、E3、E4;隐含序列状态则分为 3 种,分别记为无雨、少雨、多雨(分级标准表略)。经计算得到 HMM 的初始概率向量为:

$$p_0 = \begin{bmatrix} 0.0664 \\ 0.5435 \\ 0.3902 \end{bmatrix}$$

一阶转移概率矩阵为:

$$\boldsymbol{p}_{ijj} = \begin{bmatrix} 0.3603 & 0.5175 & 0.1223 \\ 0.0657 & 0.6371 & 0.2972 \\ 0.0180 & 0.4137 & 0.5683 \end{bmatrix}$$

其混淆矩阵即为给定某一隐式状态后得到的相应观测序列的概率所对应的矩阵。图 2.10 示意了隐式状态和观测状态相互连接的关系。由图 2.10 可见，一个观测序列与一个隐含序列其概率之间具有相互关联性，而通过计算还可得出 HMM 模型的最后一组参数值——混淆矩阵（表 2.1）。

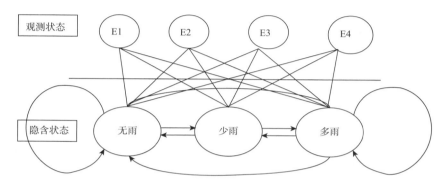

图 2.10　隐含状态和观测状态的相互连接示意图

如前所述，HMM 为一个三元函数组(p, A, B)，其中 p 是初始概率向量，A 为状态转移矩阵，B 为混淆矩阵。由此，我们已经得到建立 HMM 模型所需的所有参数。若将区域地面气压值作为观测序列，降水视为隐含序列，则可建立 HMM 模型。

表 2.1　HMM 模型的混淆矩阵

	混淆矩阵			
	E1	E2	E3	E4
无雨	0.1562	0.2213	0.2755	0.3471
少雨	0.2346	0.2517	0.2369	0.2768
多雨	0.3566	0.3033	0.2058	0.1343

（2）模型预测效果检验

根据 HMM 模型提供的参数值及每天的观测状态，我们可以估计其每天对应的隐含状态。使用 Viterbi 算法，找出能够隐藏在气压状态下最可能的降水状态序列。在 2.3.1 节中，HMM 参数的计算所用数据为 1957—2002 年逐日序列，建立模型后，利用 2002—2007 年的数据进行试验结果的对比验证。为此选取 2002—2006 年每年的观测序列，即逐日的气压观测状态，应用已建立的 HMM 模型，通过 Viterbi 算法计算得出的模拟降水序列值，做独立样本试验。结果表明（以 2003 年 HMM1 生成的模拟值为例来说明），表 2.2 列出了 2003 年 5 月的逐日模拟状态序列与实测序列比较。隐含状态的分布并没有什么特别的规律，而且综合比较 2003—2007 年的模拟结果，可以发现年际间的变化也比较大，这很符合 Markov 方法的随机特点。

表 2.2　夏季降水序列（2003 年 5 月）实测值与模拟值

（其中 A、B、C 分别代表无雨、小雨和大雨）

日序（日）	1	2	3	4	5	6	7	8
实测	C	B	A	B	C	C	B	C
模拟	B	B	A	B	B	C	B	C
日序（日）	9	10	11	12	13	14	15	16
实测	C	B	B	C	B	B	A	B
模拟	B	B	B	B	B	B	A	B
日序（日）	17	18	19	20	21	22	23	24
实测	C	C	B	A	B	C	A	C
模拟	C	C	C	B	B	B	A	C
日序（日）	25	26	27	28	29	30	31	
实测	C	C	B	B	A	A	B	
模拟	B	C	B	B	A	B	B	

　　表 2.2 给出了 2003 年 5 月份降水状态序列的实测值与模拟值的对比，根据这两组值，分别进行相关性检验及配对样本 T 检验。由相关性检验结果可知，两序列在信度为 99% 置信度水平上显著相关；由配对样本 T 检验可以得到 P 值远大于临界值 0.05，这说明降水序列的实测值和模拟值基本无差异。众所周知，各季甚至各月的逐日干湿状态是有年际变化的，为了区分不同的年份逐日干湿状态的不同变化特点，我们对历年逐日降水数据序列利用欧氏距离聚类方法加以分类，结果表明，历年逐日降水序列大致可分为 4 类年型。第一类以无雨年为主（含 1957、1960、1961、1967、1970、1972、1973、1976、1977、1978、1979、1987、1990、1992、1995、1997、2000、2004、2006 年，共 19 年）；第二类以强降水年为主（含 1959、1965、1968、1969、1971、1975、1985、1989、1996、2001 年，共 10 年）；第三类以多雨年为主（含 1958、1962、1974、1981、1983、1994、1999、2002、2003、2005 年，共 10 年）；第四类以少雨年为主（含 1963、1964、1966、1980、1982、1984、1986、1988、1991、1993、1998、2007 年，共 12 年）。由此就可得到 4 种不同类型的 HMM，分别记为 HMM1、HMM2、HMM3、HMM4，例如，

　　HMM1：

初始向量：
$$\begin{bmatrix} 0.8165 \\ 0.1509 \\ 0.0326 \end{bmatrix}$$

转移概率矩阵：
$$\begin{bmatrix} 0.8762 & 0.8762 & 0.0204 \\ 0.5805 & 0.3475 & 0.0720 \\ 0.4118 & 0.4314 & 0.1569 \end{bmatrix}$$

混淆矩阵：
$$\begin{bmatrix} 0.2226 & 0.2179 & 0.2484 & 0.3111 \\ 0.1483 & 0.2458 & 0.2881 & 0.3178 \\ 0.1765 & 0.2549 & 0.2549 & 0.3137 \end{bmatrix}$$

　　HMM2：

初始向量：
$$\begin{bmatrix} 0.8098 \\ 0.1481 \\ 0.0421 \end{bmatrix}$$

转移概率矩阵：
$$\begin{bmatrix} 0.8607 & 0.1124 & 0.0268 \\ 0.6239 & 0.2844 & 0.0917 \\ 0.4839 & 0.3548 & 0.1613 \end{bmatrix}$$

混淆矩阵：
$$\begin{bmatrix} 0.1997 & 0.2179 & 0.2484 & 0.3111 \\ 0.1743 & 0.2936 & 0.2385 & 0.2936 \\ 0.0645 & 0.3871 & 0.2903 & 0.2581 \end{bmatrix}$$

其余类似，不一一列举。

应当指出的是，在 4 种 HMM 的计算过程中，对于每一种 HMM 年型，作者均任意抽取两年逐日值用来模拟。根据 Viterbi 算法拟合其降水状态序列，基于 HMM 的 4 个模型模拟得出的降水序列与实测值对比，它们都分别通过了相关性检验和配对样本 T 检验，其正确率统计结果如表 2.3 所示。

表 2.3 HMM(4 种)模拟的正确率统计结果

		实测值	正确	错误	正确率
HMM1	2004 年	92	75	17	0.79
	2006 年	92	81	11	0.88
HMM2	1996 年	92	68	24	0.74
	2001 年	92	77	15	0.84
HMM3	2003 年	92	76	16	0.83
	2005 年	92	81	11	0.88
HMM4	1998 年	92	70	22	0.76
	2007 年	92	77	15	0.84

由表 2.3 可知，4 种模型的任 2 年数据模拟中，每年模拟的正确率都在 0.74 以上，最大的为 2005 年和 2006 年，其值为 0.88，最小值出现在 1996 年，其值为 0.74。4 种年型平均的模拟正确率高达 0.82。

由于夏季降水分为 4 种年内转移类型(表 2.4)，由此可求得其类型转移概率矩阵，如表 2.5 所示。

表 2.4 近 50 年(1957—2007)夏季降水类型

年份	类型	年份	类型	年份	类型
1957	1	1974	3	1991	4
1958	3	1975	2	1992	1
1959	2	1976	1	1993	4
1960	1	1977	1	1994	3
1961	1	1978	1	1995	1
1962	3	1979	1	1996	2
1963	4	1980	4	1997	1
1964	4	1981	3	1998	4
1965	2	1982	4	1999	3
1966	4	1983	3	2000	1
1967	1	1984	4	2001	2
1968	2	1985	2	2002	3
1969	2	1986	4	2003	3
1970	1	1987	1	2004	1
1971	2	1988	4	2005	3
1972	1	1989	2	2006	1
1973	1	1990	1	2007	4

表 2.5　　夏季降水 Markov 的转移概率矩阵

	1	2	3	4
1	0.2632	0.2105	0.2105	0.3158
2	0.6	0.1	0.1	0.2
3	0.4	0.2	0.1	0.3
4	0.2727	0.2727	0.3636	0.0909

分析 1957—2007 年的年内状态转移序列,应用查普曼—柯尔莫哥洛夫方程:

$$p_{ij}(n) = \sum_k p_{ij}(m) p_{kj}(n-m) \tag{2.3.1}$$

就可求得任何一种年型的转移概率,整个年型的变化过程可以想象为从一种年型转到另一种年型的不断转移的 Markov 过程。可以得到不同步长的转移概率矩阵。根据 2003—2005 年的降水类型来预测 2006 年的类型,其计算结果见表 2.6,由表可看出:各步长与相对应的状态转移矩阵对应;基于最大隶属度原则,取 $\max\{p_i, i \in E\}$ 对应的状态 i 为时段降水量所处状态,则 2006 年夏季降水类型为第一类,与实际吻合。那么,我们可依此类推出 2008—2011 年的降水年内转移类型,并由此推算 2011 年的降水状态转移类型。

表 2.6　　夏季降水年内转移概率表

初始年	状态	步长	转移概率			
			1	2	3	4
2003	3	3	0.3653	0.1993	0.1973	0.2381
2004	1	2	0.2632	0.2105	0.2105	0.3158
2005	3	1	0.4000	0.2000	0.1000	0.3000
平均			0.3428	0.2033	0.1693	0.2846

同样,我们可应用 1957—2007 年 NCEP/NCAR 的全球逐日再分析网格点($2.5° \times 2.5°$)资料(比湿 q 及 u, v 分量),选取纬度 $25° \sim 35°$N,经度 $110° \sim 125°$E 为计算区域,计算得出江淮流域的整层水汽通量值及地面气压值。将其应用于江淮流域 26 个气象站 1957—2007 年的逐日降水资料,计算得出区域平均站点降水量(略)。

2.3.2　基于 HMM 模型的旬土壤水分预测模型

(1)模型的建立

以东北地区各个分区 1991—2010 年夏季 6—8 月逐旬土壤相对湿度序列作为隐藏状态,根据农业部对于土壤墒情的监测标准,将土壤相对湿度划分为"旱"、"适宜"和"涝"三种状态,如表 2.7 所示。

表 2.7　　隐藏状态的划分标准

状态 H1	状态 H2	状态 H3
旱	适宜	涝
$W \leq 60\%$	$60\% < W \leq 90\%$	$W > 90\%$

注:W 为土壤湿度。

　　对东北地区各个分区逐旬土壤湿度序列进行状态划分之后,统计每个分区各状态出现的频率,结果如图 2.11 所示。由图可知,各区均以"适宜"状态出现频率最高。其中,第一区和第五区的"旱"状态出现的频率均较高,第一区位于松嫩平原西部和北部,降水量相对较少,日照和蒸发相对较强,容易发生土壤干旱;第五区辽宁省的部分站点发生"旱"的频率也较高。两个区域稍有不同的是第一区"涝"的出现频率较低,第五区"涝"的出现频率较高,与"旱"频率相当,其余各区"涝"出现的频率均大于"旱"。由于东北地区夏季降水为全年最频繁的时段,因而土壤干旱发生的频率相对较低,而土壤内涝发生的频率则相对较高。各个分区"适宜"状态出现的频率基本一致,保持在 0.5 左右。总体而言,"旱"状态时,第一区的频率最高,为 0.32,第五区的频率次之,为 0.25;"涝"状态时,第四区的频率最高,为 0.40,第三区的频率次之,为 0.33;"适宜"状态各区的频率在 0.49～0.57。

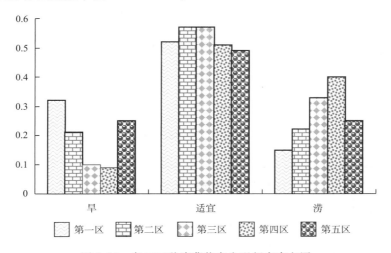

图 2.11　各区三种隐藏状态出现频率直方图

　　由土壤湿度与气象因子的相关性分析可知,土壤湿度主要与降水量和日照时数有较高的相关关系,其相关系数均通过 0.01 的显著性检验,而土壤湿度与气温只有部分站点才有较高的相关关系,土壤湿度与风速的相关性不显著。因此本章选取的是东北地区各个分区 1991—2010 年夏季 6—8 月逐旬的降水量和日照时数序列作为观察状态。对于旬降水量的状态划分,可用几何级数作为分级区间界限,其分级区间界限可用经验公式(1.6.3)。表 2.8 列出了各区逐旬降水量状态区间界限。

表 2.8　逐旬降水量状态划分标准(mm)

区域	第一区	第二区	第三区	第四区	第五区
状态 1	$[0.0, 8.4]$	$[0.0, 6.6]$	$[0.0, 4.6]$	$[0.0, 9.2]$	$[0.0, 10.9]$
状态 2	$(8.4, 16.8]$	$(6.6, 13.3]$	$(4.6, 9.2]$	$(9.2, 18.4]$	$(10.9, 21.8]$
状态 3	$(16.8, 33.7]$	$(13.3, 26.6]$	$(9.2, 18.4]$	$(18.4, 36.9]$	$(21.8, 43.6]$
状态 4	$(33.7, 67.4]$	$(26.6, 53.4]$	$(18.4, 36.8]$	$(36.9, 73.9]$	$(43.6, 87.2]$
状态 5	$(67.4, 134.8]$	$(53.4, 106.8]$	$(36.8, 73.6]$	$(73.9, 147.8]$	$(87.2, 174.5]$
状态 6	$(134.8, +\infty)$	$(106.8, +\infty)$	$(73.6, +\infty)$	$(147.8, +\infty)$	$(174.5, +\infty)$

　　由土壤湿度与气象要素的相关性分析可知,各个分区日照时数与土壤湿度的变化有着较

强的相关性,日照时数越长时,土壤湿度越低,因此将日照时数也作为观察状态的一个因子,将日照时数划分为三个状态,其中以小于 50 h 作为第一状态,代表少日照;以 50～80 h 作为第二状态,代表中等日照;以大于 80 h 作为第三状态,代表多日照,如表 2.9 所示。旬降水量和日照时数的状态组合总共可有 18 种情况,因此就将观察状态划分为 18 个状态。

表 2.9　逐旬日照时数(R,单位:h)状态划分标准

状态 1	状态 2	状态 3
$0 \leqslant R \leqslant 50$	$50 < R \leqslant 80$	$R > 80$

注:R 为日照时数。

通过对东北地区各个分区 1991—2010 年夏季 6—8 月逐旬相对湿度进行统计,可以得到 HMM 的初始概率,结果如表 2.10 所示。

表 2.10　各区隐藏状态初始概率

区域	旱	适宜	涝
第一区	0.32	0.52	0.15
第二区	0.21	0.57	0.22
第三区	0.10	0.57	0.33
第四区	0.09	0.51	0.40
第五区	0.25	0.49	0.25

此外,转移概率矩阵的建立反映的是 HMM 隐藏状态的变化规律,以下我们列出的是五个分区的转移概率矩阵。

第一区:
$$\begin{array}{c|ccc} & H_1 & H_2 & H_3 \\ \hline H_1 & 0.5407 & 0.3934 & 0.0659 \\ H_2 & 0.2430 & 0.6151 & 0.1419 \\ H_3 & 0.0773 & 0.5072 & 0.4155 \end{array}$$

第二区:
$$\begin{array}{c|ccc} & H_1 & H_2 & H_3 \\ \hline H_1 & 0.4536 & 0.4821 & 0.0643 \\ H_2 & 0.1868 & 0.6556 & 0.1576 \\ H_3 & 0.0142 & 0.4377 & 0.5480 \end{array}$$

第三区:
$$\begin{array}{c|ccc} & H_1 & H_2 & H_3 \\ \hline H_1 & 0.3770 & 0.4918 & 0.1311 \\ H_2 & 0.0920 & 0.6517 & 0.2562 \\ H_3 & 0.0226 & 0.4480 & 0.5294 \end{array}$$

第四区:
$$\begin{array}{c|ccc} & H_1 & H_2 & H_3 \\ \hline H_1 & 0.2627 & 0.5254 & 0.2119 \\ H_2 & 0.1074 & 0.5987 & 0.2938 \\ H_3 & 0.0178 & 0.3742 & 0.6080 \end{array}$$

第五区:
$$\begin{array}{c|ccc} & H_1 & H_2 & H_3 \\ \hline H_1 & 0.5014 & 0.3815 & 0.1172 \\ H_2 & 0.2252 & 0.5751 & 0.1997 \\ H_3 & 0.0489 & 0.4483 & 0.5029 \end{array}$$

由各区的转移概率矩阵可知,各区"适宜"转移到自身对应的状态(即"适宜"状态)的概率是最高的,即如果前一旬土壤相对湿度状态为"适宜",接下来一旬土壤相对湿度依然为"适宜"的概率最高;除第一区外,其余各区"涝"状态转移到自身对应的状态(即"涝"状态)的概率是最高的,第一区"涝"状态转移到"适宜"状态的概率最高;第一和第五区"旱"状态转移到自身对应的状态(即"旱"状态)的概率是最高的,而第二到第四区"旱"状态转移到"适宜"状态的概率最高。由此特点可知,土壤中的水分含量具有相当高的持续性,但是第二、三、四区大部分站点夏

季降水充足,容易发生内涝,且连续内涝的概率较大;第一和第五区为容易发生干旱的区域,该两区土壤质地以沙壤土为主,土壤的持水性较差,容易发生土壤干旱,即使出现较大降水,发生短时内涝,但其持续时间也不会过长,但第五区发生连续涝情的概率也较大,这主要是与该区域相对复杂的土壤类型分布有一定的关系。

最后,还需要确定的参数是观测概率矩阵,它反映的是 HMM 隐藏状态与观测状态之间的对应关系,即当出现某种隐藏状态时,对应各个观测状态出现的概率分布情况,关于五个分区的观测概率矩阵因篇幅所限,本书从略。

由各区的观测概率矩阵可知,当观察状态为多日照、少降水时,对应概率最大的隐藏状态为"旱"状态;当观测状态为少日照、多降水时,对应概率最大的隐藏状态为"涝"状态;多降水时,出现"旱"状态的概率非常小,少降水时出现"涝"状态的概率同样非常小;这与前面分析所得出的结论是基本一致的,即日照越长、降水越多,土壤湿度越大,反之亦然。

一个 HMM 模型是一个三元函数组 $\lambda = (A, B, \pi)$,其中,π 是初始概率向量,$A_{N \times N}$ 为状态转移概率矩阵,$B_{M \times M}$ 为观测概率矩阵。由此便可得到建立 HMM 模型所需的所有参数。由逐旬降水量序列作为观测状态,逐旬土壤湿度序列作为隐藏状态的 HMM 模型已经建立。

(2)模型预测效果检验

根据 HMM 模型提供的参数值及每一旬的观测状态和隐藏状态,我们可以估计下一旬对应的隐藏状态。对于如下的隐藏状态序列:

$$X_i = (X_{i1}, X_{i2}, \cdots, X_{iT}) \tag{2.3.2}$$

其中,

$$i_1 = \max(\pi(j) b_{jk1}) \tag{2.3.3}$$

$$i_t = \max(a_{i_{t-1} kt} b_{jkt}) \tag{2.3.4}$$

转移概率和观测概率乘积所得最大概率值所对应的隐藏状态则为我们所需寻找的隐藏状态。由此可知,由每一旬的观测状态和隐藏状态,我们即可根据概率值来预测下一旬的隐藏状态,如果想继续预测第三旬的隐藏状态,只需根据预测得出的第二旬隐藏状态及第二旬的观测状态即可,第四旬、第五旬以此类推。也就是说,对于每个隐藏状态的预测是建立在前一个步骤的预测基础之上的。这种做法的不足之处是,一旦哪一次的预测出现错误,则可能直接导致接下来的几旬预测出现连续错误。

这里,本书仅根据当旬的隐藏状态和观察状态来预测下一旬的隐藏状态,不做第二旬及以后的预测。这里采用交叉检验的方法来计算每年的预测准确率,例如,将 1992—2010 年的资料用于建立 HMM 模型,再用该模型来预测 1991 年 6—8 月的逐旬土壤湿度序列,将预测得出的隐藏状态序列与实测资料所对应的隐藏状态序列进行比对,并计算出该年的预测准确率。各站的平均准确率为 20 次交叉检验所得的逐年准确率的平均值。

表 2.11 列出了 HMM 用于预测东北地区夏季土壤湿度的准确率。由表可知,全区夏季预测准确率在 $56\% \sim 76\%$,最低值出现在哈尔滨,只有 56%,最高值出现在佳木斯,达 76%。准确率达到 60% 的有 34 个站点,占全地区总站数的 89%;准确率达到 70% 的有 9 个站点,占全地区总站数的 24%。图 2.12 为东北地区夏季平均准确率分布图。由图可知,全区各站夏季平均准确率的分布极不规律,大部分区域的准确率在 $65\% \sim 70\%$,准确率相对较低的区域分布在松辽平原上,如哈尔滨、梨树、本溪和瓦房店。总体而言,东北地区大部分站点具有较高的准确率,由于这是对旬土壤湿度的预测,时间跨度比较长,因此大部分站点准确率能达到

60%以上,表明了隐马尔科夫模型对于黑龙江省旬土壤湿度具有一定的预测能力,可以作为一种可能的应用方法。

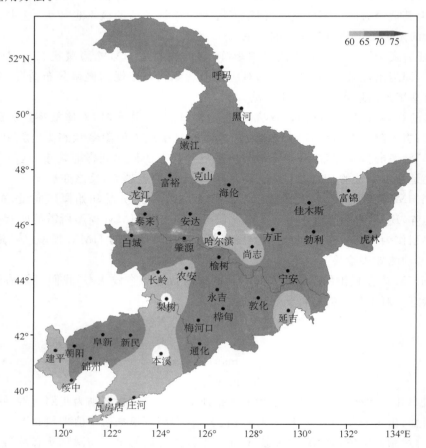

图 2.12　东北地区夏季土壤湿度隐 Markov 模型预测准确率分布图(单位:%)

表 2.11　东北地区各等级土壤湿度隐 Markov 模型预测准确率(%)

站点	旱	适宜	涝	平均	站点	旱	适宜	涝	平均
呼玛	35	90	48	72	农安	9	86	47	64
黑河	40	92	51	71	榆树	19	85	56	69
嫩江	63	77	14	67	宁安	39	85	37	65
克山	62	86	31	62	梨树	28	73	55	58
龙江	56	76	25	61	永吉	0	77	71	67
富裕	61	78	32	69	敦化	0	72	66	66
海伦	22	90	15	69	阜新	65	78	17	67
富锦	38	77	45	62	梅河口	6	78	70	67
泰来	66	83	10	67	桦甸	0	69	73	70
安达	68	78	36	69	延吉	30	77	55	63
佳木斯	43	87	53	76	朝阳	66	82	35	67
白城	64	83	25	70	建平	66	72	20	60

站点	旱	适宜	涝	平均	站点	旱	适宜	涝	平均
哈尔滨	34	74	37	56	新民	61	77	43	68
肇源	74	88	28	69	锦州	79	82	43	70
方正	46	89	50	70	本溪	25	79	42	57
尚志	30	88	40	62	通化	0	78	75	75
勃利	16	89	55	66	绥中	63	83	31	65
虎林	29	87	53	72	瓦房店	55	71	37	59
长岭	57	81	0	65	庄河	66	66	50	60

统计东北地区 38 个站土壤相对湿度的"旱"、"适宜"、"涝"三种状态,用隐 Markov 模型预测所得的准确率,绘制等空间分布图,如图 2.13 所示。由图可以看出,各站对于"适宜"状态的预测准确率要高于"旱"和"涝"两种极端状态。在"旱"状态时(图 2.13a),西部干旱频发区域的准确率要远远高于东部湿润区域,由表 2.11 可知,"旱"状态时全区的准确率在 0%～79%,最高的两个站是锦州和肇源,分别达到了 79% 和 74%,且西部干旱区准确率一般都在 60% 以上。三江兴凯平原的准确率相对较低,准确率最低的区域在吉林省东部,大部分站点未超过 10%。这个区域具有较高的土壤湿度,干旱发生频率极少,这就说明,隐 Markov 模型在预测干旱状态时,在干旱频发区域的预测效果要好于在极少发生干旱区域。在"适宜"状态时(图 2.13b),有两个准确率相对高值的区域,分别位于松嫩平原东部到三江兴凯平原一带以及兴安岭以北的呼玛和黑河地区,黑龙江省的准确率一般要高于吉林省和辽宁省。由表 2.11 可知,"适宜"状态时全区的准确率在 66%～92%,达到 90% 的站点有 3 个,包括呼玛、黑河和海伦,只有两个站低于 70%,分别是庄河和桦甸。在"涝"状态时(图 2.13c),准确率分布与"旱"状态是刚好相反,西部干旱频发地区准确率最低,而东部湿润区准确率较高,最高的区域位于三江兴凯平原及吉林省松辽平原以东的区域。由表 2.11 可知,"涝"状态时全区的准确率在 0%～75%,达到 70% 的有 4 个站点,分别是通化、桦甸、永吉和梅河口,低于 10% 的只有长岭和泰来两站。各个地区不同状态时预测准确率的差异可能与土壤类型、土壤含水量和降水的分布不均密切相关。松嫩平原西部的土壤主要以沙壤土为主,其持水性能较差,容易发生土壤干旱,且这一地区夏季降水量较少,日照强度也较大,造成蒸发加剧,使得旱情的持续时间较长,因此这一地区的"旱"状态预测准确率较高。从中部到东部为壤土到黏壤土的过渡,黏壤土的持水性较好,不易发生干旱,但容易发生涝情,且这一地区夏季降水量较大,日照强度弱于西部干旱区,使得涝情容易持续。壤土的性质介于沙壤土和黏壤土之间,因而东部"涝"状态预测准确率要高于西部,而"旱"状态预测准确率要低于西部。

表 2.12 为各个分区的预测准确率统计。由表可知,隐马尔科夫模型对于"旱"状态的预测准确率第一区最高,达到了 63%,第五区次之,为 61%,第二区和第三区较低,分别只有 35% 和 32%,最低的第四区只有 8%。隐马尔科夫模型对于"适宜"状态的预测准确率各区均达到了 77% 以上,最高的为第二区和第三区,分别达到了 86% 和 85%。隐马尔科夫模型对于"涝"状态的预测准确率最高的为第四区,为 64%,其余各区在 22%～52%。对于"旱"和"涝"状态的预测准确率比较分析可知,第一区和第五区预测"旱"的效果比"涝"更好,而第二、三和第四区预测"涝"的效果比"旱"更好,表明了隐马尔科夫模型对于不同状态的预测效果随区域的变化有显著的变化。

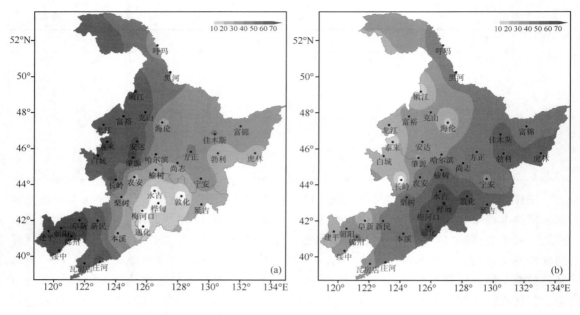

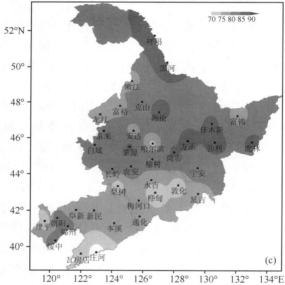

图 2.13　东北地区土壤湿度旱(a)、适宜(b)、涝(c)状态预测准确率分布图(单位:%)

表 2.12　东北地区各分区隐 Markov 模型预测准确率(%)

	旱	适宜	涝	平均
第一区	63	81	22	67
第二区	35	86	42	66
第三区	32	85	52	69
第四区	8	77	64	67
第五区	61	77	35	64

由于资料的限制,本书仅对东北地区夏季的土壤湿度预测进行了验证,由于夏季降水量偏大,且日照偏强,蒸发也较强,造成该季节土壤湿度变化比其他季节要大得多,因此理论上夏季的准确率要低于其他季节,说明 HMM 模型也可以应用于其他季节,理论上有更好的效果,但这一问题还有待资料更加完善之后做进一步研究。

2.3.3　HMM 模型在逐日土壤水分预测中的应用

由于逐句的土壤湿度是一长时间尺度的数据,但目前更需要对逐日的土壤湿度变化做出动态预测,我们利用了吉林省白城和榆树两个农业气象观测试验站的逐日观测资料,验证了 HMM 对于逐日土壤湿度变化的预测效果。结果表明,其效果优于逐句土壤湿度的 HMM 模拟预测。因方法大体与前类似,故本书从略。

2.4　具有 Markov 性的其他随机过程

2.4.1　独立增量过程

若对任意的 $t_1 < t_2 < \cdots < t_{2n-1} < t_{2n}$,过程 $\{X(t_i)\}(i=1,2,\cdots,2n)$ 的增量:
$$X(t_2) - X(t_1), X(t_3) - X(t_2), \cdots, X(t_{2n}) - X(t_{2n-1}) \tag{2.4.1}$$
是相互独立的随机变量。理论上可以证明,它就是 Markov 过程的一种特例。如果独立增量过程本身又是均值函数为零的平稳二阶矩过程,则又称其为正交增量过程。而且,假定一个独立增量过程,其增量 $X(t_2) - X(t_1), X(t_3) - X(t_2), \cdots, X(t_{2n}) - X(t_{2n-1})$ 的分布仅与参量的差值 $t_i - t_{i-1}$ 有关,与参量本身的位置无关,则称这一过程为齐次的。在随机过程理论中早已证明了两种独立增量过程——维纳—爱因斯坦过程和泊松随机点过程。

2.4.2　维纳—爱因斯坦(Wiener-Einstein)过程

本书作者曾在《气象时间序列信号处理》一书的第一章提到了随机过程的一般定义和性质,其中主要提到了平稳随机过程具有有限方差函数和均值函数。而所谓 Wiener-Einstein 过程,实际上它既具有平稳正态过程的特点,又具有 Markov 过程的特性,其均值函数为零,而自协方差函数为:
$$R_x(t,s) = E\{X(t)X(s)\} = \sigma^2 \cdot \min(s,t) \tag{2.4.2}$$
由此可证,其增量 $X(t) - X(s)$ 的方差(假定 $s < t$)可写为:
$$\begin{aligned} \mathrm{Var}[X(t) - X(s)] &= R_x(t,t) - R_x(t,s) - R_x(s,t) + R_x(s,s) \\ &= \sigma^2 t - \sigma^2 s - \sigma^2 s + \sigma^2 s \\ &= \sigma^2 \cdot (t-s) \end{aligned} \tag{2.4.3}$$
一般地可写为:
$$\mathrm{Var}(X(t) - X(s)) = \sigma^2 |t - s| \tag{2.4.4}$$
可见,Wiener-Einstein 过程就是增量的方差为参量差值的函数。假如以时间为参量,则过程增量随时间间隔的增大而不断改变。

2.4.3　泊松(Poisson)随机点过程

Poisson 随机点过程是一类应用十分广泛的统计数学模型。在医学、社会学、经济学、电子与通信科学及软件与硬件可靠性等许多科学领域都能找到应用随机点过程的例子。而在水文、气象和地学科学领域中,有更广阔的应用空间。所谓 Poisson 随机点过程,简而言之,是指下列这样的独立增量过程:当 $X(0)=0$ 时即初始时刻取值为零,其过程的增量为 $[X(t)-X(s)]$(不失一般性,设 $s<t$)服从 Poisson 分布,即有:

$$P[|X(t)-X(s)|=j]=e^{-\lambda(t-s)}\frac{[\lambda(t-s)]^j}{j!} \qquad j=0,1,2,\cdots \qquad (2.4.5)$$

在特例情形下,若 $s=0$,显然,过程的增量为 $X(t)(t=0,1,2,\cdots)$,换言之,对每一时刻,过程增量(记为 X_t,下同)均为服从 Poisson 分布的随机变量。它们在时间轴上是随机分布的脉冲函数过程。换言之,设有随机过程 $X_t(t=0,1,2,\cdots)$,对每一时刻 X_t 均为服从 Poisson 分布的随机变量。若对于每一 X_t 只能取有限的非负整数($t=0,1,2,\cdots$)。例如,假定这是一个暴雨出现的过程,它符合 Poisson 分布,即在时段 $(0,t)$ 内,暴雨出现次数 $N(t)$ 为具有参数 λt 的 Poisson 分布,即有:

$$P(N(t)=n)=\frac{(\lambda t)^n}{n!}\exp(-\lambda t) \qquad n=0,1,\cdots \qquad (2.4.6)$$

式中:λ 称为暴雨发生率或到达率(即在单位时间中出现的暴雨次数)。由此可计算在时段 $(0,t)$ 内各时刻出现 $n=0,1,\cdots$ 次暴雨的概率。换言之,任何时段 $(0,T)$ 暴雨次数也服从 Poisson 分布,其参数为 λT。在一般情况下,可将发生率 λ 称为信号强度,若令:

$$p_i(\Delta t)=P[X_{\Delta t}-X_0=i] \qquad i=0,1,2,\cdots \qquad (2.4.7)$$

显然,

$$\lim_{\Delta t\to 0}\frac{p_1(\Delta t)}{\Delta t}=\lambda \qquad \lambda>0 \qquad (2.4.8)$$

上式表明,在长为 Δt 的时间小区间中恰好出现一个信号的概率为 $\lambda\Delta t+o(\Delta t)$,说明在该过程中信号是突然出现的。若假定随机(白噪声)降雨量为 R,显然它们与暴雨的出现次数有关。例如,假定 R 服从 Gamma 分布,其形状和尺度参数分别为 (α,β)。我们称这类过程为 Poisson 白噪声过程(简记为 PWN),它是最简单的 Poisson 随机点过程。如果同时考虑在时段 $(0,T)$ 内的总降水量,则可设定累积降水量为:

$$Z(t)=\sum_{i=1}^{N(t)}R_i \qquad (2.4.9)$$

这种累积的降水过程就是复杂 Poisson 点过程。由于 PWN 模型过于简化了实际过程,在应用于降水量模拟时误差较大,仅在特殊场合应用,一般并不采用。

不过,在许多学科的科学研究中,都会遇到 Markov 类的随机过程,例如,在独立增量过程和 Poisson 过程的基础上,发展了均匀独立增量过程和均匀 Poisson 过程,进一步推广就有富雷—雅尔(Furry-Yule)过程(或增长过程),后来又发展出所谓增消过程(又称生灭过程)。这类随机过程虽然都同属一类 Markov 过程,但由于其应用领域不同,其术语也略有区别。20 世纪以来,随着信息科学、生物科学、物理科学和地球科学的发展,一些非常有用的随机过程理论也得到相应的发展。例如,纯不连续 Markov 过程,该类过程是指那些时间参量连续变化,但其状态却是跳跃变化的。由此就可导出所谓扩散过程。这类所谓扩散过程极其有应用价值,近年来,由于复杂性科学的进步,引入 Markov 过程和转移概率函数结合微分方程理论导出了许多普适性微分或积分方程,如科尔莫哥洛夫方程、前进方程、后退方程等。

2.4.4　富雷—雅尔(Furry-Yule)过程

对 Poisson 随机点过程可以有两个方面推广:其一,信号强度若随时间而变化,如式

(2.4.8)中,强度 λ 依状态而变;其二,对于随机过程(变量:信号强度)的变化,既有增大,也有减少。

假如设 X_t 为在时刻 t 的某一生物群体中个体总数,若它们随时间增长而并不减少,或者表示在时刻 t 及以前时刻某群体增加的个体数,换言之,X_t 在任意有限时间间隔上的增量都只能取非负整数 $i=0,1,2,\cdots$。如果此过程又是具有均匀独立增量的,那么,式(2.4.8)中的 λ 是在时刻 t 时,过程所处状态 i 的一个函数。于是,方程式(2.4.8)又可写为:

$$\lim_{\Delta t \to 0} \frac{p_{i,i+1}(\Delta t)}{\Delta t} = \lambda_i \tag{2.4.10}$$

同理,可以有:

$$\lim_{\Delta t \to 0} \frac{1 - p_{ii}(\Delta t) - p_{i,i+1}(\Delta t)}{\Delta t} = 0 \tag{2.4.11}$$

2.4.5 增消过程或生灭过程

设有齐次可数 Markov 过程 $X(t)$,$t \geqslant 0$,其转移概率 $p_{ij}(t)$ 满足:

① $p_{i,i+1} = \lambda_i \Delta t + o(\tau)$,$\lambda_i > 0$;

② $p_{i,i-1} = \mu_i \Delta t + o(\tau)$,$\mu_i > 0$,$\mu_0 = 0$;

③ $p_{i,i} = 1 - (\mu_i + \lambda_i)\Delta t + o(\tau)$;

④ $p_{i,i} = o(\tau)$。

上述随机过程就称为生灭过程或增消过程。顾名思义,我们可这样来理解:假如我们将过程理解为某时刻的群体大小,当忽略高阶无穷小项后,在长度为 Δt 的一小段时间内,只可能有三种转移状态:①由状态 i 到 $i+1$(即增加一个个体,生出一个),其转移概率为 $\lambda_i \Delta t$;②由状态 i 到 $i-1$(即减少一个个体,死亡一个),其转移概率为 $\mu_i \Delta t$;③状态不变,必然为 $p_{i,i} = 1 - (\mu_i + \lambda_i)\Delta t$,或无穷小。

2.4.6 纯不连续过程

所谓纯不连续过程,是指当系统处于某一状态之中时,它将一直保持这一状态不变,而在某一瞬时,状态发生改变,从这一状态跳跃到一个新的状态,此后又一直停留于这个新状态中直到发生新的跳跃为止。可见,它正好与下节所提到的扩散过程相反,后者则是随时间推移而不断改变状态的纯连续过程。根据上面的表述,设有纯不连续过程 $X(t)$,它除了满足 Markov 过程的全部性质以外,还要求其分布函数 $F(s,x;t,y) = P\{X(t) < y \mid X(s) = x\}$ 在 $X(t) = x$ 状态时,当系统在时间区间 $(t, t+\Delta t)$ 中以概率 $1 - q(t,x)\Delta t + o(\Delta t)$ 留在此状态中,而以概率 $q(t,x)\Delta t + o(\Delta t)$ 发生跳跃。若发生跳跃,则其分布函数可写为 $Q(t,x;y) + o(1)$。

2.4.7 扩散过程

所谓扩散过程即系统状态以连续方式变化的 Markov 过程。这类过程最初始自于扩散现象的研究。假定过程 $\{X(t)\}$ 在时刻 t 处于状态 x,即有 $X(t) = x$,若考察时间间隔 $[t, t+\Delta t]$ 中状态的变化 $X(t+\Delta t) - X(t)$,因为变化为连续的,所以当 $\Delta t \to 0$,其变化量也较小。其数学表达式可写为:

$$\lim_{\Delta t \to 0} P\{[X(t+\Delta t) - X(t)] > \delta \mid X(t) = x\} = 0 \tag{2.4.12}$$

换言之,上式等价于连续型变量的转移概率,通常我们以 $F(s,x;t,y)$ 表示由时刻 s,变量为 x 的状态,转移到时刻 t 为 y 状态的转移概率。一般可表示为:

$$F(s,x;t,y) = P\{X(t) < y \mid X(s) = x\} \tag{2.4.13}$$

数学上已经证明,当满足下列条件时,上述 Markov 过程即为扩散过程。其中,

$$\lim_{\Delta t \to 0} \int_{|y-x|>\delta} d_y F(t,x;t+\Delta t,y) = 0 \tag{2.4.14}$$

$$\lim_{\Delta t \to 0} \frac{1}{\Delta t} \int_{|y-x|>\delta} d_y F(t,x;t+\Delta t,y) = 0 \tag{2.4.15}$$

$$\lim_{\Delta t \to 0} \frac{1}{\Delta t} \int_{|y-x|>\delta} (y-x)^2 d_y F(t,x;t+\Delta t,y) = 0 \tag{2.4.16}$$

理论上已经证明,在一定的条件下,上述扩散过程及其转移概率密度函数 F,满足一定的偏微分方程:

$$p(s,x;t,y) = \frac{\partial}{\partial y} F(s,x;t,y) \tag{2.4.17}$$

称为柯尔莫哥洛夫方程,这就是本书第 6 章要提到的福克尔—普朗克(Fokker-Planck)方程。

第 3 章 随机模拟方法与时空降尺度技术

随机模拟方法最早可追溯到 20 世纪初,这就是著名的蒲丰投针试验。当时由于模拟试验工具的限制,一直未能有所发展。20 世纪 40 年代,由于电子计算机的出现,使得需要大量计算的各种试验可能得以实现,随机模拟方法才真正有了新的突飞猛进的发展。

所谓随机模拟,又称为蒙特卡罗(Monte-Carlo)试验或统计试验法。很早以来,Monte-Carlo 统计试验法就被普遍应用于物理学、生物学、通信工程、控制论、管理科学、数值计算和水文学等各门学科。大气科学引入随机模拟的历史不长,已有的工作表明,利用随机模拟方法可产生符合一定概率模式的模拟气象资料,这对于研究各种气候特征及其变化规律有很高的学术价值和实用性。作者早就注意到随机模拟方法的重要性,1987 年丁裕国等利用我国几个代表测站的降水资料,对我国各地逐日降水量采用多状态一阶马尔科夫链与 Gamma 分布相结合的方法建立随机模拟模式对我国各地逐日降水量进行模拟试验,结果表明有相当的可行性。近年来,这一方法不但用于气候短期预测的集成技术,也应用于全球大尺度 GCM 模拟对未来气候情景预估的降尺度研究中,尤其是未来极端气候变化的预测更需要利用随机模拟方法产生符合区域尺度和局地尺度天气气候变化特征的模拟资料。有人也将这种由全球大尺度模式模拟结果的输出信息基础上所做的区域性或局地水文或气候预测称之为区域或局地响应预报,如某地点的气温和降水的响应预报等。

3.1 基本概念

为了说明 Monte-Carlo 试验方法,我们首先以一个简单的积分计算为例,加以说明。设有

$$I = \int_0^1 f(x)\mathrm{d}x \tag{3.1.1}$$

一般来说,这是一个单值函数的积分式,只要给定函数 $f(x)$,并不难求解。但是,假如我们并不知道其函数形式,而只给出积分式,如何计算? 为此,从积分的定义出发,将问题化为:由曲线 $y = f(x)$,x,y 轴及 $x = 1$ 为边界的面积求解问题。不失一般性,假定 $0 \leqslant f(x) \leqslant 1$(图略),即在单位正方形($0 \leqslant x \leqslant 1$,$0 \leqslant y \leqslant 1$)内,随机地投掷一点,它的坐标$(x, y)$就是在区间$[0,1]$中均匀分布的随机变量,由于随机地投掷点,前后相互独立,落在所求区域内的概率 p 刚好就是所求区域的面积。

$$I = \int_0^1 f(x)\mathrm{d}x = p \tag{3.1.2}$$

$$I = \hat{p} = \frac{m}{n} \tag{3.1.3}$$

由此可见,随机模拟(Monte-Carlo)方法的基本思想是,假如我们要计算某个量 x,首先就要找

到某一随机事件 A,使得有:

$$x = P(A) \qquad\qquad (3.1.4)$$

或

$$x = E(X) \qquad\qquad (3.1.5)$$

然后模拟随机事件 A 或随机变量 X 多次,计算其出现频率 $\frac{m}{n}$(对其概率作估计),或求 X 的均值。因此,随机模拟是在控制某一变量统计特征的前提下,根据该变量所服从的概率分布模式,产生符合该分布的随机数值或其概率的一种技术方法的总称。一般说来,随机模拟并不着眼于个别事件的预报,但它提供某一些数值可能出现的概率及其分布。就理论而言,现代统计学理论的许多结论都与随机模拟方法分不开。以经典回归模型为例,当其满足所有假定条件时,参数估计量才具有最佳线性无偏特性,即有限样本特性,同时也具有渐近特性。当假定条件不成立时(如存在异常方差或自相关等),采用广义最小二乘法和其他一些参数估计方法所得估计量只具有渐近特性,因而只有当样本容量相当大时,渐近特性才起作用。假如所用实际样本量很小,理论上仍然不知其样本分布特征,则必须通过随机模拟证明其特征。此外,如样本不符合正态分布,或正态分布假定不成立时,样本均值是否仍是总体均值的有效估计量,也要用随机模拟方法来检测。诸如此类,凡是一些数学上过于复杂而难于求得精确解(如积分的求解),或者如上述未知的统计学问题,都需要应用随机模拟即 Monte-Carlo 模拟来寻求其规律和特征或精确解。一般说来,随机模拟方法解决问题的过程大体如下:

①建立适当的概率模式(如随机变量、随机事件或随机过程等);

②进行 Monte-Carlo 随机模拟试验;

③对模拟结果作统计处理(如计算概率或平均值等统计特征),以给出所求问题的解或其精度估计。如果原始问题本身就是随机性问题,则应与实测样本比较,估计其精度。

3.2 随机变量的模拟(各种分布的模拟)

对于随机变量来说,随机模拟方法主要是产生符合该变量总体所服从的某种分布的随机数样本。其主要步骤是:

(1)首先产生基本的随机数,所谓基本随机数就是服从 U(0,1) 的均匀分布随机数。因为绝大多数概率分布随机数都可通过均匀分布随机数变换得到;由于现代计算机技术的迅猛发展,自 20 世纪 60 年代以来就已发展了成熟的生成"伪"随机数的一系列计算机程序。之所以称其为"伪"随机数,就是因它的统计性质不同于真实的 U(0,1) 均匀分布随机数。

(2)建立待研究变量的概率分布与 U(0,1) 均匀分布之间的函数关系。并利用此种函数关系推得所要研究变量的分布密度或分布函数及其对应的随机数。

(3)对于复杂的变量,不但要建立一元函数关系,有时还需建立多元函数关系,例如,后文要提到的逐日降水量模拟,不但要模拟逐日天气干湿状况,还要在此基础上模拟出逐日降水量数值。

3.2.1 随机数的生成方法

目前,随机数的生成方法一般是利用给定的算法,借助于计算机快速生成服从均匀分布的伪随机数。最常用的是所谓乘同余法。

这里,简单介绍一下该类算法,以便了解目前计算机或电脑中许多固化的随机数程序的背景知识。而在实际应用中一般只要调用均匀分布伪随机数程序并添加所需的目标分布变换子程序即可实现计算。

采用递推公式即可逐步求出 $x_1, x_2, \cdots, x_n (0 \leqslant x_n < 1)$

$$y_{n+1} = ay_n + b(\text{mod } M) \qquad 0 \leqslant y_{n+1} < M \tag{3.2.1}$$

$$x_n = \frac{y_n}{M} \tag{3.2.2}$$

其中,参数 a, b, M 及初值 y_0 都是正整数,不难看出 x_n 满足:

$$0 \leqslant x_n < 1 \tag{3.2.3}$$

这一方法称为混合同余法。所谓乘同余法就是上述方法的特例,当参数 $b=0$ 时,即有:

$$y_{n+1} = ay_n(\text{mod } M) \tag{3.2.4}$$

和

$$x_n = \frac{y_n}{M} \tag{3.2.5}$$

这时无须加法,因而称其为乘同余法。

而当参数 $b \neq 0, a = 1$ 时有:

$$y_{n+1} = y_n + b(\text{mod } M) \tag{3.2.6}$$

$$x_n = \frac{y_n}{M} \tag{3.2.7}$$

这时又无须乘法,故又称其加同余法。更一般地,加同余法可以包含用前几个 y_n,通过"加法"和"同余"来产生。如产生的数列为:

$$y_{n+1} = y_n + y_{n-1}(\text{mod } M) \tag{3.2.8}$$

不过,虽然加同余算法更快些,但在得到的数列性质上还是乘同余法和混合同余法较优。所以目前一般多以后两者为主要使用方法。与此有关的知识已超出本书范围,读者如有兴趣,请查阅其他有关文献。

在二进制的计算机中,一般取 $M = 2^w$(w 为机器的字长),因而其同余运算十分简单。这样所得到的数列 $x_1, x_2, \cdots, x_n$ 就是所要求的。此外,为了检验所得数列,是否符合原来的模拟要求,即所得数列是否具有[0,1]均匀分布随机抽样样本的统计特性? 最简单的做法是采用各种统计检验方法来检测所得数列是否符合均匀分布随机抽样。如频率检验、独立性检验(因篇幅所限,本书从略)。

3.2.2 离散型随机变量的模拟

设 Z 是某离散型随机变量,其概率可写为:

$$P\{Z = a_i\} = p_i \tag{3.2.9}$$

其中,$p_i \geqslant 0, \sum_i p_i = 1$,那么如何在计算机上产生 Z 的随机样本?

设 $x_1, x_2, \cdots, x_n$ 是一组具有[0,1]均匀分布的随机变量样本,则令:

$$Z_k = \begin{cases} a_1 & 0 \leqslant x_k < p_1 \\ a_2 & p_1 \leqslant x_k < p_2 \\ \quad \cdots \\ a_i & p_{i-1} \leqslant x_k < p_i \end{cases} \tag{3.2.10}$$

由此得到一组 $z_1, z_2, \cdots, z_n$ 随机变量样本正是离散型随机变量样本,它满足:

$$P\{Z_i = a_i\} = p_i$$

3.2.3　连续型随机变量的模拟

设 Z 是某连续型随机变量,其概率分布函数可写为:

$$P\{Z < u\} = F(u) \tag{3.2.11}$$

于是,如果 $F(u)$ 连续单调上升,则易知:

$$X = F(Z) \tag{3.2.12}$$

上式是 $[0,1]$ 中的均匀分布,因此,如果 X 是 $[0,1]$ 上的均匀分布随机变量,则:

$$Z = F^{-1}(X) \tag{3.2.13A}$$

便是以 $F(u)$ 为分布函数的随机变量,其中,$F^{-1}(v)$ 是 $F(u)$ 的反函数。于是,如已得一组 $[0,1]$ 均匀分布的样本 $\{x_1, x_2, \cdots, x_n\}$,即可由:

$$Z_i = F^{-1}(x_i) \quad k = 1, 2, \cdots \tag{3.2.13B}$$

而求得一组以 $F(u)$ 为分布函数的随机变量的样本。因此,可以认为,$[0,1]$ 均匀分布随机数是产生其他任意分布随机数的基础。而有效地产生出 $[0,1]$ 均匀分布随机数是提高随机模拟方法质量的前提。以下我们列举几种常用分布的随机数加以说明。

3.2.4　正态分布随机变量

由于任何正态分布随机变量 $X \sim N(\mu, \sigma)$ 都可经由下列变换式:

$$X = \mu + \sigma \cdot Z \tag{3.2.14}$$

变换为随机变量 $Z \sim N(0,1)$。所以这里我们只讨论如何产生 $N(0,1)$ 正态变量的方法。

设有变量 X_1, X_2 均为 $N(0,1)$ 随机变量,且彼此相互独立。

$$Z_1 = \sqrt{-2\ln X_1} \cos 2\pi X_2 \tag{3.2.15}$$

$$Z_2 = \sqrt{-2\ln X_1} \sin 2\pi X_2 \tag{3.2.16}$$

事实上由式(3.2.15)和式(3.2.16)可解得:

$$X_1 = \exp\left\{-\frac{1}{2}(Z_1^2 + Z_2^2)\right\} \tag{3.2.17}$$

$$X_2 = tg^{-1}\left(\frac{Z_2}{Z_1}\right) \tag{3.2.18}$$

可以证明:

$$\frac{\partial X_1}{\partial Z_1} = e^{-\frac{1}{2}(Z_1^2 + Z_2^2)} \cdot (-Z_1) \tag{3.2.19}$$

$$\frac{\partial X_1}{\partial Z_2} = e^{-\frac{1}{2}(Z_1^2 + Z_2^2)} \cdot (-Z_2) \tag{3.2.20}$$

$$\frac{\partial X_2}{\partial Z_1} = -\frac{1}{2\pi} \frac{1}{1 + \left(\frac{Z_2}{Z_1}\right)^2} \left(\frac{Z_2}{Z_1^2}\right) \tag{3.2.21}$$

$$\frac{\partial X_2}{\partial Z_2} = -\frac{1}{2\pi} \frac{1}{1 + \left(\frac{Z_2}{Z_1}\right)^2} \left(\frac{1}{Z_1}\right) \tag{3.2.22}$$

其雅可比行列式就可得到：

$$\begin{vmatrix} \dfrac{\partial X_1}{\partial Z_1} & \dfrac{\partial X_1}{\partial Z_2} \\[2mm] \dfrac{\partial X_2}{\partial Z_1} & \dfrac{\partial X_2}{\partial Z_2} \end{vmatrix} = -\dfrac{1}{2\pi} e^{-\frac{1}{2}(Z_1^2 + Z_2^2)} \tag{3.2.23}$$

由此可见，由于 (X_1, X_2) 是 $[0,1]$ 均匀分布随机变量，所以 (Z_1, Z_2) 的联合分布为：

$$f(Z_1, Z_2) = \dfrac{1}{2\pi} e^{-\frac{1}{2}(Z_1 + Z_2)} \tag{3.2.24}$$

即 (Z_1, Z_2) 是相互独立的 $N(0,1)$ 正态随机变量。

3.2.5 指数分布随机变量

分布密度为： $\qquad f(x) = \lambda e^{-\lambda x}, x \geqslant 0$ 或者 $f(x) = 0, x < 0 \tag{3.2.25}$

其相应的分布函数为：

$$F(x) = 1 - \lambda e^{-\lambda x}, x \geqslant 0 \text{ 或者 } F(x) = 0, x < 0 \tag{3.2.26}$$

由式 (3.2.11) 知，假定 Z 为指数分布的随机变量，则必有：

$$X = 1 - \lambda e^{-\lambda Z} \tag{3.2.27}$$

为 $[0,1]$ 的均匀分布随机变量，而由上式得：

$$Z = -\dfrac{1}{\lambda} \ln(1 - X) \tag{3.2.28}$$

既然 X 是 $[0,1]$ 的均匀分布随机变量，$1-X$ 必然也是 $[0,1]$ 的均匀分布随机变量。故：

$$\widetilde{Z} = -\dfrac{1}{\lambda} \ln(X) \tag{3.2.29}$$

即为服从指数分布的随机变量。

3.2.6 多维分布随机变量

现以二维分布为例，进行讨论。对一般的二维分布 (Z_1, Z_2)，若有分布密度 $f(Z_1, Z_2)$ 则可用其两变量的关系式：

$$f(Z_1, Z_2) = f(Z_1) f(Z_2 \mid Z_1) \tag{3.2.30}$$

因为式中 $f(Z_1)$ 和 $f(Z_2 \mid Z_1)$ 分别为 Z_1, Z_2 的单一变量分布密度和另一变量的条件分布密度，故可用前所介绍的方法，先由 $f(Z_1)$ 产生 Z_1 再由 $f(Z_2 \mid Z_1)$ 产生 Z_2。所得的 (Z_1, Z_2) 即为以 $f(Z_1, Z_2)$ 为联合分布的二维随机变量的抽样。

对于多维正态分布，有更加简便的方法。若设 $(Z_1, Z_2, \cdots, Z_n)$ 具有均值和协方差，分别为：

$$\mu = (\mu_1, \cdots, \mu_n) \tag{3.2.31}$$

$$\sum = \begin{bmatrix} \sigma_{11} & \sigma_{12} & \cdots & \sigma_{1n} \\ \sigma_{21} & \sigma_{22} & \cdots & \sigma_{2n} \\ \cdots & \cdots & \cdots & \cdots \\ \sigma_{n1} & \sigma_{n2} & \cdots & \sigma_{nn} \end{bmatrix} \tag{3.2.32}$$

其中，

$$\sigma_{ij} = E\{(Z_i - \mu_i)(Z_j - \mu_j)\} \tag{3.2.33}$$

由于 $\sum$ 为正定对称矩阵,根据矩阵理论,存在下三角阵 $\boldsymbol{C}$,使得有:

$$\sum = \boldsymbol{CC}^{\tau} \tag{3.2.34}$$

式中:$\boldsymbol{C}^{\tau}$ 为 $\boldsymbol{C}$ 的转置。如前所述,若已由前面求得了 n 个相互独立的 $N(0,1)$ 正态随机变量 $(Y_1,Y_2,\cdots,Y_n)$,则可验证前已得到的式(3.2.14),即有:

$$Z = \mu + C \cdot Y \tag{3.2.35}$$

上式中各项皆为向量和矩阵。并可证明:

$$E(Z) = \mu + CE(Y) = \mu + C \cdot 0 = \mu \tag{3.2.36}$$

和下式成立:

$$E\{(Z-\mu)(Z-\mu)^{\tau}\} = E[(CY)(CY)^{\tau}] = C \begin{bmatrix} 1 & & 0 \\ & \ddots & \\ 0 & & 1 \end{bmatrix} C' = CC' = \sum \tag{3.2.37}$$

这就是关于 n 个相互独立的 $N(0,1)$ 正态随机变量的随机模拟方法。当然,我们也可以从上面的 $n=2$,类推出 $n=3$ 的情形。由此还可得到一般的 n 维正态随机变量的递推算法:

①产生 n 个独立的 $N(0,1)$ 分布随机变量:$(Y_1,Y_2,\cdots,Y_n)$;

②按下列递推关系计算 z'_k :

$$z'_1 = \sigma y_1 \tag{3.2.38}$$

$$z'_k = e^{-z}z'_{k-1} + \sigma\sqrt{1-e^{-2z}}y_k \qquad 2 \leqslant k \leqslant n \tag{3.2.39}$$

③计算 z_k ,$z_k = \mu_k + z'_k$ 。

3.3　随机过程的模拟

尽管目前有关生成各种随机过程的计算软件已经层出不穷,但其基本原理和算法并无多大改变。因此,我们有必要简单加以阐明。

3.3.1　平稳正态过程的模拟

设 $X(t)$ 是均值为 0,协方差函数为 $B(\tau)$ 的平稳正态过程,若要模拟它的一个有限现实,即 $X(k\Delta t)(1 \leqslant k \leqslant n,\Delta t$ 为一正的常数)。为了给出具有有限方差的平稳过程,首先应当考虑协方差函数的形式:

①$B(\tau) = \sigma^2 e^{-\alpha|\tau|}$,$\sigma > 0,\alpha > 0$ 为常数 $\tag{3.3.1}$

②$B(\tau) = \sigma^2 e^{-\alpha|\tau|}\cos\beta\tau$,$\sigma > 0,\alpha > 0,\beta > 0$ 为常数 $\tag{3.3.2}$

其产生方法为:

第 1 步,生成 n 个相互独立的 $N(0,1)$ 分布随机变量 $y_1,y_2,\cdots,y_n$;

第 2 步,计算　　　　　　　　　$x_1 = \sigma y_1$ $\tag{3.3.3}$

和　　　　　　　　　$x_k = e^{-\alpha\Delta t}x_{k-1} + \sigma\sqrt{1-e^{-2\alpha\Delta t}}y_k,2 \leqslant k < n$ $\tag{3.3.4}$

第 3 步,产生两个独立的平稳正态随机序列:$X_1(t),X_2(t)$,使其均值为 0,协方差函数都是:

$$B(\tau) = \sigma^2 e^{-\alpha|\tau|} \tag{3.3.5}$$

第 4 步:构造并计算线性组合函数:

$$X(t) = X_1(t)\cos\beta t + X_2(t)\sin\beta t \tag{3.3.6}$$

可以证明其协方差函数为：

$$B(\tau) = \sigma^2 e^{-\alpha|\tau|}\cos\beta\tau \tag{3.3.7}$$

对于一般情况,众所周知,任何一个平稳正态过程实际上都是一个 n 维正态随机变量。

3.3.2　Markov 链的模拟

设需要模拟的为齐次 Markov 链 $\{Z_n\}$,其一步转移概率矩阵为：

$$P = (p_{ij})i,j = 0,1,2,\cdots \tag{3.3.8}$$

已知初始分布 $\{p_i\}i=0,1,2,\cdots$ 利用离散型随机变量的模拟方法产生一个以 $\{p_i\}$ 为分布的随机变量 Z_0,若设其抽样取值为 z_0,则有 $\{p_{z_0 j}\}j=0,1,2,\cdots$ 为关于这个齐次 Markov 链 $\{Z_n\}$ 的下标为 j 的概率分布,于是,可重复离散随机变量的模拟方法产生一个以 $\{p_i\}$ 分布的随机变量 Z_1,以此类推,就可不断产生出随机变量 $Z_2,Z_3,Z_4,\cdots$ 用此方法所产生的初始分布,结合原来所得到的一步转移概率矩阵 $P=(p_{ij})$ 就可获得模拟的齐次 Markov 链 $\{Z_n\}$ 的一次现实。显然,用此思路也可产生非齐次 Markov 链或经某些近似方法产生出各种其他类型的 Markov 链及 Markov 过程。由上可见,其中最为关键的步骤是：如何产生出具有初始分布的随机变量,这就等价于 Markov 链不断地重新起步(例如,初始日可能为干日也可能为某种级别的湿日)而将转移概率却视为不变。

3.4　降尺度技术简介

所谓降尺度方法,乃是基于把区域及其以下尺度的气候变化情景视为大尺度(如大陆尺度,甚至行星尺度)气候背景条件下,由大尺度、低分辨率的 AOGCM 模式输出信息转化为区域尺度的地面气候变化信息(如气温、降水)的一种技术方法,它弥补了 AOGCM 对区域气候变化情景预测的局限性。目前,降尺度技术得到了进一步发展,通常可分为动力和统计降尺度两大类。而后者则包括函数转换法、天气分型法、随机天气发生器三种方法。Markov 链方法就是随机天气发生器方法的一种,随机天气发生器是一系列可以构建气候要素随机过程的统计模型,它们可以被看作一种复杂的随机数发生器。随机天气发生器通过直接拟合气候要素的观测值,得到统计模型的拟合参数,然后用统计模型模拟生成随机的气候要素时间序列。对未来气候情景下极端气候状况的预估,一般可概括为两个步骤：①现代气候条件下气候极值的概率及其分位数估计；②未来气候情景下气候极值的概率及其分位数估计。显然,前者是后者的基础,后者是前者的推广。无论前者或后者,其关键问题是：①如何产生能进行重复独立试验的模拟逐日气候资料；②如何将全球模式模拟所输出的未来气候情景进行区域或局地尺度的细化；③如何根据上述结果直接或间接模拟产生气候极值的概率及其分位数估计。

3.4.1　区域气候与全球气候的关系

(1)"区域尺度"的界定

迄今为止,大多数文献中对于区域尺度"气候"的界定都较为含糊。有必要明确气候的"区域尺度"其内涵是什么？事实上,"区域尺度"有各种不同的定义,有的从地理学观点,有的从行政区划观点,有的从气候的非均匀性观点,等等,都可认定各自的区域含义。应该说本书是从气候模式模拟的观点出发,考虑气候模式的分辨率而定义所谓"区域尺度"的气候问题。一般说来,区域尺度是泛指 $10^4 \sim 10^7$ km² 尺度以内的区域而言,换言之,其上限涉及次大陆尺度,因为全球的许多区域都存在次大陆尺度的非均匀性。在这一尺度范围以上(10^7 km² 以上)尺度是以大尺度大气环流及其相互作用占优势的行星尺度。而在现行区域气候模式所能分辨的尺度以下(10^4 km² 以下)则为典型的局地尺度。行星尺度强迫控制着全球大气环流,它决定了一系列与天气事件及天气系统特征相对应的区域气候特征。然而,将这些描述区域气候特征的区域模式嵌套在行星尺度环流系统中就会发现,区域强迫和局地强迫及中尺度环流往往调制着区域气候信号的时空结构,具有能影响大尺度环流特征的效应。

(2)局部与整体的关系

区域气候与全球气候是联系紧密的"局部"与"整体"的关系。全球气候控制着区域(或局地)气候的基本状态,而区域(或局地)气候其本身又叠加了若干强迫因子,使得区域及局地气候的各种特征又不同于全球气候。区域强迫因子包括复杂地形、土地利用、下垫面的人为改变、水体、海陆差异、大气气溶胶及辐射活跃气体、冰雪盖等。因此,区域气候变率不但与大尺度环流型具有遥相关(如 ENSO、NAO 对其有不同程度的影响),还有其本身内在的复杂化附加变率。可见两者具有互为反馈的相互作用,甚至是非线性的相互作用。此外,全球气候系统所发生的一切变化也调制着区域气候状况。

3.4.2　时空降尺度的必要性

(1)区域精细化技术

为了全面认识区域气候变化过程,应当从全球气候与区域气候变化过程相互作用的观点,通过各种横向连接实施某种"区域精细化技术",使得区域气候对全球气候的响应与区域强迫作用所提供的模拟信息相互协调一致。换言之,由 AOGCM 提供的全球气候模拟信息通过什么方式能够很自然地精细化为区域(或局地)气候变化过程的模拟信息,目前人们将其称为"区域化技术",亦称为"降尺度技术"。

具体地说,全球气候模式(如 AOGCM)所输出的气候预测信息虽然有精细而规则的时间分辨率,但因其水平空间网格距较粗(至少在 300~500 km),全球各不同区域或局地尺度的气候状况本身又十分复杂,它们不仅受全球尺度平均气候的控制,而且还受到 AOGCM 次网格尺度海—陆面物理过程(含地形强迫)的影响,一般只能满足全球大尺度平均气候变化研究的需要。这就导致了单纯的全球 AOGCM 预测信息输出结果并不能捕捉到能够表征各种不同区域尺度的气候变量的精细结构特征或区域气候变化的信息。假如直接将全球气候模拟结果作为较小尺度或区域尺度气候变化的信息,无论对区域尺度平均气候或是极端气候状况的描述,往往都并不符合实际。既然如此,就有必要将它们所预测的全球大尺度气候信息在空间尺度上加以精细化,这就是所谓"降尺度"(downscaling)技术。

(2)降尺度技术与极端气候变化预估

20 世纪 80 年代以来,不少学者通过统计模拟方法,研究了全球气候背景变化情景下的气候极值问题,从理论上说,它涉及平均气候与极端气候关系的问题。事实上,降尺度技术方法的理论基础之一,就是全球平均气候与区域平均气候具有一定的关联性,而平均气候与极端气候又存在着各种线性或非线性关联。从降尺度技术方法的意义上说,对于区域以下尺度的气候所做的这一类研究,无疑是一种有益的尝试,尽管当时并未将其定名为降尺度技术方法。例如,Means 等(1984)在其研究中就已指出,气候要素原始分布的均值变化可导致极值频率和强度呈非线性变化,即平均气候的微小变化可能引发极端气候值出现频率的很大变化;Katz 和 Browns(1992)则从理论上证明,原始分布的方差变化对于极值频率的影响比平均值的影响大得多;Groisman 等(1999)及 Easterling 等(2000)也都指出,由于降水量为 γ 分布,不但平均值的变化改变其方差,而且降水方差的变化又影响极端降水发生的次数,从而造成总降水量增加时降水极值出现机会及其量值呈现非线性增大。由于极端降水的变化主要与相应变量概率分布的尾部特征有关,Li 等(2005)还利用广义 Pareto 分布,通过随机变量渐近理论分析,研究基于平均值的尾部特征估计,从而提高了极端降水变量的随机模拟能力。21 世纪以来,丁裕国等(2002,2003,2004,2005,2006,2007)利用实际观测资料,在适当的概率分布模式基础上,考察了我国一些代表性测站冬夏极端气温出现概率对全球气候变暖的敏感率,估算极端降水统计特征量与总降水量的关系。江志红等(2004)则利用日降水量的 γ 分布,分析了贵州极端降水概率随平均总降水量、降水日数变化的关系。近年来,许多学者利用全球气候模拟结果的输出信息,借助于各种降尺度方法对区域或局地尺度未来气候情景做出有一定可信度的预估,已经成为一种新的未来气候情景预测途径。例如,Kharin 和 Zwiers(2005)利用加拿大气候模拟分析中心的全球耦合模式 CGCM2 在不同排放方案下的模拟结果,通过拟合广义极值分布(GEV)模式,对未来极端气候情景做出了预估。他们发现极端降水量的增加趋势显著大于平均降水量的增加趋势,认为 21 世纪末极端降水事件的发生频率可能要比 20 世纪初增加一倍。Goubanova 和 Li(2005)利用变网格大气模式 LMDZ,结合 ISPL、CNRM、GFDL 全球模式的输出结果,研究了地中海地区极端气候的未来变化情景。

　　近年来,IPCC 数据中心已经收集了较多的全球气候模式对未来大尺度气候情景的预测结果,因此,通过实施各种降尺度方法得到区域(或局地)尺度的精细化平均气候情景的预估已成为可能,由此出发,基于极值概率分布模式的统计模拟,结合极端气候与平均气候特征的某种非线性关系,就有可能对未来不同气候情景下的极端气候事件及其概率特征进行预估。显然,这是对粗网格全球气候模拟不能满足区域精细化要求的一种弥补途径。当然,从目前该领域的国际研究进展来看,直接改善现有的全球气候模式的模拟功能(如细网格化、可变网格化),最终实现区域气候预测目标仍然具有很大的潜力。如前所述,极端气候变量本质上是气候随机变量的某种函数,假如我们能够对平均气候状况做出较为准确的预测,必然可以借助于描述极端气候变量的概率分布模型对其发生概率和分位数做出可信的预测。降尺度技术方法的理论和应用研究已经成为气候科学界的重要研究热点,并且不断得到发展和进步。

3.4.3　降尺度方法简介

　　正如前文所指出,AOGCM 虽然能够提供有限网格(粗网格距 300～500 km)的区域信息而满足一般性的应用,但是不能满足大多数影响研究和未来预测的需要,尤其是不能满足对于极端气候的预估需求。"区域化技术"或称"降尺度技术"可以弥补 AOGCM 模拟输出信息的缺陷,从而提供一个复杂地形区域上既有土地利用分布的不均匀性,又有区域或局地大气环流特征(如急流、中尺度对流系统、海陆差异造成的微风型态和热带风暴等)所造成的温度和降水空间分布结构的细节。同时,也能提供高频时间尺度上的物理过程,如降水频率和强度分布、地面风变率、季风暴发和转换时间等信息。目前,降尺度技术方法可概括为下列三类:①动力降尺度法;②统计降尺度法;③统计与动力相结合的降尺度法。

（1）动力降尺度（DD）方法

所谓动力学降尺度方法就是在改进全球动力学数值模式使其提高空间分辨率或利用与AOGCM 耦合的区域气候模式（RCM）及精细网格气候模式的基础上，能产生空间高分辨率的气候模拟输出信息，模拟和预估区域或局地尺度的当前和未来气候变化情景的一类技术方法的总称。目前，动力学降尺度方法主要通过下列两种途径来实现：①建立与全球粗网格模式相嵌套的区域气候模式（RCM）或有限区域模式（LAM）；②建立内含高分辨率（细网格）的全球气候模式或可变分辨率（细网格）的全球模式。

IPCC（2001）报告指出，通过区域精细化技术，可使区域的季平均温度的模拟误差低于2℃、降水误差减少到50％以内。其优点是，模式网格的空间分辨率较高，物理意义明确，从而能应用于全球任何地方而不受观测资料的限制，当然也可应用于不同的分辨率。但其缺点是计算量大、耗费机时，由于这一缘故，往往模式积分的试验时间受到限制，一般采用 30 年分段试验，这就使得气候变化影响研究对于其他时段的评价较为困难；由于 AOGCM 所提供信息往往具有系统性偏差（RCM 的性能受 AOGCM 所提供侧边界条件的影响颇大），且不能描述区域尺度对大尺度气候的反馈过程，因而在应用于不同区域时都需要重新调整其参数。目前，国内动力降尺度法的应用已有一定的研究成果可借鉴。这些动力学降尺度成果主要是利用与AOGCM 耦合的区域气候模式（RCM）或精细网格气候模式来预估区域未来气候变化的情景。

例如，利用由 GCM 所产生的大尺度模拟信息和它所提供的侧边界条件就可将区域气候模式 RCM 嵌套于 GCM 运行，从而能将次网格尺度物理过程参数化产生出能达到 0.5°经纬网格的高分辨率模拟信息。这一技术方法又称为"细网格区域气候模拟技术"。由 RCM 驱动的初始条件，潜在的气象条件以及地面边界条件（包括 GHG 和气溶胶强迫在内）等，其驱动资料是由 GCM（或观测分析）导出的。迄今为止，这一技术方法仅用了一种方式来实现，即 RCM 模拟对 GCM 无反馈。其基本思路是，用 GCM 全球模式模拟全球大气环流对大尺度强迫响应的同时，用 RCM 模拟对区域上有物理基础的次网格尺度强迫（如复杂地形特征和陆面非均匀性）的响应，从而在精细空间尺度上，增强模拟大气环流和气候变量的细节。细网格区域气候模拟技术本质上源于数值天气预报。RCM 的气候应用最早由 Dickinson 等（1989）和 Giorgi（1990）提出。目前，RCM 已广泛应用于气候研究中，有些模式并能提供高分辨率（10～20 km或更小）的具有区域尺度反馈机制的几十年模拟，并涉及从古气候（Hostetler，1994）到人类活动对气候变化影响的广泛研究领域。除了与 AOGCM 耦合用于气候变化预估研究以外，RCM在气候影响研究方面还可以耦合水文、海洋、海冰、化学（气溶胶）和陆面生物圈模式。

一般说来，嵌套于 GCM 的 RCM 一般能够模拟出区域上的地形降水和极端气候事件以及其区域尺度气候距平或非线性效应，如那些与 ENSO 现象有关的气候特征。但是，模式的主要功能一方面强烈地受到 GCM 系统偏差的影响，另一方面又受到来自区域尺度本身的各种强迫因素的影响，如地形、海陆差异、植被覆盖等。从理论上说，动力降尺度方法有两个最大的局限性：其一，全球模式所驱动的模拟场往往具有系统性误差效应；其二，在区域与全球气候之间存在着的两种相互作用的描述缺陷。因此，在实际执行模拟操作时，需要考虑的问题很多，包括如何选择适当的物理参数化方案，如何选择模式域大小和分辨率，以及大尺度气象资料同化和由于非线性相互作用并不依赖于边界强迫而造成的内部变率（Giorgi 和 Mearns，1991，1999；Ji 和 Vernnekar，1997）。由于依赖于模式域大小和分辨率，RCM 的许多试验的计算时期受到局限。最终造成 GCM 场不能用高时间频率（6 h 或更高）运行，因此，为了执行 RCM 模拟,在全球和区域模式之间需要建立细化的边界条件和一致坐标。

一般说来,对于全球气候模式往往要求积分时间很长才能描述全球气候系统,然而,获取区域气候及其变化信息只需要几十年积分就可满足。这些时间尺度的可变分辨率 AGCM(其全球分辨率可达 100 km,局地分辨率可达 50 km)已经成为可能。这就是说,在 AOGCM 内,对感兴趣的时段采用瞬变模拟和运用较高分辨率或可变分辨率 AGCM 提供附加的空间细节都是可能的(Bengtsson 等,1995;Cabasch,1995;Deque 和 Piedlievre,1995)。

AGCM 可用来提供在瞬变 AOGCM 模拟中大气对于异常强迫(如 GHG 和气溶胶)响应试验的一种再分析。所提供的信息是,上述强迫及其对海表的累积效应。例如,May 和 Roeckner(2001)曾做过一个典型试验,他们选出各 30 年的两个时段(1961—1990 年)和(2071—2100 年),由瞬变 AOGCM 模拟控制的包括与时间相关的 GHG 和气溶胶浓度变化作为 AOGCM 运行时期的响应,同时给出下边界条件 SST 和海冰分布随时间的变化,而 AGCM 模拟的初始化则采用相应的 AOGCM 场所内插的大气和陆面条件。试验结果表明,AOGCM 模拟的海表温度(SST)和海冰可能由于存在着很大的系统误差而导致 AGCM 有显著的偏差。

从理论上说,高分辨和可变分辨率的 AGCM 的优点在于,用全球气候模拟与捕获较高分辨率的区域气候信息同时有一致性结果。使用较高分辨率模式可以有效地改善一般环流模式 AOGCM 对区域气候信息细节的描述。但是,现行的高分辨率模式 AGCM 的缺点在于,与粗分辨率的 AOGCM 使用同样的公式化表征来模拟现代气候状况,某些物理过程在分辨精细尺度方面其精确性比较差。目前,较高分辨率 GCM 模式的研究经验还较为有限,而在利用可变分辨率模式方面,问题更为复杂,例如,模式物理过程的参数化必须有效地设计,模式覆盖的分辨率范围需要不断校正调整。另一个重要问题是,可变分辨率模式中的精细尺度区域对大尺度场的反馈作用,仅仅是在所选定的感兴趣的区域生成,但是实际大气中反馈是由各不同区域驱动的相互作用过程。因此,可变分辨率模式仅仅基于单一的高分辨区域可能给出对粗网格尺度反馈的虚假描述。为了防止降低全球气候系统模拟的效果,高分辨区域边界以外的区域也要尽量地高分辨化,这就必然带来很多不便之处(诸如较大工作量等)。此外,高分辨和可变分辨率的 AGCM 其计算要求也很高,如何使这种模拟途径的效果更好,并能与嵌套 RCM 及统计降尺度方法保持相当一致的效果。目前认为,这类方法可能是连接粗分辨率 AOGCM 与嵌套 RCM 及统计降尺度方法的中间桥梁。

(2)统计降尺度(SD)方法

统计降尺度(SD)方法是基于下述观点:区域尺度气候(或局地气候)受控于两个因素,其一,大尺度气候状态;其二,区域或局地自然地理环境强迫,如地形、土地利用、植被覆盖和海陆分布特征等。因此,可以认为,区域气候在很大程度上是大尺度大气状态的某种函数。于是,将区域以下尺度气候变量表示为某种大尺度大气状态变量的显式或非显式的随机性(或非随机性)函数(即统计)关系是可行的。根据多年观测资料可建立表征大尺度气候状况(主要是大气环流)和区域(或局地)气候要素之间相互关系的统计模型,并假定这种统计关系在未来气候情景下仍保持不变,从而在独立样本试验的基础上,将 AOGCM 模式模拟(预测未来气候情景)所输出的大尺度气候信息代入到降尺度统计模型中,预估出区域尺度的未来气候变化情景(如气温和降水)。简而言之,降尺度统计模型是对粗分辨率的全球模式输出的预估结果进行统计次网格尺度的精细化处理。然而,并非全球各个地区都适于运用统计降尺度方法。一般说来,必须具备下列条件并作相应的假设才能应用统计降尺度(SD)方法:

①大尺度气候场和区域气候要素场之间存在着显著的(线性或非线性)相关关系；

②借助于全球 AOGCM 模式能够很好地模拟出大尺度气候场特征及其演变过程；

③在未来(已变化)气候情景下,上述统计关系保持不变或有效。

统计降尺度法的优点在于,它能将 AOGCM 输出的那些物理意义较好、模拟较准确的气候信息应用于统计模式,从而纠正 AOGCM 的系统误差,且不必考虑边界条件对预测结果的影响。相比于动力降尺度方法,SD 方法的计算量相当小,但其缺点也非常明显,它需要有足够的观测资料来建立统计模式,对于那些大尺度气候场与区域气候要素相关不明显的区域其应用效果较差。特别应指出的是,SD 方法基于全球尺度与区域尺度气候统计关系基本不变的前提之下才有可行性,假如未来气候条件的改变会影响现有的统计关系,是否仍然可行? 这是值得深入探讨的一个问题。其实,这个问题同样也存在于动力学降尺度(DD)方法中,例如,区域模式的嵌套,在未来气候情景下,其边界条件是否就一定不变? 这也仍然是一个值得探讨的问题。

目前,常用的 SD 方法很多,但概括起来不外乎下列三类方法:①变换函数法；②环流分型技术；③随机天气发生器。

①变换函数法

所谓"变换函数法"就是利用现有的各种统计气候模式建立模式输出的大尺度气候场(包括环流场)与区域尺度或局地尺度地面气候要素场之间的直接统计关系式,从而将大尺度场的气候信息转换为区域尺度或局地尺度气候场信息。统计降尺度法需要建立大尺度气候预报因子与区域气候预报变量之间的统计函数关系式:

$$Y = F(x) \tag{3.4.1}$$

式中:x 代表大尺度气候预报因子,Y 代表区域尺度气候预报变量,$F(x)$ 为建立的大尺度气候预报因子和区域气候预报变量间的一种统计函数关系。一般说来,$F(x)$ 是未知的,它需要通过动力方法(区域气候模式模拟)或统计方法(观测资料确定)求解得到。主要可有两类,一类是线性变换函数,另一类是非线性变换函数。例如,最常用的多元线性回归方程,就是最简单的线性统计降尺度方法。Sailor 等曾用多元线性回归方法模拟了美国站点的气温,Murphy 等用同样的方法模拟了欧洲的月平均气温和降水,Hellstr 等估计了瑞典的月降水量。又如,主分量分析与逐步线性回归相结合的方法等,都属这类线性降尺度方法。此外,将大尺度气候场与区域尺度气候场的主要信息特征分量提取出来,建立两者相应的统计联系方程也是另一种线性统计降尺度方法,例如,典型相关分析(CCA)近几年用于统计降尺度研究的成果也逐渐增多。Busuioc 等用 EOF—CCA 方法估计瑞典的降水。奇异值分解(SVD)方法也开始应用于统计降尺度研究,Oshima 等用 PC—CCA 和 SVD 方法应用于日本预测当地的降水,并对两种方法做了比较,结果表明 SVD 方法预测结果优于 PC—CCA 方法。至于非线性方法,常用的有逐段线性化或非线性内插方法来进行非线性回归和人工神经网络法(ANN)等。ANN 是由大量的神经元广泛相互连接而成的复杂网络系统,它是在现代神经科学成果基础上提出来的,反映了人脑功能的若干基本特征,但并不是神经系统的逼真描述,而只是一种抽象的数学模型,是一种具有高速非线性的超大规模连续时间动力学系统。它实质上是一门非线性科学,其优点是具有并行处理、容错性、自学习等功能。Mpelasoka 等成功地用 ANN 模拟了新西兰的月平均气温和降水。关于最常用的多元线性回归方程和一系列基于多元统计模型的统计降尺度方法,有不少在作者以往的著作中也已论述,这里不再重复列举。

值得推荐的方法有:经验正交函数/主分量分析(EOF/PCA)、奇异谱分析(SSA)、奇异交叉谱分析(SCSA)、奇异值分解(SVD)、典型相关分析(CCA)、多通道奇异谱分析与奇异值分解相结合方法(MSSA-SVD)等。

②环流分型技术

所谓"环流分型"技术就是对与区域气候变化相对应的大尺度大气环流进行分类,一般可以利用大尺度大气环流信息如海平面气压、位势高度场、环流指数、风向、风速、云量等对大气环流分型。常见的分型技术一般有两种:其一,主观分型技术;如 Lamb Weather Type、Gross-wetterlagen 等,其优点是充分应用气象知识和经验积累,缺点是结果不能被重建且只能应用于特定区域;另一种分型技术为客观分型技术,主要是以统计方法进行的分型技术,如 PCA、CCA、平均权重串组法 H、PCA—平均权重串组相结合的方法、人工神经网络分类法和模糊规则为基础的分类方法等。把环流分型方法应用于统计降尺度时,首先应用已有的大尺度大气环流和区域气候变量的观测资料对与区域气候变量相关的大气环流分型,其次计算各环流型平均值、发生的频率和方差分布以及在各天气型发生情况下区域气候量如气温或降水的平均值、发生的频率和方差分布,最后通过把未来环流型的相对频率加权到区域气候状态得到未来区域气候值。

③随机天气发生器

所谓"随机天气发生器"是一系列可以构建气候要素随机过程的统计模型的总称,它们本质上就是满足一定约束条件的某种复杂的随机数发生器。从其数学属性来看,这正是本书第2章所提到的 Monte-Carlo 随机模拟技术。随机天气发生器通过直接模拟天气气候要素的逐日观测值,得到统计模型的模拟参数,然后用统计模型模拟生成随机的逐日天气气候要素时间序列。这种模拟生成的气候情景时间序列与观测序列的气候统计特征之所以十分相似,就是因为逐日(或逐时)天气状况虽然具有明显的不确定性,但其统计特征如概率分布却具有统计总体上的稳定性,因而所模拟出的逐日序列总是能够从气候状态总体上清楚地显示出当地的气候特征。随机天气发生器模拟技术的优点在于,不仅能产生模拟的气候平均值,而且可以任意调整年内各时段的气候变率,从而生成某要素的任意长度(多年)的逐日时间序列。

单纯的统计降尺度法是利用多年观测资料建立大尺度气候状况(主要是大气环流)和区域气候要素之间的统计关系,再用独立的观测资料对这种关系加以检验,最终形成以 AOGCM 输出的大尺度气候信息为基础的区域未来气候变化情景预测(如气温和降水)。可见,一般情况下,统计降尺度方法是以表征区域气候状态的观测资料(如气温和降水)为基础所建立的统计模型。除此之外,统计降尺度模型还可直接用区域气候模式(RCM)模拟所得资料信息为基础,而不用实际观测资料。这种将统计降尺度模型和区域气候模拟相结合的方法就称为统计—动力降尺度法。由于它集中了统计降尺度法和动力降尺度法的优点,与单纯动力降尺度法相比,减少了机时,与单纯统计降尺度法相比,又不完全依赖于长期的实际观测数据。但其缺点是,它的空间分辨率受区域气候模式的限制,降低了时间变率,因为有限的天气分型并不能代表所有的天气现象。例如,Fuentes 等利用主分量分析与平均权重串组法把环流分为48种类型,用区域模式模拟得到区域气候变量,然后把未来环流型的相对频率加权到模拟的区域气候状态上,得到未来的气温场和风场。此外,Zorita 等(1995)将相似方法(the analog method)引入降尺度技术。尽管相似法是统计降尺度法中最简单的方法,然而 Zorita 等比较了相似法与典型相关分析(CCA)、环流分型法和人工神经网络法,发现在很多方面相似法优于其他方法。

3.4.4　统计降尺度的关键问题

统计降尺度方法的关键步骤包括：①全球模式（AOGCM）的输出信息是否可信；②如何筛选大尺度气候预报因子及其对应的地理区域；③选择最适合该区域气候变量的统计降尺度模式。此外，统计关系建立以后，还需要用独立的观测资料对该统计降尺度模式进行可靠性检验；而研究表明，统计降尺度模式需要做方差校正。

（1）全球模式模拟能力的检验

如何将全球模式（AOGCM）的输出信息代入区域降尺度模式中？这就必然要涉及全球模拟资料的处理和模式性能的检测问题。前者又涉及如何对粗网格资料做某种内插运算，使其成为与区域尺度相匹配的细网格资料，以便于应用；而后者则涉及全球模式模拟效果的评价。

严格来说，降尺度方法的实际效果完全依赖于全球气候模式模拟效果，因此，模式模拟能力的检验是实施降尺度方法的第一步。假如某个全球大尺度耦合模式（AOGCM）对于当代同期气候状况都模拟不好，其对未来气候情景的模拟预测效果必然更不理想。反之，如果全球大尺度耦合模式（如 AOGCM）对现代气候的模拟效果较好，则未来气候情景预测的可信度也必然相对较高。目前，采用甚高分辨率全球模式模拟极端气候事件的研究也已有了一定的进展。不过，所有这些方法的前提都是建立在全球模拟的实际效果之上的。基于此，才能进而假定大尺度气候平均状况与区域气候平均状况的相对关系在未来时代仍然稳定，无论是统计降尺度方法或动力降尺度方法都必须有同样的前提假定。目前，关于全球模式模拟能力的检测已经开展了不少研究，不过，对于极端气候事件模拟能力的检测，特别是用甚高分辨率全球模式对于极端气候事件模拟能力的检测研究还不多见。

丁裕国等（2007）利用我国 550 个测站资料对 IPCC-AR4 极端气温指数的数值模拟信息进行了检测评估，结果表明，由 IPCC/DDC 提供的 7 个全球海气耦合气候模式对于极端气候的模拟能力（包括法国国家气象研究中心 CNRM、美国普林斯顿大学地球物理流体动力学实验室模式 GFDL、俄罗斯气候研究中心的 INM、法国皮艾尔西蒙拉普拉斯学院 IPSL、日本气候系统研究中心模式 CCSR 等）尽管各不相同，但也有其共同特点。这 7 个全球模式对极端气温指数（如霜冻日数、生物生长季、温度年较差、暖夜指数）的主要分布特征都能进行较好地模拟，但它们都有系统性误差，尤其对中国西部地区的模拟误差明显大于东部，高原地区模拟效果最差。7 个模式平均的模拟效果比单独用某一个模式为好。模拟结果表明，各种极端气温指数都具有与实况基本一致的年际线性变化趋势。大部分模式的相关系数都能通过 95% 的信度检验，但生长季指数和温度年较差与观测数据的相关性较差。从各个指数的模拟效果来看，以温度年较差为最好，其次是霜冻日数和生长季，而暖夜指数最差。对各个模式来说，不同的极端气温指数模拟效果不同，其中 GFDL-CM2.0 和 MIROC3.2 对大多数指数的模拟效果都较好。

（2）预报因子和预报因子区域的选取

在选取预报区域并确定预测变量后，就应考虑如何筛选大尺度气候预报因子（如 NCEP或 ECMWF 再分析资料）。选择一个或多个最佳的大尺度气候预报因子及其对应的地理区域，是实现统计降尺度的重要环节。预报因子的选择很大程度上决定了预报未来气候情景的特征。许多研究指出，应该尽可能应用物理意义较为明确的预报因子。一般认为，大气环流对地面气候要素有重要影响,因此那些表征大气环流的"特征量"常常成为预报因子的首选。某个大尺度气候变量是否作为预报因子,对未来气候情景的预估结果可产生很大的影响。预报因子的选择一般遵循下列准则:①所选的预报因子与所预报的预报量之间应有很强的相关;②它必须能表征描述大尺度气候变率的重要气候物理过程;③所选的预报因子必须能被AOGCM 较准确地模拟,从而纠正 AOGCM 的系统误差;④用于统计模式的多个预报因子之间应该是弱相关或无关的。

尽管用于统计降尺度的大尺度预报因子很多,但最常用的预报因子往往是海平面气压场(SLP)这类大尺度大气因子。这是因为,SLP 资料不但记录很长,而且它有助于模式的发展。Murphy 曾指出,在区域性天气过程所控制的区域,SLP 是很适合的预报因子。Zorita 等也曾指出,SLP 与地面气候变量的关系相对较为稳定。此外,位势高度场也是最常用的预报因子之一,例如,500 hPa 位势高度场代表对流层中部的大气环流状况。又如,700 hPa 和 850 hPa位势高度场及等压面厚度场等,都是常用的预报因子。

应当指出,用统计降尺度法预估局地降水时,由于水循环的变化很可能导致未来降水的变化,考察一个湿度因子是非常有用的,不过,AOGCM 模拟的大尺度湿度场并不如 SLP 和位势高度场那么精确。目前一些统计降尺度研究已经把比湿、相对湿度和露点温度作为预报因子来预测降水。除此之外,还有很多预报因子如 850 hPa 温度、涡度、气压梯度、气流指数(U、V风速、风向、旋度),以及各种预报因子的联合等。值得注意的是,大尺度气候预报因子的空间尺度大小对预报结果也有很大影响,因此选择最佳的大尺度气候预报因子区域尚需要认真研究。

（3）降尺度方法的选择

选择最适合该区域气候变量的统计降尺度模式是实施降尺度技术的重要步骤之一。统计方法的选取,从某种程度上说,应由局地预报变量的性质所决定。一般遵循两个原则:①如果某一局地变量符合正态分布（如月平均温度）,则不必用比多元回归更为复杂的统计方法,因为大尺度气候预报因子一般也符合正态分布,所以,它们基本上比较符合线性统计关系;②如果某一局地变量是一种高度非均匀且不连续的变量,那么,它们在时间和空间上往往是非线性变量（如降水变量）。在此情况下,利用非线性统计方法或对原始资料经某种变换较为有利。不过,一般都需要较大量的观测资料来做试验。

选择不同的统计降尺度法所得的预报结果是很不一样的,许多文献对不同的统计降尺度法进行了比较。所有这些研究认为:不同的统计降尺度模式各有其优缺点。较为系统、全面的统计降尺度法的比较研究是 Wilby 等的研究。他们比较了应用经验转换函数、天气发生器和环流分型在相同区域的气候变化模拟。Zorita 等分析了不同统计降尺度法对西班牙区域预报日降水量和月降水量的不同,文中所用的统计模式有相似方法、线性模型（典型相关分析CCA）、环流分型法和人工神经网络法。结果发现,相似法与典型相关分析法在预报月降水量时是相似的,但是相似法较好地反映区域变量的气候变率;相似法与环流分型技术都能准确地模拟平均值和方差;与相似法相比,环流分型不能准确地模拟区域气候的观测现实,而只能反映统计特征,而且过低估计了干燥天气的持续天数;在模拟日降水量上,人工神经网络比相似法模拟的结果要差,Zorita 等还认为在模拟正态分布的变量时用线性方法较好,而对于非线性情形的模拟,相似法总体上优于其他方法。Huth 把几种线性的统计降尺度方法应用于中欧地区,模拟该地区日平均温度,比较了不同线性方法对该地区的模拟效果,认为不同的统计方法对不同特征模拟不同,因此认为在选择统计方法时应该针对研究目的选择最适合的统计方法。如果研究目的是预报变量时间演变特征,那么选择逐点回归方法较好;如果研究目的是分区,那么选择 CCA 方法可能较好。

综上所述,不同的统计降尺度方法各有其优缺点,在不同区域、不同的情形下,选用不同的统计降尺度法模拟效果会不同,应通过多次试验选择最适合所研究区域及研究目的的统计降尺度方法。选择好统计降尺度方法后,应用大尺度气候资料如 NCEP 再分析资料或欧洲中心资料和该区域站点观测资料来确定大尺度气候和地面气候变量之间的统计关系,从而建立统计降尺度模式。应该注意的是,标定模式的数据长度和标定数据类别对模式模拟结果是有很大影响的。Winkler 做了不同的标定数据长度和不同的数据类型(标准化变量和非标准化变量)敏感性分析试验。

(4)降尺度模式的检验与方差校正

统计关系建立以后,还需要用独立的观测资料对该统计降尺度模式进行可靠性检验。常用的方法往往是:将整个观测序列分为 2 段,以其前 1 段观测序列用于建模,而以其后 1 段观测序列用来做检验,这种方法适合于观测资料记录较长的区域;另有一种检验方法是使用交叉检验法,其优点是能充分利用所有的观测数据。然而,在统计降尺度模式应用中,尤其是转换函数法及一些环流分型技术对气候情景进行估计时,常常会出现预测结果的方差比实际观测值的方差偏低的现象。现以最简单的线性回归技术为例,说明该校正方法。假定线性回归模型有如下形式:

$$y(x) = \alpha x + \varepsilon \qquad (3.4.2)$$

式中:ε 为服从正态 $N(0, \sigma)$ 分布的随机独立噪声变量。其线性回归估计值可写为:

$$\hat{y}(x) = \alpha x \qquad (3.4.3)$$

由(3.4.2)和(3.4.3)式可得:

$$Var(\hat{y}) = \alpha^2 Var(x) \qquad (3.4.4)$$

$$Var(y) = \alpha^2 Var(x) + \sigma^2 \qquad (3.4.5)$$

式中:$Var(x)$ 表示方差。因此由(3.4.2)和(3.4.3)式可见,估计值的方差要小于实际值的方差。由于许多气候研究中要求估计值的方差要与实际值的方差一致,因此需要对估计值的方差进行放大处理。一般可用两种方差放大处理方法。

其一是给估计值乘以某一修正值使方差放大,即:

$$\bar{y} = \beta \hat{y} \qquad (3.4.6)$$

Huth 把这种技术应用于统计降尺度中。与该技术相似的还有一种更为复杂的技术,它以 CCA 为基础,又称为扩展降尺度法。

其二是随机化处理技术,即对估计值增加一个随机量:

$$\bar{y} = \hat{y} + \delta \qquad (3.4.7)$$

从而使预测值与实际值的方差保持一致。

当前,一般都是利用 IPCC 数据中心提供的多种优良模式资料,例如,采用 7 个全球海气耦合气候系统模式的模拟结果,所选的极端气温指数为霜冻日数、气温年较差、生物生长季节、暖夜指数、热浪指数。采用双线性插值方法将模式资料插值到相应的网格(2°×2°)点上。这里的实况资料则采用国家气象信息中心气象资料室提供的中国 720 个测站 1951—2004 年的逐日平均温度、最高温度和最低温度资料。将资料长度不足和发生过台站迁移的站点剔除,最后选取了 550 个测站的资料。通过文献介绍的方法计算出上述 5 个指数并将计算结果插值成与模式结果相同的格点格式。模式评估从时间域和空间域两方面进行:前者通过分别计算各模式模拟和观测的各自时间序列(1961—2000 年)的线性变化趋势以及模式与观测结果之间的相关系数来评估比较;后者则计算不同模式在中国区域(70°～140°E,18°～55°N)各个格点的平均值,并比较这些模式平均值与观测数据的相对误差以及输出的模式模拟场与观测数据场之间的相关系数,评价其模拟与观测场的区域空间分布的相似程度。

3.5　随机天气发生器(WGEN)

3.5.1　模拟逐日气温的统计模式

目前,利用动力数值模式模拟试验一般只能较好地做出各种敏感性预报即第二类预报,而第一类预报只能获得效果稳定的月(季)尺度预报,即使是最先进的全球耦合大气—海洋模式(AOGCM)也只是在一定的时间间隔上提供较粗分辨率的网格空间尺度气候模拟信息,例如,各个网格点上的温度平均值和降水平均值(或总量)及其大气环流特征量。对于敏感性试验来说,如 CO_2 加倍试验的全球平均温度增幅也仅仅是大范围的平均状况预估,类似于短期天气预报。数值预报模式主要只能获得可靠的大尺度大气环流状况及地面天气概况的模拟信息而不能直接获得各地(或各网格点)的具体天气预报信息,全球气候模式(如 AOGCM)与数值预报模式一样也存在着一个"如何将全球气候平均信息转化为具体地点的气候预报信息"的问题。

另外,气候预报不同于天气预报,它并不可能也无必要预报出未来某个时段内气候状况的详细信息(如逐日逐时天气状态细节特征),而只要获得未来某个时段内气候状况的统计特征。假如 GCM 或其他一切气候模式所预报的仅仅是大尺度气候平均值,那就必须将其订正到具体地点的相应时段并转化为当地的气候统计特征。

以气温为例。假定气温是随时间而变的随机变量,我们可将任一地点的气温视为各种有不同物理成因且表现为不同时间尺度的分量的集合。例如,设某地气温为 $T(t)$,将其概括为如下的数学模式应该是合理的。即有下列线性模型:

$$T(t) = H(t) + S(t) + \omega(t) + \rho(t) + \xi(t) \tag{3.5.1}$$

式中: $H(t)$ 为长期气候趋势分量, $S(t)$ 为季节循环分量, $\omega(t)$ 为冷或热波动分量,而 $\rho(t)$ 为短期持续性分量, $\xi(t)$ 为随机振动分量。以下我们逐一分析各分量的具体形式和整个模式的合理性。

(1)长期气候趋势 $H(t)$

由于任何地点的逐日气温取值正是区域或全球平均气温取值的构成因素之一,全球各地同一时段的平均气温必然组成全球平均气温的一个子样值。这是不言而喻的客观事实。因此,在逐日气温取值中必然包含长期气候变化分量。模拟该分量可借助于各种气候模式如GCM 输出结果来调整;假如资料序列中无趋势,则为平稳时间序列,即有常数均值和有限方差,并有不依赖于时间点的平稳自协方差。

理论研究表明,温度时间序列的各分量都不可避免地会受到气候变化的影响。因此,随机模式有能力描述不同的气候变化趋势对温度序列的影响。为了简化模拟计算,一般可用长时期的平均温度作为可调整的参数。

（2）年内季节循环 $S(t)$

在消除（或不考虑）长期气候趋势的前提下，可分别建立代表季节性循环的时间分量。根据一般气候学知识，我们不难理解，任一地点的逐日平均气温都具有年内周期性循环变化即通常所说的年变化或季节性循环分量，因而，从历年逐日平均气温时间序列中提取季节性循环分量具有明确的物理意义。模拟该分量首先可利用 Founier 级数表达式进行谐波拟合：

$$S(t) = \frac{a_0}{2} + \sum_{i=1}^{\infty} \left[a_i\cos(i\pi t/L) + b_i\sin(i\pi t/L) \right] \qquad (3.5.2)$$

这里，L 为半年周期，$2L$ 即为全年周期。由 Founier 级数，不难写出式中的谐波系数表达式：

$$a_i = \frac{1}{L}\int_{-L}^{L} S(t)\cos(i\pi t/L)\mathrm{d}t \approx \frac{1}{L}\sum_{t=1}^{2L} S(t)\cos(i\pi t/L)\Delta t \qquad (3.5.3)$$

$$b_i = \frac{1}{L}\int_{-L}^{L} S(t)\sin(i\pi t/L)\mathrm{d}t \approx \frac{1}{L}\sum_{t=1}^{2L} S(t)\sin(i\pi t/L)\Delta t \qquad (3.5.4)$$

事实上，以往在气候研究中已有不少学者早已采用了这一类谐波模式用于拟合各种温度和降水问题的研究（Richason，1981；Astean 和 Coe，1984），但是由于较高阶的谐波（$i>1$）其表示季节循环的物理意义已不甚明确，目前作为上述模式的模拟仍以一阶（至多二阶）谐波为宜。为了模拟方便，可采用如下等价式：

$$S(t) = \theta + \sum_{i=1}^{\infty} \left[\alpha_i\sin(i\pi t/L + \varphi_i) \right] \qquad (3.5.5)$$

或进一步简化为：

$$S(t) = \theta + \alpha\sin(\pi t/L + \varphi) \qquad (3.5.6)$$

式中：参数 θ、α、φ 分别为年平均温度、（年循环）振幅、（年起始日与最低温度出现日的后延）相位。为了便于模拟计算，首先可直接读取 GCM 逐月月平均输出值资料近似地代表年循环分量模拟值，然后利用（3.5.3）式和（3.5.4）式反求出一阶谐波系数 a_1 和 b_1，从而得到相应的年平均温度 θ、年振幅 α、位相 φ 的模拟期望值。一般说来，上述这三个 Founier 参数是逐年变化着的，它们可分别视为服从一定概率分布的随机变量，实际处理时可通过资料样本拟合求得。研究表明，最为适合的分布可能是正态分布，例如，对于每年的年平均温度 θ 根据经验和理论研究服从正态分布，其分布密度函数可写为：

$$f(\theta) = \frac{1}{\sigma_\theta\sqrt{2\pi}} e^{-\left[\frac{(\theta - \bar\theta)^2}{2\sigma_\theta^2}\right]} \qquad (3.5.7)$$

式中：$\bar\theta$ 为多年年平均温度，而 σ_θ^2 为其相应的方差。同样，我们也可根据类似的方法找到其他两个参数的相应概率分布模式及其参数 $\bar\alpha$，$\bar\varphi$ 和 σ_α^2，σ_φ^2。假定利用历史观测资料我们已经获得了这些参数所服从的相应概率分布模式，利用前已述及的 Monte-Carlo 随机模拟方法，生成服从该分布的随机数，即可得到各任意年的年平均温度模拟样本（大量随机数序列），由此构成模拟逐日气温的季节性循环分量。

类似地，同样可以求得季节循环振幅 α 和初位相 φ 的随机模拟样本。由于目前一般的 GCM 仅能预报长期月平均温度的变化，而不断振动着的每一年逐日温度序列仅用长期月平均温度值的变化来代表是远远不够的。在实际操作中，一阶谐波代表每日温度的年内变化（或季节变化）即年波分量，它们具有最清楚的物理意义，而高阶谐波如二阶谐波作为半年波分量虽也有一定的物理意义，但更高阶谐波的物理意义就不是很清楚了，必须结合具体测站的温度变化具体分析。对于一阶谐波的拟合，常用的简便方法就是采用月平均温度资料代入方程，以

确定参数 a_1, b_1。不过，月平均值若直接用 GCM 输出结果，则可利用线性插值得到本站的数值而代入方程，但必须作适当的修正。修正方法之一是对长期月平均温度如第 j 个月加入一个修正值 $\Delta s(j)$，

其具体估计公式可写为：

$$\hat{a} = \frac{1}{12} \sum_{j=1}^{12} \left[s(j) + \Delta s(j) \right] \cos(2\pi j/6) \tag{3.5.8}$$

$$\hat{b} = \frac{1}{12} \sum_{j=1}^{12} \left[s(j) + \Delta s(j) \right] \sin(2\pi j/6) \tag{3.5.9}$$

则

$$s(t) = \hat{s} + \hat{\alpha} \sin\left(\frac{\pi t}{L} + \hat{\varphi} \right) \tag{3.5.10}$$

将(3.5.8)式和(3.5.9)式所得系数 $\hat{a}, \hat{b}$ 代入到三角多项式(3.5.2)中，就得到上式，这里 $\hat{s}$ 就是 θ 的估计值。

(3)冷(或热)波动 $\omega(t)$

当上述季节性循环分量求得后，从总序列中消除此分量，即可得到第三分量 $\omega(t)$，它们是一系列不同历时的短时间尺度波动或振动(Reed，1986)。我们将其称为冷暖波动，这些冷或暖的波动，非常相似地反映了经常过境的气旋和反气旋天气过程。这些冷暖气流对于当地温度状况的影响十分显著(Petterssen，1969)。不难看出，一个暖波往往出现在两个冷波之间，反之亦然。研究表明，在每一冷波(ω_B)期间所达到的最低温度构成一个随机变量，它服从高斯分布。假定热波峰(最高温度)与下一个冷波波谷(最低温度)之间的时期为冷期，其时间长度为(L_c)，而冷波最低温度与下一个热波峰值之间的时期称为暖期，其时间长度为(L_h)，已经证明，两者都是服从截尾 Poisson 分布的随机变量。其分布密度分别为：

$$f(L_c) = (\bar{L}_c)^{L_c} \frac{\exp(L_c)}{L_c!} \qquad L_c \geqslant 1(日) \tag{3.5.11}$$

$$f(L_h) = (\bar{L}_h)^{L_h} \frac{\exp(L_h)}{L_h!} \qquad L_h \geqslant 1(日) \tag{3.5.12}$$

式中：$\bar{L}_c$ 和 $\bar{L}_h$ 分别为冷期和暖期平均时间长度(日数)；而整个冷暖波长可表示为：

$$\omega_L = L_c + L_h \tag{3.5.13}$$

研究表明，在暖波波峰和相邻冷波波谷(最低温度)之间的时间跨度，确与上述波长有下述线性关系：

$$\omega_R = c_0 + c_1 \omega_L + \varepsilon \tag{3.5.14}$$

式中：c_0, c_1 分别为一元线性回归系数；ε 为白噪声分量，它是服从标准化高斯分布 $N(0,1)$ 的随机变量，即通常回归分析中的标准误差。为了简化模拟计算，冷暖波动过程可近似为一个线性上升支和下降支。换言之，对于任意一日(以下标 i 代表)而言，若处于一年中的第 j 个波的上升支，其温度波分量可写为：

$$\omega(i) = \omega_B(j) + \omega_R(j) \left[\frac{i}{L_h(j)} \right] \quad i = 1, 2, \cdots, L_h(j) \tag{3.5.15}$$

式中：$\omega_B(j)$ 表示第 j 个波的冷波最低温度，而 $\omega_R(j)$ 为由 $\omega_B(j)$ 上升的幅度，它表明在此波段上升的份额比例。由上式就可模拟出第 i 日的 $\omega(i)$ 分量。同样，若 $\omega'_R(j)$ 表示第 j 个下降分枝的变幅，则有：

$$\omega_R(j) = \omega_B(j-1) + \omega_R(j-1) - \omega_R(j) \tag{3.5.16}$$

式中：$\omega_B(j)$ 表示第 j 个冷波的最低温度，而 $\omega_R(j)$ 为由 $\omega_B(j)$ 上升的幅度，$\omega(i)$ 表明在波段中上升和下降的份额比例，(3.5.15)式和(3.5.16)式可模拟出第 i 日的 ω 分量。上述冷暖波的描述式，可以按季节分别建立。因此，其参数允许随月而变，不同的月份，可以改变其参数。

（4）持续性效应 $\rho(t)$ 和随机振动 $\xi(t)$

消除了以上各分量后的余序列，只包含最后的两种分量：其一，大气温度所具有的"记忆"功能即逐日温度的持续性，它往往符合自回归模型，假定仅考虑短期持续性则可用一阶自回归模型描述；其二，随机独立序列即纯随机干扰或白噪声。对于前者，可用一阶自回归模式模拟：

$$\rho(t) = \beta_1 \rho(t-1) + \xi(t) \tag{3.5.17}$$

式中：β_1 为一阶自回归系数；$\xi(t)$ 为随机独立变量，通常它可以由(3.5.17)式反求，即有：

$$\xi(t) = \rho(t) - \beta_1 \rho(t-1) \tag{3.5.18}$$

当拟合 $\omega(t)$ 项时，一个波的最高和最低温度可从剩余项中提取。因此，这些波中的两个点应有 $\rho=0,\xi=0$，而在其余点，$\rho(t)$ 和 $\xi(t)$ 为非零值。为了计算方便，可将 $\xi(t)$ 化为无量纲量，即令 $\xi'(t) = \dfrac{\xi(t)}{\omega_R(j)}$。这里 $\omega_R(j)$ 表示第 j 个波的波幅。综合上述各分量的物理意义及其处理方法，对任一地点的历年逐日温度的统计模拟大致可概括为以下模拟步骤：

①从历史逐日温度记录中，首先获取年平均趋势和月平均趋势；

②根据一定的样本逐日温度（一般为大样本）估计各分量的参数值；

③根据它们各自的概率分布模式产生各种新的参数，再据这些统计参数及模型，生成新的各分量随机数；

④按照(3.5.2)～(3.5.14)式分别计算各分量模拟值；

⑤将各分量模拟值叠加，按(3.5.1)式的线性统计模型集成计算逐日温度模拟值；

⑥事实上，在模拟当前气候背景下的多年逐日温度值时，可不加入趋势分量。只在模拟未来气候情景下的逐日温度时才加入趋势分量；

⑦模式验证：以历史上低温期和高温期分别为背景，检验模拟值的符合程度。

3.5.2　模拟逐日降水的统计模式

无论何年何月，世界各地的逐日降水（含降雪）记录，都是由有降水日（所谓"湿日"）和无降水日（所谓"干日"）相间排列所构成的干湿日"游程"序列（Gabriel 和 Neumann，1957；Green，1964）。

在某一时期的风暴已有人早就用 Poisson 分布（Todorovic 和 Yejevich，1969）拟合。另一种处理方法是运用 Markov 链的转移概率来拟合。上述这两种方法在理论上是等价的。但研究表明，采用后者较易于进行统计模拟，故简介如下。

对于逐日降水（含降雪）记录，大致可分成两步处理：其一，首先确定某日是干日或湿日的概率；其二，如为湿日则设法按它所服从的概率分布模式模拟其具体降水量，这里所采用的模拟方法就是前面已经介绍的生成符合一定分布的逐日随机数的随机模拟方法即 Monte-Carlo 方法。么枕生（1963）早就在气候统计研究中运用上述方法描述过我国单站逐日（月）气候过程。丁裕国和张耀存（1989）利用逐日降水过程所隐含的 Markov 链特性，借助于随机模拟方法，生成相当长时期的逐日降水模拟序列，并应用我国 5 个代表测站做了非常成功的模拟试验,结果表明其模拟与观测序列的各种统计特征都相当吻合。有人用几何概率分布来计算干日或湿日持续天数的概率取得较好效果。近几年来,随机天气模拟发生器已广泛用于统计降尺度方法中。目前统计降尺度法已将随机天气模拟发生器推广用于大尺度天气气候状况为条件的随机模拟中。这种以大尺度气候状况为条件的随机天气模拟发生器在一定程度上克服了以往许多天气模拟发生器所存在的缺点,从而使天气模拟发生器提高了气候要素的年际变率估计水平。

(1)简单 Markov 链模拟

一般而言,世界各地所有的逐日降水观测记录都是有降水日(又称湿日)和无降水日(又称干日)相间所组成的记录序列。这种由湿(干)日相间而构成的逐日天气观测序列,实际代表了由干期和湿期相间隔的所谓干湿游程(RUN)序列(Gabriel 和 Neumann,1957;Green,1964),以及在一段时期内还可证明它们服从 Poisson 风暴频率分布(Todorovic 和 Yejevich,1969),因此,可以用干湿游程的概率模式对其作统计处理。另一种观点认为,逐日降水观测记录所构成的逐日天气序列,实际上代表了湿日和干日的交替循环,它们可用具有转移概率的 Markov 链模式来描述。Feyerherm 和 Bark(1967)REN 则认为用后者处理更为适合。作者认为,从理论上说,这两种处理方法都是等价的。概括说来,逐日降水序列的模拟不同于逐日温度序列,它包含着两个部分:第一,要判断确定某一日为湿日或为干日,首先应估计湿日或干日的概率;第二,如果判定某日为湿日,则应模拟它的降水量,这又必须首先推断出它们所服从的概率分布。以下介绍两种逐日降水随机模拟模式。

①湿日和干日模拟模式

根据一般有降水日的定义,至少日降水量要达到微量(>0.1 mm)定为湿日,否则,定为干日。湿(干)日的 Markov 链,总体上的定义,可用其转移概率矩阵和初始分布函数来规定。这里有三个条件必须满足:某日为湿(干)日的概率由其有限数量的历史资料所确定;从一个湿日转到一个干日(或相反)服从某一概率,它是不随时间推移而改变的,除非对于季节性效应,可考虑为随季节而变化(但应假设资料序列是平稳的);满足 Markov 链的各态历经假设,不是干日就是湿日的循环变化可扩展到任意长度的序列。

②逐日降水量的模拟

对于湿日降水量,则可以用各种概率分布来加以描述,例如,Weibull,Gamma 或其他分布(Ison 等,1971;Woolheiser 和 Roldan,1998)。这里,我们用三参数 Weibull 分布模式拟合,其密度函数为:

$$f(P) = u(p - p_0)^{u-1} v^{-u} \exp\left[-\left(\frac{p - p_0}{v}\right)^u\right] \tag{3.5.19}$$

式中:p_0, u, v 分别为位置参数、形状参数、尺度参数。这些参数可通过矩估计得到。例如,

$$\mu = v\Gamma\left(1 + \frac{1}{u}\right) + p_0 \tag{3.5.20}$$

$$\sigma^2 = v^2\left[\Gamma\left(1 + \frac{2}{u}\right) - \Gamma^2\left(1 + \frac{1}{u}\right)\right] \tag{3.5.21}$$

当 $p_0 = 0$ 时,可得关系式:

$$\frac{\mu^2}{\sigma^2} = \frac{\Gamma^2\left(1 + \frac{1}{u}\right)}{\left[\Gamma\left(1 + \frac{2}{u}\right) - \Gamma^2\left(1 + \frac{1}{u}\right)\right]} \tag{3.5.22}$$

（2）多状态 Markov 链模式

前面提到的方法实际上是两状态的简单 Markov 链方法，这种方法的缺点在于，将湿日视为一种状态，未能描述其细节，然而，降水日的程度差别很大，有时降雨小，有时降雨大，其转移往往是渐进的，而并不是突然的，因此，应按全部天气状况加以状态划分才更为合理。在一般情况下，逐日天气状况的演变，可以概括为两重特性：持续性和周期循环性。前者意味着在任何指定日期的累积降水或单纯日降水量都依赖于其前一日或前数日的天气状况。而周期性则表明，日降水类型随着年内季节循环而改变，且年复一年地重复循环。这两方面特性，使得我们有可能运用一阶 Markov 链对逐日晴雨状况演变加以模拟。

假定实际每日天气型以干湿日为代表，可划分为 $n+1$ 个状态。将湿日按降水量大小首先分成若干等级，并规定湿日的 n 个状态为 $S_1, S_2, \cdots, S_n$。显然，连同干日 S_0 就可组成降水过程较为完整的 $n+1$ 个状态，其状态空间为 $(S_0, S_1, S_2, \cdots, S_n)$。这种状态划分有利于客观模拟真实逐日降水过程。

设状态转移符合一阶 Markov 链，且记转移概率矩阵为：

$$\boldsymbol{P} = \begin{bmatrix} p_{00} & p_{01} & \cdots & p_{0n} \\ p_{10} & p_{11} & \cdots & p_{1n} \\ \cdots & \cdots & \cdots & \cdots \\ p_{n0} & p_{n1} & \cdots & p_{nn} \end{bmatrix} \tag{3.5.23}$$

其中，$P_{ij} = P(x_{t-1} \in S_i)$，表示在第 $t-1$ 时刻（日期），天气处于状态 S_i，经一步转移在第 t 时刻，天气处于状态 S_j 的条件概率，即转移概率。进一步假定 P_{ij} 与转移发生的时间坐标位置 t 无关，而仅与前后两个时刻之差值有关，即具有平稳转移的均匀 Markov 链。

由于湿状态 $S_1, S_2, \cdots, S_n$ 各自对应于不同的降水量级，因而每个 $S_i (i=1,2,\cdots,n)$ 必对应于一种概率分布。丁裕国等（1994）曾从理论上详细研究降水量符合 Γ 分布的普适性，并用实测逐日降水资料作了拟合 Γ 分布的验证。由于 Γ 型逐日降水量的正偏性，出现小降水量或较少降水量的机会较大，而出现极端日降水量的机会很少。因此，降水状态的划分应以递增区间由小到大划分为宜，即对于小量的降水区间应小，随着降水量增大，日降水量等级区间可逐步扩大。文中采用近似几何级数作为划分湿状态的量级界限，尽管各月降水量平均状况有差异，但基本上都符合几何级数的等级区间。为了计算方便，对所划等级区间也可适当作些调整。此外，为了考虑总体概率分布的正偏态拖尾状特点，假设状态 S_0 为两点分布，$S_1, \cdots, S_{n-1}$ 为均匀分布，而 S_n 则定义为位移指数分布。考虑上述假设的根据在于日降水量符合 Γ 分布，尤其在冬季更显示其逆 J 型，而夏季则为单峰正偏拖尾状，因而除 S_0 和 S_n 外，其各状态所对应的概率分布密度可用直方图形逼近，故取为均匀分布，而 S_n 则取指数函数逼近其概率密度。

S_0 状态的概率分布为：

$$p_0 = \begin{cases} P(X = 0.0) = q_{0.0} & \text{无降水} \\ P(X = 0.1) = q_{0.1} & \text{微量降水} \end{cases} \tag{3.5.24}$$

S_1 至 S_{n-1} 状态近似服从均匀分布：

$$f_i(x) = \frac{1}{m_i - m_{i-1}} \qquad m_{i-1} < x \leqslant m_i; i = 1, 2, \cdots, n-1 \tag{3.5.25}$$

这里 m_i 为 $x \in S_i$ 的上限。而 S_n 状态近似服从下列指数分布：

$$Fn(x) = \lambda e^{-\lambda(x-c)} \qquad x \in S_n \tag{3.5.26}$$

式中：$Fn(x)$ 为位移指数分布函数，λ 为分布参数，而 c 为状态 S_{n-1} 的上限。

根据给定的历史资料，首先可估计 $S_0,S_1,S_2,\cdots,S_n$ 的转移概率矩阵，求得（3.5.23）式。然后利用这些历史资料分别估计各 S_i 所对应的概率分布。显然，实际上只要知道各状态区间界限，均匀分布即可确定，而指数分布则主要估计参数 λ。在上述基础上，利用离散随机变量的模拟方法即可产生模拟逐日降水记录。

根据均匀 Markov 链的平稳转移循环公式即 Chapman-kolmogorov 方程，当给定初始状态及其概率向量 $p(0)$ 时可推求任何 k 步转移概率矩阵，因此，结合（3.5.23）式，我们有：

$$P^K = PP^{K-1} = \begin{bmatrix} p_{00}^{(k)} & p_{01}^{(k)} & \cdots & p_{0n}^{(k)} \\ p_{10}^{(k)} & p_{11}^{(k)} & \cdots & p_{1n}^{(k)} \\ \cdots & \cdots & \cdots & \cdots \\ p_{n0}^{(k)} & p_{n1}^{(k)} & \cdots & p_{mm}^{(k)} \end{bmatrix} \quad k=1,2,\cdots \quad (3.5.27)$$

将行向量记为 $p_j^{(k)} = (p_{j0}^{(k)},p_{j1}^{(k)},\cdots,p_{jn}^{(k)})$，若已知初始向量 $p(0) = (p_0(0),p_1(0),\cdots,p_n(0))$，则逐日降水过程在 k 步以后转移到各个状态 $(S_0,S_1,S_2,\cdots,S_n)$ 的概率向量必为：

$$p(k) = p(0)p(0,k) = p(0)p^k \quad\quad k=1,2\cdots \quad (3.5.28)$$

式中：$p(0,k)$ 表示从时刻为 0 到时刻为 k 的转移概率矩阵。或者写为：

$$p_j^{(k)} = p(0)p^k \quad\quad (3.5.29)$$

式中：$p_j^{(k)}$ 就是（3.5.27）式中的行向量，而 $p(0)$ 则是初始向量，并有 $p_j(0)=1$，而其余为 0，j 可为 $0,1,\cdots,n$ 中任一序号。如初始状态为 s_1，则 $p(0)=(0,1,0,\cdots,0)$。

在模拟计算中，作者根据当地气候季节的年内变化将一年的逐日演变划分成若干阶段，以便消除季节对模拟结果的影响。采用按月计算的方案，即对各月分别以上述模型产生模拟记录。由公式（3.5.23）～（3.5.29），原则上可采用两种算法确定逐日状态。

①对历史观测记录，在干湿多状态划分的基础上计算一阶转移矩阵 $\boldsymbol{P}$，根据给定的初始日状态 $s_i(i=0,1,\cdots,n)$，本书中的初始状态是统计了该日多年的状态频率分布之后，确认初始状态为概率最大的状态，利用（3.5.29）式并据概率行向量中的最大转移概率确定下一日（最可能）状态 $s_j(j=0,1,\cdots,n)$，又由该日状态 s_j 为新的初始日状态，重复利用一阶转移矩阵 $\boldsymbol{P}$ 和（3.5.29）式推求再下一日状态，如此重复运算，逐次求得全部各日所处状态。

②对历史观测记录计算一阶转移矩阵 $\boldsymbol{P}$，根据给定的初始概率向量，利用（3.5.28）式或（3.5.29）式，推求任意 k 步的概率向量，从而一次确定全部各日所处（最可能）状态，其中 $k=1,2,\cdots,K$。

在推得逐日状态的基础上，利用两点分布、均匀分布和位移指数分布产生各状态相应的随机数，从而得到逐日模拟记录。

为了使模拟记录更加符合实测记录，对初始状态的选择应考虑其代表性和客观性。统计样本资料中初始状态的频数分布，例如，某站初始日状态频率分布为单峰铃形分布，则模拟程序中对初始日的选取即可按这种分布产生初始日状态。

3.5.3　WGEN 模式简介

Richardson 等（1984）构建的气候要素随机过程为基础发展起来的 WGEN 模式是利用统计学技术和各气候要素时间序列的统计结构模式，能够模拟逐日降水量、最高气温、最低气温和太阳辐射等气候要素，并且在中国东北地区具有良好的模拟能力。

　　首先借助于一阶两状态 Markov 链模拟晴雨序列,即 3.5.2 节中提到的干湿日模拟模式,假定逐日天气序列 $\{X_t\}$,$t=1,2,\cdots$可表示为 $(0,1)$ 两值序列,其中取值 0 代表干日状态,取值 1 代表湿日状态,于是可生成一地某月份的逐日干湿天气状态序列。显然,其雨日概率 P 可表示为:

$$P = Pr(X_t = 1) \tag{3.5.30}$$

并定义其一阶自相关系数为降水持续性参数 d,即有:

$$d = Corr(X_t, X_{t-1}) \tag{3.5.31}$$

而逐日降水量的变化则以二参数 Gamma 分布来描述。其 PDF 可表示为:

$$f(x) = \frac{\beta^{\alpha}}{\Gamma(\alpha)} x^{\alpha-1} \exp(-\beta x) \qquad x \geqslant 0 \tag{3.5.32}$$

式中:α 为形状参数,β 为尺度参数。月降水的年际变率与逐日降水特征(干湿状态及降水量)有密切联系,其经验关系式为:

$$Var(R_k) \approx N_k P_k \alpha_k \beta_k^2 \Big[1 + \alpha_k (1 - P_k) \frac{1 + d_k}{1 - d_k} \Big] \tag{3.5.33}$$

式中:$Var(R_k)$ 为 k 月降水量方差,P_k、d_k、α_k、β_k 分别为 k 月雨日频率参数、降水持续参数、形状参数和尺度参数,N_k 为序列长度。其他要素如气温(最高、最低)和辐射等非降水要素的模拟以降水特征为条件,即首先由下式:

$$Y_s = Y_s\{X_t(j)\} \quad s = 1,2,3 \tag{3.5.34}$$

在确定干湿两种天气状态($j=0$ 为干日,$j=1$ 为湿日)的前提下,分别以 $s=1,2,3$ 表示逐日最高气温、最低气温和太阳辐射。为了计算方便,假定对上述变量已做标准化预处理,且其自回归模式 $AR(1)$ 可描述逐日最高气温、最低气温和太阳辐射的时域变化过程,即有:

$$Z_t(j) = A Z_{t-1}(j) + B \varepsilon_t(j) \tag{3.5.35}$$

这里,$Z_t(j)$ 为标准化 $X_t(j)$,$\varepsilon_t(j)$ 为正态白噪声序列,A,B 分别为参数向量。而气温或太阳辐射的年际变率与逐日变率之间的关系可近似地表示为:

$$Var(T_{j,k}) \approx \frac{\sigma_d^2(j,k)}{N_k} \frac{1 + \rho_1(j)}{1 - \rho_1(j)} \tag{3.5.36}$$

式中,$Var(T_{j,k})$ 为第 k 月气温的年际变化方差,$\sigma_d^2(j,k)$ 为逐日气温或太阳辐射的方差,$\rho_1(j)$ 为它们的一阶自相关系数。

　　选用 AOGCM 模式的模拟结果,首先需要检测模式的模拟能力,通常的做法是将所选区域作为检测对象,考察其对覆盖该区域的大尺度环流状况和基本地面要素模拟的精度。而模式输出信息,一般都以 IPCC 历次公布的温室气体排放方案(如 1992A)背景下的现代气候与未来气候两种情景数值试验结果为依据。由于一般模式输出以季平均值为主(目前也有模式直接输出月平均值),因此需要进行插值以得到 WGEN 模式要求输入的月平均值。例如,以 DKRZ OPYC 模式在东亚地区($70°\sim140°E$,$15°\sim60°N$)的模拟为例,空间分辨率为 $5.6°\times5.6°$。$2\times CO_2$ 时全球平均增温幅度为 $1.6℃$。若考虑各个季节各个气候变量模拟的总体情况,DKRZ OPYC 模式是目前模拟东亚气候较好的海气耦合模式之一。为了保证空间场的可靠性,在比研究区域更大的范围内($35°\sim52°N$,$112°\sim135°E$),提取 DKRZ OPYC 模式输出的基于 $1\times CO_2$ 和 $2\times CO_2$ 的季平均差值场结果,即未来气候平均场变化情景。根据此情景(分辨率为 $5.6°\times5.6°$)进行空间插值,得到站点所在格点的值。WGEN 模式要求逐月气候变量的输入,还需对此情景(季平均)进行逐月时间插值。当然,插值方法在构建气候变化情景时是有局限性的,特别是在逐次插值到细小尺度时,其误差不容忽视。

现行插值方法一般采用克里格(Kriging)插值方法。即将提取的各种不同要素的模拟结果插值到所选站点,再与基准气候叠加,得到 $2\times CO_2$ 时的区域各季各要素气候平均值情景。为了使插值精度提高,可选择其他插值方法进行对比验证,如一元全区间等距插值、一元三点等距插值、连分式等距插值、埃特金(Aitken)等距逐步插值和光滑等距插值。详细的方法步骤,请读者参考有关文献。

由于大尺度模式并未给出未来气候雨日数变化的信息,因此 WGEN 模式必须假定未来气候的逐月雨日数与当前气候一致。WGEN 模式的其他输入取自上述通过时空插值和订正得到的模拟结果。序列长度为 30~50 年甚至更长,由于生成的未来气候情景无法用实测资料验证,只能比较模式模拟的气候平均场与插值订正后的模拟结果在区域上的试验结果。

二、应用篇

第 4 章　气候和水文变量的模拟试验

本章主要介绍基于概率分布的随机模拟在气候和水资源变化研究中的应用案例。其中第 4.1 节介绍空间随机变量的模拟；第 4.2 节介绍历史降水量场重建的模拟试验；第 4.3 节说明 SWAT 模型的逐日天气子模式；第 4.4 节介绍基于统计降尺度技术的气象水文应用案例。

4.1　空间随机变量的模拟

作为一个特例，采用我国大范围区域的 660 个测站历年（1961—2000 年）逐日降水量资料为统计分析对象。尽管所用站点数相当多，覆盖面也很大，但从理论上来说，用在地理空间上为非均匀分布的降水站点数的多少来代表降水区的面积大小仍是有一定误差的，这只不过是取一种近似而已。但是，这种误差对确定日降水量与其占有面积的函数关系并无实质性影响。在具体统计中，对每日降水量给予一定的组距，统计不同取值降水量的站点数。这里，主要采用等距分组法，将降水量从 0.1 mm 到全部测站中的最大值等距分组，并去掉无降水站区。凡出现于某一组中的站点数 N 就是该组的观测频数。以历年逐日中国区域的降水量场为一个大样本（除个别缺测站点外，基本上达到 $N=660$），统计各级降水出现的频数（或站数）直方图或频数表，并在此基础上拟合其概率密度函数（PDF）。

此外，为了统计观测样本的偏态分布型，将逐日（24 h）降水量大小按等级分组，0.1～10 mm 为小雨，10～25 mm 为中雨，25～50 mm 为大雨，50～100 mm 为暴雨，100～200 mm 为大暴雨，200 mm 以上为特大暴雨。按降水量级别统计落在各组内的站点频数，作为佐证降水量分布型及其 PDF 数学表达式的参考依据。

因每年有 365（天）约 $N=660$ 个样品（除缺测站点外），从 1961—2000 年共计 40 年的大样本分组统计结果来看，几乎任何一年任何一天的降水分组样本都呈现明显的左偏态，即使在日降水量丰沛的夏季也不例外。由于篇幅所限，本书仅以任取的一日为例。图 4.1 是 1962 年 7 月 1 日的全国日降水量站点频率直方图（等距分组）。由图可见，它们明显地表现出左偏态分布。统计表明，无论是按等距分组或是小、中及大雨等等级分组，同样都呈明显的左偏态分布（图略）。

从理论上来说，日降水量之所以具有这种分布型态，有它特定的气候意义。由于我国具有季风气候的特点，使得降水在季节分配上极不均匀，季节变化非常明显。一般来说，冬季干旱少雨，夏季雨量充沛，春、秋季是过渡阶段；降水的空间差别也类似于上述变化特征。以 1991 年逐日降水资料为例：1 月份（代表冬季）逐日降水的站点数为 66～267 个；4 月份（代表春季）逐日降水站点数为 116～351 个；7 月（代表夏季）逐日降水站数达到 270～372 个；10 月（代表秋季）逐日降水站数为 56～357 个。由此可见，降水区域随季节变化的变幅很大。平均而言，冬季（12 月至翌年 2 月）降水站点数日变化幅度很大，表明该季全国各地降水空间变率较大；

春季(3—5月)逐渐增多;夏季(6—8月)降水区域普遍增多,其变幅却较小;而到秋季(9—11月)站点数又逐渐减少,但每日降水站点数(区域范围)的变化比冬季还大。根据1951—2000年的逐日降水记录可见,全年日降水区域最少的在12月中旬至1月上旬的这段时间,而日降水区域最广的时段是梅雨期(约在6月中旬)。虽然等级分组与等距分组的直方图有某些明显的差异,但用等级分组也能显示出上述差异。另外,降水量占有面积(站点数)的最大值随平均降水量的增加而向高值方向位移也有一定的规律性。表4.1列出了夏季每年7月7日的降水等级分组频数分布,同样为节省篇幅,这里仅列出偶数年份。从各年份可见,40年来其分布趋势基本上很一致,即除了无雨区以外,日降水量在全国的面积分布大致以中雨等级为最多(众数),呈另一种稍不同的左偏态型分布。而按等距分组结果其众数组在最左端(图4.1),这恰好说明若降水量与降水等级为非线性关系时,等级分组的雨量服从某种分布函数的意义并不等价。本书仅用降水等级频数说明其偏态性而已(表4.1)。其他各季的不同雨量等级所占面积也存在同样的左偏态分布趋势。例如,冬季绝大部分地区其日降水量都以小雨(在10 mm以内)为主,仅有少量的中雨区,其他各级降水几乎没有;而春季的雨区总范围增大,除10 mm以内的站点数依然很多外,中雨的雨区面积(站数)明显增多,并有少量站点有大雨出现,但暴雨很少,大暴雨和特大暴雨几乎没有。秋季与春季大体相仿,即仍然是以小雨为下限的左偏态分布。

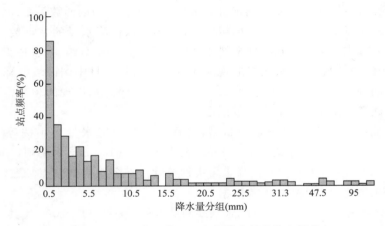

图 4.1　1962 年 7 月 1 日各级降水量的站点频率

表 4.1　全国各站历年逐日降水量等级的频数分布

年份	无雨	小雨	中雨	大雨	暴雨	大暴雨	特大暴雨	极大降雨	合计站数(个)
1962	197	110	255	61	21	11	1	0	656
1964	254	97	227	48	20	11	0	0	657
1966	211	105	241	61	26	11	3	0	658
1968	192	110	232	70	34	11	1	0	650
1970	287	111	177	51	22	6	4	0	658
1972	325	119	156	45	8	5	2	0	660
1974	194	139	230	65	21	9	1	0	659
1976	181	97	272	75	25	8	2	0	660
1978	470	80	92	13	5	0	0	0	660

年份	无雨	小雨	中雨	大雨	暴雨	大暴雨	特大暴雨	极大降雨	合计站数(个)
1980	206	125	235	63	27	4	0	0	660
1982	300	121	205	18	10	4	0	0	658
1984	189	112	229	90	30	8	0	0	658
1986	267	97	180	80	19	11	1	0	655
1988	279	73	217	54	19	10	1	0	653
1990	267	85	179	61	36	20	2	0	650
1992	318	78	171	55	21	16	1	0	660
1994	156	113	268	73	33	15	1	0	659
1996	315	101	171	50	12	11	0	0	660
1998	251	88	193	69	31	25	2	0	659
2000	301	85	212	40	14	7	1	0	660

4.2　由旱涝特征重建历史降水量场的模拟试验

4.2.1　经典方法

历史时期气候变化是现代气候变化的背景,历史记载所获得的长年代旱涝(或冷暖)资料记录信息,可弥补器测记录年代太短的缺陷。1970 年代中期,我国气象工作者曾以地方史志为基础,整编出版了各省旱涝历史资料和近五百年旱涝等级分布图集,为研究我国近五百年气候变化规律提供了依据。许多学者在此资料基础上对我国五百年旱涝时空变化做了大量的研究,这些研究表明,该资料集具有基本的可靠性。但是,随着气候变化研究的深入,仅借助于旱涝等级资料来研究气候变化似显不足,因为,各地旱涝的实际状况与降水量气候特征有密切关系,同一等级旱(或涝)的降水量在各地并不相同,因此,旱(涝)等级序列往往显示不出各地降水量的气候差异。事实上,我国各地降水量不但其平均值随地理空间分布的差异甚大,且其他多种统计特征(如降水变率、极值、概率等)也随地区而变化。所以,从理论研究或气候预报的角度来看,迫切希望能有一套更为完整的具体反映各地降水量(或距平)变化规律的气象记录。本节我们提出恢复历史降水量场记录的一种随机模拟方法,并给出应用实例。

(1)基本资料和模拟方法

统计实验表明,在气候状况基本接近的区域内,旱涝等级记录与降水量记录(以其标准化量为例)具有时空上的相关性。比如,我们选取华北区(11 个站)、华东区(11 个站)和西北区(19 个站),近 30 年旱涝等级记录和同期夏季(6—9 月份)的降水量作为试验样本资料,计算各区域内的降水量标准化距平(即标准化量)与旱涝等级的相关系数,结果发现,各区域内旱涝等级资料与降水量标准化距平均有较高的正相关,其中华北区为 0.83,华东区为 0.88,西北区为 0.76。由于降水量已标准化,在同一区域上所选的站点均有 30 年记录,这等于在时空域上取了一个相当大的样本(即华北区有 $N=11 \times 30$,华东区有 $N=11 \times 30$,西北区有 $N=14 \times 30$)。

这种时空域上的高相关实际上表明,就统计总体而言,各等级的旱涝分别对应有降水量的一个条件概率分布,其条件方差较小。绘制各区域不同旱涝等级所对应的标准化降水距平的频数直方图,就可获得相应等级下的降水量样本的条件分布(图 4.2～图 4.4)。

根据统计学理论,由已知的样本频数分布就可适度配合它所服从的某总体概率分布。例如分析图 4.2～图 4.4 就可发现,大致有华北区的 1,3,4 级和华东区、西北区的 2,3,4,5 级分别与正态分布变量一致,而各区的其余等级则可用均匀分布拟合(图略)。根据 χ^2 拟合优度检验表明,这些分布模式的选择基本上是适当的。一般说来,旱涝等级记录应是历史上逐年降水量的一种概括。利用已知样本的条件直方图来拟合分布模式,原则上代表了历年各级旱涝所对应的降水统计特征。因此根据这些条件分布模式产生相应的模拟记录(随机数),经多次重复试验就可近似地重现出历史降水量及其区域分布(降水量距平场)序列。这种以条件分布为基础的随机模拟方法(即 Monte-Carlo 试验)是上述随机模拟方法的一个推广。

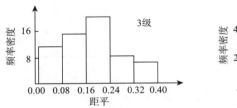 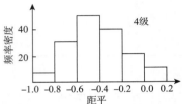

图 4.2　华北区降水标准化距平频数

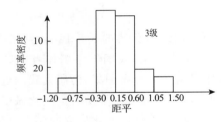 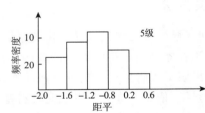

图 4.3　华东区降水标准化距平频数

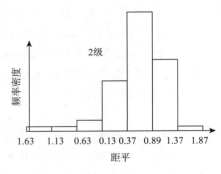 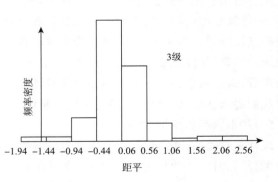

图 4.4　西北区降水标准化距平频数分布

归结起来,大致可分为下列几个步骤:

①首先可产生 (0,1) 均匀分布的随机数,再经适当变换就可得到符合各等级旱涝的降水量条件分布模式的模拟值。例如,采用乘同余法产生 (0,1) 均匀分布随机数 $r_1, r_2, \cdots, r_n$ 后,由反

函数法可求任意区间(a,b)上的均匀分布随机数，即由变换公式：

$$x_i = a + (b-a)r_i \qquad i = 1, 2, \cdots, n \qquad (4.2.1)$$

得到任意区间(a,b)上的均匀分布随机数 x_i。

②构造统计量

$$z_i = \frac{\sum_i x_i - \dfrac{n}{2}}{\sqrt{\dfrac{n}{2}}} \qquad i = 1, 2, \cdots, n \qquad (4.2.2)$$

当 n 足够大时，x 渐近地服从 $N(0,1)$分布。因此，由 z 很容易得到非标准化正态变量。

在计算中注意到随机数与模式的一致性，取 $n=12$（张建中等，1986），求得均匀随机数，同时，在采用乘同余法时，注意到递推公式中：

$$x_i \equiv \lambda x_{i-1} (\bmod \quad M) \quad i = 1, 2, \cdots, n$$

其中，参数 x_0（初值）、λ（乘子）、M（模）的选取要适当，才能更优地符合模型的要求。经验表明，为了使随机数具有较好的统计性能，参数的选取应试验多次。本书最终选取了 3 组已通过频率检验和独立性检验的参数（表 4.2），从而求得 3 列$(0,1)$均匀分布和 $N(0,1)$正态分布随机数。将 3 列不同参数下所求得的均匀分布随机数序列加以平均即得到相当稳定的均匀分布随机数序列。同理，对于相应的正态分布也可求得其平均的随机数序列。根据各个试验区域不同等级旱涝所提供的分布模式参数（表 4.3a，表 4.3b），便可逐站恢复并延长历年（6—9 月）降水量模拟记录。

表 4.2　产生$(0,1)$均匀分布的参数

序号	M	λ	x_0	L（周期）
1	2^{32}	5^{12}	1	10^9
2	2^{31}	5^{12}	1	2×10^{10}
3	2^{42}	5^{17}	1	10^{12}

表 4.3a　各区域不同降水等级模拟正态分布参数

级别	华北			华东				西北			
	1	3	4	2	3	4	5	2	3	4	5
均值	1.53	−0.08	−0.56	0.71	0.10	−0.53	−1.27	0.63	0.05	−0.53	−0.9
方差	0.72	0.45	0.47	0.42	0.38	0.40	0.36	0.48	0.59	0.59	1.0

表 4.3b　各区域不同降水等级模拟均匀分布参数

级别	华北		华东	西北
	2	5	1	1
a	0.2	1.9	0.7	0.6
b	1.1	−1.0	2.4	2.1

4.2.2　模拟效果分析

统计试验获得的模拟降水量距平场与实测降水量距平场具有相当好的吻合效果。就各站总拟合结果来看，历年（6—9 月）实测降水量与统计模拟降水量一般都有较高的相关性，从表

4.4看,相关系数平均维持在0.84左右。其中80%以上的测站相关系数都在0.80以上,有的测站达到0.90以上。为了全面考察模拟效果,进一步从时间变化和空间分布两个方面来检查其拟合误差。

表4.4　部分测站(30年)实测降水量与模拟降水量的相关系数

站名	太原	北京	天津	保定	德州	安阳	洛阳	郑州	济南	临沂	南阳	信阳	徐州	南京	上海	阜阳	合肥	安庆	杭州	宜昌	武汉	平均
相关系数	0.81	0.84	0.82	0.78	0.84	0.91	0.89	0.85	0.85	0.75	0.85	0.80	0.82	0.90	0.91	0.81	0.91	0.89	0.79	0.78	0.88	0.84

就时间变化来看,各测站实测降水与模拟降水的年际变化趋势十分一致(图略),计算各站30年中历年实测与模拟降水量的相对误差平均值(百分比)发现,约90%测站的平均相对误差都在10%以内,其中约67%的测站相对误差仅在5%以内,且误差的分布也近似为正态分布(表略)。这种误差的分布状况,除个别测站以外,基本满足恢复历史降水量场所要求的精度。就空间分布来看,我们可绘制和比较逐年各区域内模拟场与实测场(本书以距平场为代表)及旱涝等级场,如以1955年(西北区)和1978年(东部区)为代表绘制模拟和实测曲线图(略)。可以看到,该两个年份都能有较好的拟合结果。

4.2.3　资料延长情况下的模拟记录

为了考虑仅有等级记录而无降水记录的重建,对于资料延长情况做了验证和对比(图4.5为东部区22个典型测站的降水模拟值的年际变化)。结果发现:1949年(偏涝年),1929年(偏旱年)的西北区和1943年(大旱年),1931年(大涝年)的东部区这类典型年的验证结果表明,除个别测站旱涝等级记录与模拟记录偏差较大(如1931年阜阳)外,其地理空间的等值线分布趋势和范围与旱涝等级的地理分布的高低值中心和分布状况非常吻合。由此可见,统计模拟方法恢复历史上无降水记录的各个年份的降水量具有一定的功能。换言之,用现有的各个区域上全部测站短年代资料构成样本条件分布,借助于随机模拟就可推断出较长年代的逐年降水量空间分布。同样,对于单个测站来说,恢复相应年份的旱涝等级记录为降水量记录,只要将已有样本条件分布所产生的模拟值按历年旱涝等级逐年确定即可得到。例如,假定上海仅有近30年降水记录(即假定1950年前仅有旱涝等级记录),利用华东区已获得的参数和分布模式对照上海历史上逐年旱涝等级,分别抽取模拟值(随机数)就可延长到较长的年代。同理,利用华北区已得到的模式和参数对照北京历史上逐年旱涝等级分别抽取模拟值(随机数)就可使北京降水量记录延长。之所以选择上海、北京两站做试验,就是为了实际考察上述方法对于只有旱涝等级、文字记载的那些测站是否可行。图4.6中模拟降水量是假定上海这段年份无降水记录而仅有等级记录,用上述随机模拟方法推断得到的,因此,它等价于对单站降水记录的恢复。由图4.6可见,无降水记录年代的降水量恢复值与实测值相当吻合。同样,对北京做的验证(1894—1950年)效果亦佳。表4.5给出上海和北京近百年恢复降水量的平均相对误差。由表可见,实际降水记录与模拟记录每10年的平均相对误差一般都不太大。最大相对误差不超过12%。经计算,上海和北京两站模拟值与实测值(以近百年为据)的相关系数分别达到0.91和0.90。

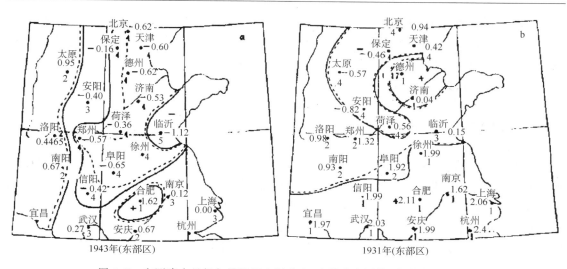

图 4.5　实测降水量场与模拟场空间分布(实线为实测值,虚线为模拟值)

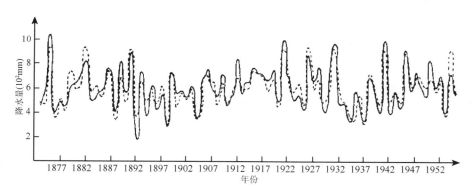

图 4.6　上海(1873—1950)实测降水量场与模拟场对照
(实线为实测值,虚线为模拟值)

表 4.5a　上海模拟降水量记录每 10 年相对误差(%)

起止年份	1873—1882	1883—1892	1893—1902	1903—1912	1913—1922	1923—1932	1933—1942	1943—1952	1953—1962	1963—1972
误差	2.0	2.0	1.1	6.0	6.3	4.6	1.3	0.7	6.8	10.9

表 4.5b　北京模拟降水量记录每 10 年相对误差(%)

起止年份	1899—1908	1909—1918	1919—1928	1929—1938	1939—1948	1949—1958	1959—1968	1969—1980
误差	4.8	11.2	6.5	5.1	5.7	8.1	6.5	7.5

　　上述试验表明,借助于 Monte-Carlo 统计模拟将等级旱涝记录恢复为降水量记录具有良好的效果和一定的可行性。从理论上说,各级旱涝正是某一时段内(如 6—9 月)降水量分档的一种结果,而每一级旱涝所对应的降水量,就时空域来说,必然对应有一种概率分布模型。假定关于旱涝状况历史记载的概念基本不变(含排除历史记载的不真实性或社会原因),则在某一较长历史时期可认为各级旱涝对应有同一个条件概率分布。从总体上说,同一等级的自然

降水量的年际时间分配已经由历史记载确定了,所以,根据它所服从的条件分布模式产生该级(旱涝)的模拟降水量,其气候统计特征(时间平均、方差、极值、概率等)必然符合它原有的分布模式。众所周知,由实测样本记录所估计的条件概率分布模式在一定的信度下可作为总体概率分布的推断。因此,这就构成了统计模拟恢复历史降水场的理论基础。

4.3　SWAT 模式的逐日天气子模式简介

由美国农业部农业研究所 J. Arnold 博士开发的 SWAT 模式是关于流域或水域尺度的管理技术模式。它专门用于关于土地管理实际对具有土壤变化、土地利用与管理条件变化所造成的复杂水域地区其水域、沉积物和农业化学生产影响的长期预测。为了满足应用的目的,该模式必须考虑气候条件的改变,因而需要模拟输入逐日降水、最高(低)温度、辐射、相对湿度、风速等天气气候变量,为此,引进子模式——随机天气发生器 XGEN(Sharpley 等,1990)。

4.3.1　降水的模拟

1974 年 Nicks 提出一种简单 Markov 链偏态模式,1995 年 Williams 又提出一种简单 Markov 链指数模式构造降水发生器。其方法是用简单 Markov 链规定某日天气为干湿状态,当某日为湿日时就以其遍态分布或指数分布来给出该日的降水量。

(1)干湿日发生概率

根据简单 Markov 链模式,定义雨日发生的概率为:

$$p_{uw} = P_i(W \mid W) \tag{4.3.1}$$

$$p_{dw} = P_i(W \mid D) \tag{4.3.2}$$

其中,第 $i-1$ 日为湿日,其后的第 i 日仍为湿日的概率为 p_{uw};第 $i-1$ 日为干日,其后的第 i 日为湿日的概率为 p_{dw}。于是应有:

$$p_{dd} + p_{dw} = 1 \tag{4.3.3}$$

$$p_{ud} + p_{uw} = 1 \tag{4.3.4}$$

式中:p_{dd} 为第 $i-1$ 日为干日,其后的第 i 日仍为干日的概率;p_{ud} 为第 $i-1$ 日为湿日,其后的第 i 日为干日的概率。上述干湿日是指雨日(降水量 $R \geqslant 0.1$ mm)和非雨日(降水量 $R = 0.0$ mm)而言的。因此,如果根据(0,1)均匀分布随机数生成干湿日,按照(4.3.1)式或(4.3.2)式就可通过比较其转移概率 $P_i(W \mid W)$ 或 $P_i(W \mid D)$ 来确定干湿日,若随机数等于或小于 p_{ud},即定义该日为湿日;反之,若随机数大于 p_{ud} 即可定义该日为干日。

(2)降水量

大量的概率分布函数已用于描述降水量。SWAT 模式提供了两种选择,其一是假定逐日降水量为偏态分布,因而用下列推算公式:

$$R_{day} = \mu_{mon} + 2\sigma_{mon} \left\{ \frac{\left[\left(SND_{day} - \dfrac{g_{mon}}{6} \right) \left(\dfrac{g_{mon}}{6} \right) + 1 \right]^3 - 1}{g_{mon}} \right\} \tag{4.3.5}$$

式中:R_{day} 为给定日的日降水量,μ 为月的平均日降水量,σ 为其标准差,SND_{day} 为该日标准正态偏差,而 g_{mon} 为该月逐日降水量的偏态系数。其中:

$$SND_{day} = \cos(6.283rnd_2) \sqrt{-2\ln(rnd_1)} \tag{4.3.6}$$

式中：rnd_1 和 rnd_2 分别为（0，1）随机数。

$$R_{day} = \mu_{mon}(-\ln(rnd_1))^{rexp} \tag{4.3.7}$$

式中：R_{day} 为给定日的日降水量，μ_{mon} 为月的平均日降水量，rnd_1 为（0，1）随机数，$rexp$ 表示（1，2）之间的某个指数值。当 $rexp$ 增加时，极端降水事件数在一年中趋于增多，许多研究已指出，在美国各地该指数值为 1.3 左右。

4.3.2　太阳辐射和温度模拟

生成逐日最高（低）温度和太阳辐射值的程序早在 20 世纪 80 年代就已由几位学者提出，其基础理论即是弱平稳过程理论（Matulas，1967）。

（1）逐日残差值

模型需要计算逐日最高、最低温度及太阳辐射的残差，根据平稳过程理论，上述三种要素（逐日最高、最低温度、太阳辐射）的残差可由下列方程计算：

$$\chi_t(j) = A\chi_{t-1}(j) + B\varepsilon_t(j) \tag{4.3.8}$$

式中：$\chi_t(j)$ 为关于给定的第 t 日的三种要素：最高温度（$j=1$），最低温度（$j=2$），太阳辐射（$j=3$）残差值 3×1 矩阵；$\chi_{t-1}(j)$ 为相应的前一日即第 $t-1$ 日的上述三要素残差值 3×1 矩阵；$\varepsilon_t(j)$ 为独立随机分量的 3×1 矩阵；A 和 B 分别为根据序列自相关和交叉相关确定的 3×3 常数矩阵。其中：

$$A = M_1 \cdot M_0^{-1} \tag{4.3.9}$$

$$B \cdot B^T = M_0 - M_1 \cdot M_0^{-1} \cdot M_1^T \tag{4.3.10}$$

式中：M_0 和 M_0^{-1} 分别是三要素同一日的互相关矩阵及其逆，而 M_1 和 M_1^T 分别为后延一日的互相关矩阵及其转置。并且它们可分别写为：

$$M_0 = \begin{bmatrix} 1 & \rho_0(1,2) & \rho_0(1,3) \\ \rho_0(1,2) & 1 & \rho_0(2,3) \\ \rho_0(1,3) & \rho_0(2,3) & 1 \end{bmatrix} \tag{4.3.11}$$

$$M_1 = \begin{bmatrix} \rho_1(1,1) & \rho_1(1,2) & \rho_1(1,3) \\ \rho_1(2,1) & \rho_1(2,2) & \rho_0(2,3) \\ \rho_1(3,1) & \rho_1(3,2) & \rho_1(3,3) \end{bmatrix} \tag{4.3.12}$$

式中：矩阵元素 $\rho_0(j,k)$ 和 $\rho_1(j,k)$ 分别是同日和后延一日第 j 个要素和第 k 个要素之间的互相关系数，$j,k=1,2,3$ 分别代表每日最高温度、最低温度和太阳辐射。上述矩阵一般都可用当地实测资料计算结果代表。

（2）生成的逐日估计值

根据正态分布理论，由（4.3.8）式所生成的残差值实际上是围绕某月均值的逐日振动偏差项。因此，利用下列方程就可估计计算其逐日最高温度、最低温度和太阳辐射值。

$$T_{mx} = \mu mx_{mon} + \chi_t(1)\sigma mx_{mon} \tag{4.3.13}$$

$$T_{mn} = \mu mn_{mon} + \chi_t(2)\sigma mn_{mon} \tag{4.3.14}$$

$$S_{rad} = \mu rad_{mon} + \chi_t(3)\sigma rad_{mon} \tag{4.3.15}$$

式中：T_{mx}，T_{mn}，S_{rad} 分别为逐日最高温度、最低温度和太阳辐射值（温度单位为℃，辐射单位为 MJ/m²）。而 μmx_{mon}，μmn_{mon}，μrad_{mon} 分别为月平均的最高温度、最低温度和太阳辐射值；σmx_{mon}，σmn_{mon}，σrad_{mon} 则分别为各月内的最高温度、最低温度和太阳辐射值的平均标准差。值得注意的是，关于各月份太阳辐射逐日值的标准差 σrad_{mon}，可用太阳辐射极端值与平均值之差的 1/4 估计，其估计公式为：

$$\sigma rad_{mon} = \frac{S_{xm} - \mu rad_{mon}}{4} \tag{4.3.16}$$

式中：S_{xm} 和 μrad_{mon} 分别代表某个月份地球表面所能达到的太阳辐射极值和平均值（单位为 MJ/m²），这些数据信息从相关资料集不难获得。

（3）逐日天气状态的调整

在模拟逐日最高温度、逐日最低温度、太阳辐射三种要素时，如果不考虑逐日天气状况，往往所得到的逐日最高温度、最低温度和太阳辐射序列仅仅是晴天天气条件下的逐日值，为此必须加以修正。常用的方法是对已经获得的三种模拟序列进行天气状态调整。事实上，由于 SWAT 模式只考虑了简单的干湿日状态，所以我们仅用干日代表晴天，而用湿日代表阴天，这是一种非常近似的方法。限于篇幅，以下仅给出逐日最高温度的湿日天气条件修正公式：

$$\mu mx_{mon}^{w} = \mu mx_{mon}^{d} - b_{T}(\mu mx_{mon} - \mu mn_{mon}) \tag{4.3.17}$$

其中，隐含关系式为：

$$\mu mx_{mon} \cdot days_{tot} = \mu mx_{mon}^{w} \cdot days_{wet} + \mu mx_{mon}^{d} \cdot days_{dry} \tag{4.3.18}$$

上述公式中，除了 μmx_{mon} 和 μmn_{mon} 已在前面说明外，μmx_{mon}^{w} 代表某月湿日平均最高温度，μmx_{mon}^{d} 代表某月干日平均最高温度，$days_{tot}$，$days_{wet}$，$days_{dry}$ 分别为某月的总日数、湿日数和干日数。另外，参数 b_{T} 为尺度调整因子，在 SWAT 模式中通常取为 0.5。

同样，可以给出干日天气条件修正公式为：

$$\mu mx_{mon}^{d} = \mu mx_{mon} - b_{T} \cdot \frac{days_{wet}}{days_{tot}}(\mu mx_{mon} - \mu mn_{mon}) \tag{4.3.19}$$

显然，在计算（4.3.19）式时，只要知道各月的干日和湿日数，分别应用（4.3.13）式和（4.3.14）式更加合理。同理还可得到逐日太阳辐射的修正公式。其他如逐日相对湿度的模拟等，都可以用上述类似的方法求得。

4.3.3　基于多状态 Markov 链模式的天气发生器

在前面提到的多状态 Markov 链模式及 SWAT 模式基础上，作者近年又提出一种增加天气状态划分的细化模式。这种状态划分有利于客观模拟真实逐日降水过程。研究表明，多状态比两状态 Markov 链的逐日随机天气发生器有明显的改进，例如，模拟的最大日降水量较为逼真，但其缺点是对干日状态的模拟较为粗略，这对于模拟逐日降水量虽然影响不大，但对模拟逐日温度、辐射和湿度等要素的统计特征有一定的影响。为此，将干日按总云量划分为晴、昙、阴（无雨）三种状态，与原划分的湿日状态混合组成完整的逐日天气状态向量，计算其转移概率矩阵。这种改进后的混合逐日天气状态向量，对于模拟逐日天气状态必然更加逼真。

首先将干湿日混合逐日天气状态规定成 N 个状态 $S_0, S_1, S_2, \cdots, S_n$，就可组成描述逐日天气过程的较为完整的状态空间 $(S_0, S_1, S_2, \cdots, S_n)$。这种状态划分更加有利于客观地模拟真实的逐日天气（含降水）过程。与前述的多状态划分有所不同的是：对于湿日状态，我们已经将其

划分为 $S_1, S_2, \cdots, S_n$，它们各自对应于不同的降水量级，且每个 $S_i(i=1,2,\cdots,n)$ 对应于一种概率分布。其降水量等级区间的划分方案已在 4.1 节中详述。例如采用一种近似几何级数作为划分湿状态的量级界限。然而，对于干日，其状态并无分级，事实上不同的干日其天气状态并非一样，至少按总云量或日照来说，虽然同为无雨日（即干日），但其湿润程度并不一样。假定将干日进一步再划分为三级，分别代表晴、昙、阴（无雨）状态，其云量分别为 $1\sim3,4\sim6,7\sim 10$。例如 S_0, S_1, S_2 分别代表晴、昙、阴（无雨）状态。由于考虑湿日的总体概率分布为正偏态拖尾状特点，作者原假设状态 $S_3 - S_{n-1}$ 为均匀分布，而 S_n 则定义为位移指数分布以表示正偏态拖尾状特点。考虑上述假设的根据是：日降水量一般都符合 γ 分布，尤其在冬季，更显示其逆 J 型，而夏季则为单峰正偏拖尾状，因而除 S_n 外，其各状态所对应的概率分布密度可用直方图形逼近。经过进一步试验发现，这种补充的干日状态划分恰恰使得 $S_0 - S_2$ 状态的概率分布为满足均匀分布：

$$f_i(x) = \frac{1}{c_i - c_{i-1}}, \quad c_{i-1} < x \leqslant c_i \qquad i = 0,1,2 \tag{4.3.27}$$

式中：c_i, c_{i-1} 分别为干日云量的上下限，$i=0,1,2$。而 s_3 至 s_{n-1} 的湿状态已经证明近似服从均匀分布，其表达式完全类同于 (3.5.25) 式，仅是状态序号略有推后。而 S_n 状态近似服从的指数分布也完全等价于 (3.5.26) 式。于是，根据给定的云量和降水量历史资料，首先就可估计出 $S_0, S_1, S_2, \cdots, S_n$ 的转移概率矩阵，求得如前的 (3.5.23)～(3.5.29) 式。然后利用这些历史资料分别估计各 S_i 所对应的概率分布。显然，实际上只要知道各状态区间的界限，其分布密度即可确定，而指数分布的概率密度函数则主要估计参数 λ。在上述基础上，利用离散随机变量的模拟方法即可产生模拟逐日降水记录。根据均匀 Markov 链的平稳转移循环公式 Chapman-kolmogorov 方程，当给定初始状态及其概率向量 $p(0)$ 时就可推求任何 k 步转移概率矩阵。

在模拟计算中，可根据某地气候的年内变化将一年的逐日演变划分成若干阶段，以便消除季节对模拟结果的影响。

在推得逐日状态的基础上，分别利用云量和降水量的均匀分布和位移指数分布产生各状态相应的随机数，从而得到逐日模拟记录。为了使模拟记录更加符合实测记录，对初始状态的选择应考虑其代表性和客观性。一种简单的方法是假定初始日状态在历年均匀出现，因而可按均匀概率随机选取初始状态，另一种客观的方法是统计样本资料中初始状态的频数分布，例如某站初始日状态频率分布为单峰铃形分布，则模拟程序中对初始日的选取即可按这种分布产生初始日状态。后文的试验结果表明，采用这种模式更符合实测结果。

单纯的统计降尺度法是利用多年观测资料建立大尺度气候状况（主要是大气环流）和区域气候要素之间的统计关系，再利用独立观测资料对这种关系加以检验，最终形成以 AOGCM 输出的大尺度气候信息为基础的区域未来气候变化情景预测（如气温和降水）。除此而外，统计降尺度模型还可直接用区域气候模式（RCM）模拟所得资料信息为基础，而不用实际观测资料。这种将统计降尺度模型和区域气候模拟相结合的方法就是一种统计—动力相结合的降尺度方法。由于它集中了统计降尺度法和动力降尺度法的优点，与单纯动力降尺度法相比，既减少了机时，又不完全依赖于长期的实际观测数据，这是它的独特优点。但其缺点则是由于其空间分辨率受区域气候模式的限制，降低了时间变率，因为有限的天气分型并不能代表所有的天气现象。

4.4 SWAT 模式在水文科学中的应用

4.4.1 黄河源区气候和水资源特点

(1)黄河源区简介

本书所述黄河源区,是指黄河干流唐乃亥水文站以上区域,位于青藏高原东北部,地理坐标介于 95°55′～102°50′E 与 32°10′～36°05′N 之间,横跨青海、四川、甘肃三省。集水面积为 12.20 万 km²,占黄河流域总面积(79.4 万 km²,其中内流区面积 4.20 万 km²)的 15.35%。黄河源区可分为三段,源头区(黄河干流黄河沿以上地区)的集水面积为 2.09 万 km²,黄河沿至玛曲区间的集水面积为 6.52 万 km²,玛曲至唐乃亥区间的集水面积为 3.59 万 km²。黄河源区干流长 300 多 km,河道平均比降为 1.20‰。多年(1951—2005 年)平均天然径流量 205.60 亿 m³,约占整个黄河天然径流量的 38.00%。为黄河流域主要产水区,素有"黄河水塔"之称。

黄河源区在地质上属于巴颜喀拉山褶皱带,沟道均为西北—东南走向,地貌轮廓受构造控制,黄河源头区占优势的地貌类型是宽谷和河湖盆地,地势西高东低。巴颜喀拉山与阿尼玛卿山依次相间分布于河源区的南部和中部。区内起伏平缓,湖泊、沼泽众多,河流切割作用微弱,河床比降小。黄河源区属于典型的高原大陆性气候,冷热两季交替、干湿两季分明,日照时间长,辐射强烈。年内温差大,最大温差高达 75℃左右(循化站)。最高温度一般出现在 8 月,最低温度出现在 1 月。气温的地理分布为由下向上、由南向北,随纬度和海拔高程的升高而递减,基本上属于寒冷区。其中,源头、四大湖群和阿尼玛卿山主峰最冷,四大湖群地区观测到的最低气温极值为－53.0℃,年平均气温－4.1℃。源区年平均蒸发量 1200～1600 mm,日照 2400～2800 h,年辐射量 140～160 kJ/cm²,河川径流以降水和冰雪融水补给为主,流域多年平均降水量在200～700 mm,5—9 月降水量约占全年降水量的 70%,且呈现出由西北向东南递增的分布特征。年均大风日数达 75～128 天,是整个青藏高原大风日数最多的地区之一,且大多集中在 11 月至翌年 5 月,期间正好是黄河源区干旱频发期,干旱发生的频率达 25%～50%。总的来看,气候受地形、地貌的影响,具有太阳辐射强、日照时间长、平均气温低、日变差大、年变差小、冬季寒冷、降水量少、地域差异大、降水日数多、降水强度小等特点。

河源区水系河网发达,支流众多,一级支流 56 条,其中集水面积大于 1000 km² 的一级支流有 4 条,黄河源区共有湖泊 5300 多个,其中两个最大的外流淡水湖泊——鄂陵湖和扎陵湖,湖水面积分别为 610 km² 和 550 km²,冰川储量 191.95 亿 m³,年融水量 3.50 亿 m³,河川径流以降水和冰雪融水补给为主,天然径流量 205.60 亿 m³,水资源总量 232.42 亿 m³。河源区湿地总面积 150.12 万 hm²,主要分布在黄河源头和黄河第一弯(也称黄河首曲),面积分别为 50.82 万 hm² 和 99.30 万 hm²。河源区湿地主要包括星宿海、扎陵湖、鄂陵湖、玛多、热曲、首曲、若尔盖等。星宿海、扎陵湖与鄂陵湖沼泽湿地主要分布在以约古宗列曲为主的星宿海,扎陵湖以南的多曲、邹玛曲,以及鄂陵湖周围和勒那曲流域。黄河首曲沼泽湿地由河湾内的玛曲沼泽湿地和河湾外的若尔盖沼泽湿地组成,位于青藏高原东北边缘,是我国第一大高原沼泽湿地,也是世界上面积最大的高原湿地。若尔盖沼泽湿地为国家级自然保护区,保护区面积达 16.66 万 hm²。

黄河源区土壤的水平分布规律为北部地区以栗钙土、棕钙土、灰棕漠土为主,南部主要是高山草甸土、高山灌丛草甸土、高山草原草甸土、高山荒漠草原土。植被分布由于受地理条件的限制,呈现出由东南向西北的地带性,依次出现森林、草原、荒漠三个基本类型。由于地域辽阔,各山体、山地垂直带谱的结构也有所不同,垂直带谱的类型也是多种多样的,从东向西,随着气候趋于干旱,垂直结构趋于单调,各垂直带下限也逐渐抬高。海拔 3200 m 以上的高山区为高寒草甸。黄河源区植被群落以紫花和短花针茅、藏蒿草、高山蒿草、矮生蒿草及各种苔草为主,约 121 种,是当地牲畜的主要食料来源;具有高原特色的名贵药材草种有雪莲、大黄、冬虫夏草、黄芪、柴胡、党参、羌活、贝母等约 80 多种。源区灌木林的种群主要以高山柳、金露梅、箭叶锦鸡儿等,灌木高 40～120 cm。

河源区涉及青海省玉树、果洛、海南、黄南等州,以及四川阿坝州、甘肃省甘南州等。根据 2006 年度《黄河水资源公报(2006)》统计,至 2006 年末,河源区人口 65.05 万人,密度为 5 人/km²,是黄河流域平均人口密度的 1/25。耕地面积 5.87 万 hm²,其中,农田灌溉面积 1.14 万 hm²,林牧渔用水面积 1.66 万 hm²。大小牲畜近 772 万头,其中,大牲畜 245 万头,小牲畜 527 万头。

(2)黄河区气候和水资源问题

气候模式预测结果表明,未来全球的水分蒸发量、降水量和降水强度将呈现增加的趋势。这种增加趋势对于未来水资源和环境保护具有至关重要的意义。毫无疑问,洪水或干旱事件发生概率的增加将会带来极其严峻的环境问题,这种影响在生态环境脆弱的黄河源区尤为重要。因此,我们需要理解全球变化背景下,区域气候是如何响应的;气候变化是如何影响流域水文过程的,这一影响在空间分布上有何特征;气候变化条件下,流域水资源是如何变化的;如果这种变化是确定的,我们应该采取什么样的措施来应对这种变化。为此,本书选取黄河源区作为研究对象,以阐述 SWAT 模式在水文学方面的应用。

黄河源区所处的特殊地理位置和脆弱的区域生态环境,使其形成具有独特的水文水资源系统,这个系统对气候变化十分敏感,同时由于黄河上游流域是全黄河流域主要的产流区,从而使得黄河上游流量长期以来呈现出偏枯趋势。特别是近十多年来,随着全球变暖和黄河上游流量的持续偏枯,黄河流域水资源供需矛盾日益突出,对流域内社会、经济发展产生了严重影响。越来越多的科技工作者开展了气候变化对黄河上游流量影响的研究,并取得了一系列的研究成果。总体上认为:20 世纪 90 年代以来黄河源区气温升高、降水减少的趋势更为明显,而径流量减少的幅度远大于降水减少,许多研究者对源区影响径流的关键因子存在一定分歧。张士锋等(2004)认为气温增加将导致蒸发增加,从而导致径流减少;也有观点认为,降水的减少是径流减少最主要、最直接的原因;还有观点认为,是由气候变化、草场退化和人类活动等共同的作用造成的。刘晓燕等(2005)认为源区由于下垫面变化影响了降水径流关系,尚难明确气候变化和人类活动分别对下垫面变化的影响程度。对黄河源区径流变化的敏感性试验表明:黄河上游流量对降水的敏感性远大于气温,地表径流量随水的增加而增加,随气温的升高而减少。更为严峻的是,随着温度持续上升,黄河上游 21 世纪水循环的演变趋势呈现为蒸发量继续增加,径流量进一步减少,未来黄河上游水资源形势依然不容乐观。

因此,需要建立一种评估模型来分析预测:①从时间域和空间域上,定量区分气候变化和人类活动变化对流域径流变化的相对贡献;②黄河源区气候对全球气候变化的响应,尤其是降水量和降水强度的变化;③气候变化条件下,未来 10 年、20 年、30 年中,流域水资源状况将会发生怎样变化。

4.4.2　研究方法和技术路线

基于上述问题,结合黄河治理实际需求,借助于空间信息技术,采用气候模型和水文模型相结合的方法,建立多元要素耦合下黄河源区径流变化模型,分析影响径流变化的关键因子,预测未来气候变化条件下,黄河源区径流变化趋势,为源区生态环境规划和"维持黄河健康生命"目标的实现提供理论依据。

(1)主要研究方法

区域气候对全球气候变化的响应关系是气候变化对流域水资源影响研究之关键。综合国内外研究,目前区域气候情景的生成方法有:①专家判断:这是一种概率意义上气候情景,具有明显的不确定性;②假定未来气候变化情景:这是简单常用的方法,仅限于敏感性研究,如Stockton,Atson,傅国彬等(1991)的工作;③以历史或古气候分析为基础重建未来气候情景;④以GCMs输出作为未来气候情景。海气耦合气候模式(AOGCMs)对于预估大尺度全球未来气候变化来说,是目前最重要也是最可行的方法。GCM能相当好地模拟出大尺度最重要的平均特征;特别是能较好地模拟高层大气场、近地面温度和大气环流。但由于目前AOGCMs输出的空间分辨率较低,缺少区域气候信息,很难对区域气候情景做出精确的预测。有两种方法可以弥补GCM预测区域气候变化情景的不足,一是发展更高分辨率的区域气候模式;另一种方法就是统计降尺度法。前者需要的计算量很大,而统计降尺度方法则是更为可选的方法,其优点在于使用方便,并可以利用当地的具体条件进行校正。国外关于统计降尺度的研究很多,国内则刚开始这方面的研究。

在20世纪60—80年代,大量基于DEM的分布式水文模型涌现出来。1979年由Beven提出的TOPMODEL模型是早期基于DEM的分布式水文模型,在我国也得到了较为广泛的应用。1979年英国的Morris提出IHDM模型,主要用于分析小流域上不同的土地利用方式对洪水过程的影响。杨大文提出的基于10 km网格的大尺度分布式水文模型——CEQUEAU模型,则主要用于水质模拟、防洪、水库设计等方面。

利用气候模式输出,采用主分量分析与最优回归相结合方法,建立黄河源区气候统计降尺度模型,在获取区域未来气候变化情景的基础上,借助于改进的SWAT模型和GIS平台,构建气候变化和土地利用背景下黄河源区径流变化模型(图4.7),以揭示影响黄河源区径流变化的主要因子,预测未来10~30年气候变化和人类活动背景下径流变化趋势,为黄河源区生态规划和实现"维持黄河健康生命"这一目标提供理论依据很有必要。

(2)主要研究内容

1)通过流域实地调查方式收集资料

包括:①气象水文数据;②数字高程数据;③土壤、土地利用空间和属性数据(包括遥感图等);④水利工程运行方式、人为取水数据;⑤黄河源区生态环境建设总体规划等方面的资料,经分析整理构建黄河源区基础资料数据库。

2)气候变化对流域水文过程影响的模拟

分析最近几十年降水变化的阶段性特征和周期变化;模拟不同阶段气候变化对黄河源区水文过程的影响;模拟研究不同量级降水对流域径流变化的影响,揭示气候变化对流域水资源影响的规律及其区域差异。

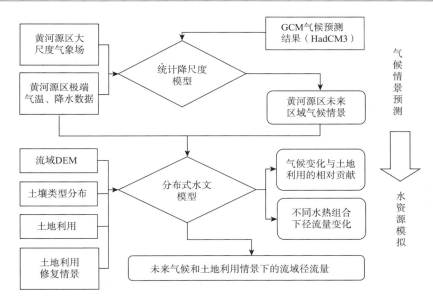

图 4.7　黄河源区径流变化模型结构简图

3）气候变化和人类活动对流域水文变化的相对贡献

分析最近几十年黄河源区土地利用方式、水利工程引水等变化，揭示人类活动对水文过程影响的规律。采用敏感性试验方法，分析不同阶段气候变化和土地利用组合及各子流域水文过程变化特点，定量分析土地利用和气候波动对流域径流的相对贡献，确定不同阶段、不同区域影响流域水文过程的主导性因素。

4）黄河源区典型流域水文变化趋势预测

在 GCM 模拟未来气候变化输出的基础上，利用黄河源区气候统计降尺度模式，获取流域未来 10 a、20 a、30 a 气温、降水变化信息；结合流域生态环境建设总体规划，分析预测未来 10 a、20 a、30 a 的不同流域生态环境的修复情景；以获取到的流域气候变化信息作为边界条件，以不同土地利用情景为初始场，驱动黄河源区径流变化模型，模拟未来气候变化背景下的流域径流变化趋势。为此我们以流域气象水文、地理信息数据为基础，以分布式水文模型为平台，在现代水文模拟技术和现代地理信息系统技术的支撑下，遵照"流域数据—模型平台—时空模拟分析—未来预测"的基本思路予以试验。

①流域数据：以观测信息为主，辅以遥感监测、历史资料查询和实地踏勘，实现信息采集；采用时空化方法对水循环要素信息进行处理，构建流域水文模拟数据库。

②模型平台：黄河源区气候统计降尺度模型和流域分布式水文模型（基于 SWAT 模型）相结合，构建黄河源区径流变化模型。

首先利用流域气象数据和大尺度格点数据（来自再分析数据）来验证流域尺度与大尺度气候变化之间的关系；验证 IPCC 提供的 GCM 模式在黄河源区的模拟性能，选择模拟性能最好的气候模式输出作为降尺度模式的因子场；利用典型相关分析（CCA）建立大尺度因子场（来自 IPCC 的 GCM 输出）与流域气象场之间建立统计降尺度模型，并对模型性能进行检验。

由于黄河源区气象站点稀少，缺测资料较多，在 SWAT 模型中加入带有高度校正的空间插值模块，并改进模型的天气发生器模块，提高缺测资料插补精度，提高模型性能；结合 GIS 技术，通过生成水文响应单元、确定输入参数等方法，构建黄河源区分布式径流变化模型。

③时空模拟分析：模拟气候变化和人类活动条件下流域水文变化机制和规律；定量确定气候变化和人类活动对水文过程影响的相对贡献；分析不同阶段不同区域影响流域水文过程的主导性因素。

④未来预测：在 GCM 模拟未来气候变化的基础上，预测未来气候变化、土地利用变化及人类活动等多元要素耦合背景下的流域径流变化趋势，为流域规划服务。

4.4.3　研究区 SWAT 模型构建

（1）数据来源和管理

本书所需气象数据来自国家气候中心和青海省气象局；土壤矢量数据来自全球土壤中心（http://www.isric.org/），DEM 数据源自水利部 1：25 万数字高程模型；数字地图为国家地理信息系统 1：25 万数字地图；水文数据（主要用于校验模拟的径流结果）来自黄河水利委员会（以下简称黄委会）。

DEM 等矢量数据的预处理、投影转换等使用 ArcGIS 软件。矢量数据在 ArcGIS 中通常以后缀为 .shp 的文件存储，栅格数据主要以 Grid 格式存储，并且都有与之相对应的描述其地理属性的二维表格文件（dbf）。在流域建模中，dbf 文件还用来存储水文观测数据或气象观测数据，并且可用来建立格网值和类型值（空间—属性）的转换对应表。栅格数据和矢量数据之间可以互相转换。

本书中所使用的地理数据，具有不同的来源，必须将其纳入到同一坐标系进行分析和管理。为了适合模型运行的需要，本书选择了 Albers 等积圆锥投影。这主要是因为黄河源区主要是东西向延伸的区域，而 Albers 投影非常适合东西向延伸的地形，另外 Albers 投影后的面积与地球表面的真实面积相等，其投影后不会扭曲多边形的面积，这一特征对水文过程的模拟来说尤为重要，因为流域的许多重要特征要用单位面积来表示。

本书采用的地形数据主要以国家基础地理信息中心标准的 1：25 万地形数据为主。1：25 万更新数据分为 13 层存放，各层包括一个或多个属性表，是以 Arc/Info 的 coverage 格式分层存放的。内容包括行政区（bount，boupt）、居民地（respy，respt）、铁路（railk）、公路（roalk）、水系（iiydntiiydlk）、地貌（terlk）、土地覆盖（ternt），其他要素（othnt）、辅助要素（atnlk）和地理格网（ddgln）等。采用 1954 北京坐标系和 1956 黄海高程系；地图投影为经纬度坐标，以度为单位；内容现实情况最低达到 1995 年底。在此基础上，利用 ArcGIS 9.2 加工成数字高程模型（DEM）和河网等专题图。

数字高程模型是进行流域水系划分和提取流域地形阐述的基础。应用 DEM 数据可以计算每个子流域的坡度坡长、定义流域河网、确定子流域的分布和数量，以及提取河网的河道坡度、坡向和宽度特征。将投影为地理坐标 DEM 在 ArcGIS 中变换为 Albers 等积投影，其栅格单元大小为 100×100 m。利用 1：25 万 DEM 生成的黄河源区影像（图略）。

土壤是流域地表过程的重要媒体，土壤的物理属性控制着土壤内部水分和空气的运动，对水文循环过程产生很大的影响。在 SWAT 模型中，土壤类型的空间分布是生成水文响应单元的基础之一，所以在 SWAT 模型中，土壤类型的空间分布数据、土壤的物理属性数据是模型运行的必要参数，而土壤化学属性数据则是可选的。根据美国国家资源保护局（NRCS）的土壤渗透性分级标准分为 A、B、C、D 4 个级别（表 4.6）。

表 4.6 土壤水文分级标准(Neitsch 等,2002)

标准	水文分级			
	A	B	C	D
最终常数渗透率(mm/h)	7.26～11.43	3.81～7.26	1.27～3.81	0～1.27
平均渗透性(mm/h)	>254.0	84.0～254.0	8.4～84.0	<8.4
收缩—膨胀潜力	低	低	适中	高、很高
到土壤基底的深度(mm)	>1016	>508	>508	>508
混合水级级别	A/D	B/D	C/D	

注:土壤容重、有效田间持水量、饱和导水率等指标采用了 Saxton 的研究成果(Saxton 等,2006)。

根据研究目的,在原有分类基础上对土地利用进行了聚类。聚类的原则主要依据土地利用类型对水文过程的影响特点来进行。经过聚类形成了耕地、林地、草地、裸地、水体等共 6 种主要的土地利用类型,其中,草地占总面积的 74%,林地占 12% 以上,未利用土地占 11% 以上,水体占 1.5% 左右,耕地仅占 0.5%。对重新编码后的土地利用图进行栅格化(单元格大小为 100 m×100 m),并将新的编码为 grid 文件的单元赋值形成了土地利用数据图。

气象场是 SWAT 模型运行最重要的边界条件。SWAT 模型需要输入的气象数据包括两部分:逐日气象数据和长期的气候平均数据,两者共同构建流域气象数据库。SWAT 模型逐日数据用来驱动模型运行,直接参与流域水文过程计算。需要的逐日气象数据包括降水、最低和最高气温、太阳辐射、风速和相对湿度,此外还需要输入相应气象观测站的地理坐标和海拔高度。长期气候平均数据主要为 SWAT 模型自带的天气发生器提供所需的气候特征数据。用户气象数据库中,逐日气象数据分站点存放在 dbf 格式的文件中;天气发生器所使用的气候数据库则以 uesrwgn.dbf 文件保存;各气象观测站的信息根据气象要素分别记录在相应的 dbf 文件中。记录的信息为气象站的经纬度、海拔高度、坐标信息等。

1)逐日气象资料数据库

本章选取了黄河源区的 7 个气象站的逐日气象数据。包括降水、最低和最高气温、相对湿度和风速,各气象站资料序列长短不一,主要范围为 1960 年 1 月 1 日至 2005 年 12 月 31 日(表 4.7)。而太阳辐射的逐日数据是由天气发生器自动生成的。

表 4.7 黄河源区主要气象站点位置和资料年限

站号	名称	经度(°E)	纬度(°N)	海拔(m)	数据起讫年份
52943	兴海	99.59	35.35	3324	1960 年 1 月 1 日至 2005 年 12 月 31 日
52957	同德	100.39	35.16	3290	1954 年 2 月 1 日至 1998 年 12 月 31 日
56033	玛多	98.13	34.55	4273	1953 年 1 月 1 日至 2005 年 12 月 31 日
56046	达日	99.39	33.45	3969	1956 年 1 月 1 日至 2005 年 12 月 31 日
56065	河南	101.36	34.44	8501	1959 年 5 月 1 日至 2005 年 12 月 31 日
56067	久治	101.29	33.26	3630	1958 年 12 月 1 日至 2005 年 12 月 31 日
56079	若尔盖	102.58	33.35	3441	1957 年 1 月 1 日至 2005 年 12 月 31 日

2)各气象站气候特征数据库

该数据库包含各气象站 14 个气候特征变量的历月数值。本研究中,共有 7(气象站数)×14(变量数)×12(月数)=2184 个数据。14 个多年气候变量分别为:最高日平均气温及其标准差(μmx_{mon},σmx_{mon})、最低日平均气温及其标准差(μmn_{mon},σmn_{mon})、总降水量及其标准差

$(\overline{R}_{mon}, \sigma_{mon})$、日降水量的偏态系数$(g_{mon})$、湿日转移到干日的概率$(P(W/D))$、湿日转移到湿日的概率 $P(W/W)$、平均降水日数$(\overline{d}_{wet})$、有记录期间 0.5 h 最大降雨量$(RAINHHMX(mon))$、平均太阳辐射(μrad_{mon})、平均日露点温度$(DEWPT(mon))$、平均日风速(μwnd_{mon})等，以上变量均为按月计算的。由 1970—2000 年的逐日资料统计计算得来，其计算方法可参考文献（Neitsch 等,2002）。

（2）SWAT 模型简介

1）SWAT 模型是一个具有物理意义的模型。它不是建立在输入输出变量之间统计关系基础之上的统计模型，而是充分考虑了流域内部水文、气象、泥沙、土壤温度、作物生长营养物质、农药和农业管理等多种过程的物理机制。可以用来模拟地表径流、入渗、侧流、地下水流、回流、融雪径流、土壤温度、土壤湿度、蒸散发、产沙输沙、作物生长、营养盐流失、流域水质和农药等多种过程以及多种农业管理措施（耕作、灌溉、施肥、收割和用水调度等）对这些过程的影响。

2）SWAT 模型是一个分布式参数模型。它考虑到了流域内部的地理要素和地理过程在时间和空间上的非均匀性，并以子流域的空间单元划分方法，将流域离散化为更小的区域或者地理单元——水文响应单元（HRU），在每一个水文响应单元中，地形、土壤、气象、土地利用等地理参数被看作是均一的。从模型结构看，SWAT 属于第二类分布式水文模型，即在每一个网格单元（HRU）上应用传统的概念性模型来推求净雨，再进行汇流演算，最后求得出口断面流量。它明显不同于 SHE 模型等第一类分布式水文模型，即应用数值分析来建立相邻网格单元之间的时空关系。

3）从建模技术看，SWAT 采用先进的模块化设计思路，水循环的每一个环节对应一个子模块，十分方便模型的扩展和应用。在运行方式上，SWAT 采用独特的命令代码控制方式，这种控制方式使得添加水库的调蓄作用变得异常简单。SWAT 的功能十分强大，还能够用来模拟和分析水土流失、非点源污染、农业管理等问题。

4）SWAT 模型的动力框架为时间连续的分布式模型。模拟的时间步长以日或年为最佳，可连续积分数百年。适用于包含各种土壤类型、土地利用和农业管理制度的大流域，并能在资料缺乏的地区建模。SWAT 模型在结构上考虑融雪和冻土对水文循环的影响，应用范围扩展到了高海拔的山区，较适用于我国西部寒旱区的水文模拟。

5）SWAT 模型与地理信息系统（GIS）软件进行了集成，增强了 SWAT 模型空间信息和空间数据的前处理和后处理能力，增强了可视化的操作功能和表达能力，使原来困难甚至不可能的传统的量化研究变得容易和方便。目前已经有多个版本，本书采用的是基于 ArcView 界面的 AVSWAT2000 版本，其模型的核心部分是 SWAT2000。

（3）SWAT 模型原理介绍

SWAT 可以模拟流域的许多物理过程，其中水文过程是最基本，也是最重要的物理过程。结合研究目标，本书主要介绍 SWAT 模型中的水文过程。考虑到流域过程的非均匀性，SWAT 模型将流域离散化为许多子流域，每个子流域可以包括一些基本单元：水文响应单元，水库，池塘、湿地以及河道。其中水文响应单元是最基本的空间单元，在每个水文响应单元内部，土壤、土地利用和农业管理数据是单一的（Neitsch 等,2002）。SWAT 模拟的流域水文过程分为水循环的陆面部分（即产流和坡面汇流部分）和水循环的水面部分（即河道汇流部分）。前者控制着每个子流域内主河道的水、沙、营养物质和化学物质等的输入量；后者决定水、沙等物质从河网向流域出口的输移运动。

1)SWAT 水文循环的陆面模拟

流域内蒸发量随植被覆盖和土壤的不同而变化,可通过水文响应单元(HRU)的划分来反映这种变化。每个 HRU 都单独计算径流量,然后演算得到流域总径流量。在实际的计算中,一般要考虑气候、水文和植被覆盖这三个方面的因素。

①气候因素

流域气候(特别是湿度和能量的输入)控制着水量平衡,并决定了水循环中不同要素的相对重要性。SWAT 所需要输入的气候因素变量包括:日降水量、最高最低气温、太阳辐射、风速和相对湿度。这些变量可直接输入实测数据,也可通过 SWAT 模型提供的"天气发生器"(weather generator)自动生成。SWAT 模型通过利用日平均气温资料(通常以 0℃ 为界线)来判断降雨是以液态(降水)还是固态(降雪)形成。这里具体考虑到地面积雪覆盖程度、积雪融化状况及流域的海拔高度。

②水文因素

降水可被植被截留或直接降落到地面。降到地面上的水一部分下渗到土壤,一部分形成地表径流。地表径流快速汇入河道,对短期河流响应起到很大贡献。下渗到土壤中的水可保持在土壤中被后期蒸发掉,或者经由地下路径缓慢流入地表水系。

冠层蓄水:SWAT 有两种计算地表径流的方法。当采用 Green&Ampt 方法时需要单独计算冠层截留。计算主要输入为:冠层最大蓄水量和时段叶面积指数(LAI)。当计算蒸发时,冠层水首先蒸发。

下渗:计算下渗考虑两个主要参数:初始下渗率(依赖于土壤湿度和供水条件)、最终下渗率(等于土壤饱和水力传导率)。当用 SCS 曲线法计算地表径流时,由于计算时间步长为日,不能直接模拟下渗。下渗量的计算基于水量平衡。Green&Ampt 模型可以直接模拟下渗,但需要时次降雨数据。

重新分配:是指降水或灌溉停止时水在土壤剖面中的持续运动,是由土壤水不均匀引起的。SWAT 中重新分配过程采用存储演算技术预测根系区每个土层中的水流。当一个土层中的蓄水量超过田间持水量,而下土层处于非饱和态时,便产生渗漏。渗漏的速率由土层饱和水力传导率控制。土壤水重新分配受土温的影响,当温度低于零度时该土层中的水停止运动。

蒸散发:蒸散发包括水面蒸发、裸地蒸发和植被蒸腾。土壤水蒸发和植物蒸腾被分开模拟。潜在土壤水蒸发由潜在蒸散发和叶面积指数估算。实际土壤水蒸发用土壤厚度和含水量的指数关系式计算。植物蒸腾由潜在蒸散发和叶面积指数的线性关系式计算。潜在蒸散发有三种计算方法:Hargreaves 方法(Hargreaves 等,1985)、Priestley-Taylor 方法(Priestley 和 Taylor,1972)和 Penman-Monteith 方法(Monteith,1965)。

壤中流:壤中流的计算与重新分配同时进行,用动态存储模型预测。该模型考虑到水力传导度、坡度和土壤含水量的时空变化。

地表径流:SWAT 模拟每个水文响应单元的地表径流量和洪峰流量。地表径流量的计算可用 SCS 曲线方法或 Green&Ampt 方法计算。SWAT 还考虑到冻土上地表径流量的计算。洪峰流量的计算采用推理模型,它是子流域汇流期间的降水量、地表径流量和子流域汇流时间的函数。

池塘:池塘是子流域内截获地表径流的蓄水结构。池塘被假定远离主河道,不接受上游子流域的来水。池塘蓄水量是池塘蓄水容量、日入流和出流、渗流和蒸发的函数。

支流河道:SWAT 在一个子流域内定义了两种类型的河道:主河道和支流河道。支流河道不接受地下水。SWAT 根据支流河道的特性计算子流域汇流时间。

输移损失:这种类型的损失发生在短期或间歇性河流地区(如干旱半干旱地区),该地区只在特定时期有地下水补给或全年根本无地下水补给。当支流河道中输移损失发生时,需要调整地表径流量和洪峰流量。

地下径流:SWAT 将地下水分为两层:浅层地下水和深层地下水。浅层地下径流汇入流域内河流;深层地下径流汇入流域外河流。

③植被因素

SWAT 利用一个单一的植物生长模型模拟所有类型的植被覆盖。植物生长模型能区分一年生植物和多年生植物。被用来判定根系区水和营养物的移动、蒸腾和生物量或产量。

2)水循环的水面过程(即河道汇流部分)

主要考虑水、沙、营养物(N,P)和杀虫剂在河网中的输移,包括主河道及水库的汇流计算。主河道的演算分为四个部分:水、泥沙、营养物和有机化学物质。其中,进行洪水演算时若水流向下游,其一部分被蒸发和通过河床流失,另一部分被人类取用。补充的来源为直接降雨或点源输入。河道水流演算多采用变动存储系数模型或 Muskingum 方法。

水库水量平衡包括:入流、出流、降雨、蒸发和渗流。在计算水库出流时,SWAT 提供三种估算出流量的方法以供选择:①需要输入实测出流数据;②对于小的无观测值的水库,需要规定一个出流量;③对于大水库,需要一个月调控目标。

SWAT 具体计算涉及:地表径流、土壤水、地下水及河道汇流,模型的结构框架如图 4.8 所示。SWAT 采用类似于 HYMO 模型(Williams 和 Hann,1972)的命令结构来控制径流和化学物质的演算。通过子流域命令,进行分布式产流计算;通过汇流演算命令,模拟河网与水库的汇流过程;通过叠加命令,把实测的数据和点源数据输入到模型中同模拟值进行比较;通过输入命令,接受其他模型的输出值;通过转移命令,把某河段(或水库)的水转移到其他的河段(或水库)中,也可直接用作农业灌溉。

①SWAT 的土壤水量平衡方程

$$SW_t = SW_0 + \sum_{i=1}^{t} (R_d - Q_{surf} - E_a - W_{seep} - Q_{gw}) \qquad (4.4.1)$$

式中:SW_t 为土壤最终含水量,SW_0 土壤初始含水量,t 为时间步长(日),R_d 第 i 天降雨量,Q_{surf} 为第 i 天地表径流量,E_a 为第 i 天蒸发量,W_{seep} 第 i 天土壤剖面层的渗透量和侧流量,Q_{gw} 第 i 天地下水含量。

②模型地表径流的计算

SWAT 提供两种方法计算地表径流:SCS(Soil Conservation Service,1972)曲线方法及 Green 和 Ampt(1911)渗透方法。本书采用的是前一种方法。SCS 曲线方程是在 20 世纪 50 年代以后逐渐得到广泛应用的。该模型是对全美小流域降水与径流关系 20 多年的研究成果,可以对不同的土地利用类型和土壤类型进行径流量连续逐日模拟(Rallison,1981),表达式如下:

$$Q_{surf} = \frac{(R_d - I_a)^2}{(R_d - I_a + S)} \qquad (4.4.2)$$

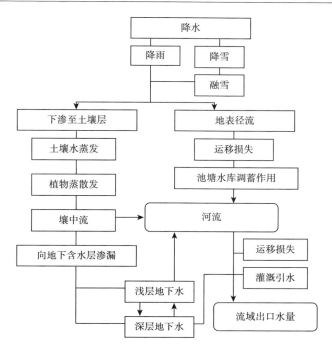

图 4.8　SWAT 模型结构示意

式中：Q_{surf} 为逐日径流累计量（mm）；R_d 为日降雨量（mm）；I_a 为初始吸收量（mm），包括雨量在产流前的地表存储、拦截和下渗；S 为迟滞系数，它是土壤类型、土地利用类型、坡度的函数，在时间上与土壤含水量有关，具有空间分布的特点。S 可以根据下面公式求得：

$$S = 2.54\left[\frac{1000}{CN} - 10\right] \tag{4.4.3}$$

式中：CN 为曲线数，通常情况下，$I_a = 0.2S$，故 SCS 曲线方程可以简化为：

$$Q_{surf} = \frac{(R_d - 0.2S)^2}{(R_d + 0.8S)} \tag{4.4.4}$$

SCS 曲线数是土壤渗透性、土地利用类型和土壤前期含水量的函数。

③蒸散发的计算

蒸散发包括水面蒸发、裸地蒸发和植被蒸腾。土壤水蒸发和植物蒸腾被分开模拟。潜在土壤水蒸发由潜在蒸散发和叶面积指数估算。实际土壤水蒸发用土壤厚度和含水量的指数关系式计算。植物蒸腾由潜在蒸散发和叶面积指数的线性关系式计算。如前所述潜在蒸散发有三种计算方法，本书采用第三种方法。计算公式如下：

$$\lambda E = \frac{\Delta \cdot (H_{net} - G) + \rho_{air} c_p \left[e_z^0 - e_z\right]/r_a}{\Delta + \gamma \cdot (1 + r_c/r_a)} \tag{4.4.5}$$

式中：λE 是潜热通量密度（MJ/m^2 · d），E 为以深度表示的蒸发（mm/d），Δ 是饱和水汽压—温度曲线的斜率 $\mathrm{d}e/\mathrm{d}T$（kPa/℃），H_{net} 为净辐射（MJ/m^2 · d），G 是地表热通量密度（MJ/m^2 · d），ρ_{air} 是空气密度（kg/m^3），c_p 是标准大气压下的空气比热容（MJ/kg · ℃），e_z^0 是高度 Z 的空气饱和水汽压（kPa），e_z 是高度 Z 的空气水汽压（kPa），γ 是 Psychronmetric 湿度常数（kPa/℃），r_c 为植被冠层阻抗（s/m），r_a 为空气动力阻抗（s/m）。

④地下水的计算

a. 浅层地下水水量平衡

$$aq_{sh,i} = aq_{sh,i-1} + W_{rchrg} - Q_{gw} - W_{revap} - W_{deep} - W_{pump,sh} \qquad (4.4.6)$$

式中:$aq_{sh,i}$ 为第 i 天在浅蓄水层中的储水量(mm),$aq_{sh,i-1}$ 为第 $i-1$ 天浅蓄水层中的储水量(mm),W_{rchrg} 为第 i 天进入浅蓄水层的水量(mm),Q_{gw} 为第 i 天进入河道的基流,W_{revap} 为第 i 天由于土壤缺水而进入土壤带的水量(mm),W_{deep} 为第 i 天由浅蓄水层进入深蓄水层的水量(mm),$W_{pump,sh}$ 为第 i 天浅蓄水层中被上层吸收的水量(mm)。其中,地下径流(基流)Q_{gw} 的计算为:

$$Q_{gw} = \frac{8000 \cdot K_{sat}}{L_{gw}^2} h_{wtbl} \qquad (4.4.7)$$

式中:Q_{gw} 为第 i 天进入河道的基流(mm),K_{sat} 为浅蓄水层的饱和水力传导率(mm/d),L_{gw} 为地下水子流域到河道的距离(m),h_{wtbl} 为水尺高度(m)。

b. 深层地下水水量平衡

$$aq_{ap,i} = aq_{ap,i-1} + W_{deep} - W_{pump,dp} \qquad (4.4.8)$$

式中:$aq_{ap,i}$ 为第 i 天在深蓄水层中的储水量(mm),$aq_{ap,i-1}$ 为第 $i-1$ 天深蓄水层的储水量(mm),W_{deep} 为第 i 天由浅蓄水层进入深蓄水层的水量(mm),$W_{pump,dp}$ 为第 i 天深蓄水层被上层吸收的水量(mm)。

⑤河道汇流计算

SWAT 模型提供了两种方法计算河道汇流,即变动存储系数法和马斯京根(Maskingum)方程。

a. 变动存储模型

$$Q_{out,2} = SC \times Q_{in,ave} + (1 - SC) \times Q_{out,1} \qquad (4.4.9)$$

式中:$Q_{out,1}$ 为某时段初的出流量($\mathrm{m^3/s}$),$Q_{out,2}$ 为时段末的出流量($\mathrm{m^3/s}$),$Q_{in,ave}$ 为平均入流量($\mathrm{m^3/s}$),SC 为存储系数。

b. 马斯京根方程

$$Q_{out,2} = C_1 \times Q_{in,2} + C_2 \times Q_{in,1} + C_3 \times Q_{out,1} \qquad (4.4.10)$$

式中:$Q_{out,1}$ 为某时段初的出流量($\mathrm{m^3/s}$);$Q_{out,2}$ 为时段末的出流量($\mathrm{m^3/s}$);$Q_{in,1}$ 为时段初入流量($\mathrm{m^3/s}$);$Q_{in,2}$ 为时段末入流量($\mathrm{m^3/s}$);C_1,C_2,C_3 为权重系数,且 $C_1 + C_2 + C_3 = 1$。

⑥对积雪的处理

SWAT 根据平均气温把降水分为雨或雪。界线温度 T_{s-r} 通常由用户决定。如果日平均气温低于界限温度的话,HRU 中的降水就属于降雪过程,降雪的水当量就被加到积雪中。

降雪以雪斑的形式被储存在地表。雪斑的水含量根据雪的水当量计算。再有降雪时,雪斑将会增加,并且雪融化或者升华时,积雪量就会减少,其物质守恒方程为:

$$SNO = SNO + R_{day} - E_{sub} - SNO_{mlt} \qquad (4.4.11)$$

式中:SNO 为某日积雪中的水含量($\mathrm{mmH_2O}$),R_{day} 为某日的降雪量($\mathrm{mmH_2O}$),E_{sub} 为某日雪的升华量,SNO_{mlt} 是某日雪融量。积雪中的水当量在 HRU 面积上用深度来表示。HRU 上雪的覆盖面积根据面积损耗曲线来计算,该曲线把雪盖的周期性消长看作是 HRU 雪含量的函数(Anderson,1976)。

SWAT 用一个线性函数计算融雪过程:

$$SNO_{mlt} = b_{mlt} \cdot sno_{cov} \cdot \left[\frac{T_{snow} + T_{mx}}{2} - T_{mlt} \right] \qquad (4.4.12)$$

式中：SNO_{mlt} 是某日融雪量（mmH_2O）；b_{mlt} 是融雪因子（$mmH_2O/d \cdot ℃$）；sno_{cov} 是 HRU 上雪覆盖的面积比；T_{snow} 是某日积雪温度；T_{mx} 某日最高气温；T_{mlt} 是融雪阈值，由用户输入；SWAT 允许融雪因子在冬季和夏季有最大、最小值。

　　流域内部的地理要素和地理过程在空间分布上是非均匀的，在时间上是不断变化的，因此自然流域具有复杂性。分布式水文建模就是为了描述和体现这种时空分布的变异性。所谓的分布式建模就是将整个流域离散成较小的空间地域单元，并假定在每一个空间单元内部各要素是均一的，模型在每个小单元中运行，并通过不同方式建立单元之间的相互关系，以此实现对地理过程的描述和模拟。

　　目前，基于 DEM 的分布式水文模型离散化的方案主要有 3 种（刘昌明，2004）：子流域（sub-watershed）离散化、典型坡面（representative hillslope）离散化和规则格网（grid cell）离散化。这 3 种方法各有优缺点，SWAT 模型采用的是子流域离散化的方法，其优点在于离散化后的流域可以保留流域的自然河道和流径。本书离散化的思路是：流域—子流域—水文响应单元。

　　SWAT 模型对子流域的划分是基于地形因素，子流域之间以分水岭上的分水线确定边界，每个子流域内部具有相应的支流河道，各支流河道通过主河道将所有子流域连成一个统一的整体。所以在形成的子流域中，至少必须定义一个水文响应单元（HRU）、一个支流河道和主河道，而水库和池塘是可选的。一般在子流域内部气候特征被认为是均一的，若地形起伏较大，为了保证模拟的真实性，可以通过设置高程带的方法，来反映子流域内部气候特征随高度的变化。

　　对于面积较大的复杂流域，在划分出来的子流域的内部，仍然分布着多种土壤类型和土地利用方式，为了反映它们对水文过程影响的差异性，在子流域内部可以进一步划分水文响应单元。所谓的水文响应单元的含义是在其内部具有均一气候特征、土地利用、土壤属性的地域单元。SWAT 划分水文响应单元的时候，进行了一定程度的简化，采用了不确定空间位置的划分方法，从统计意义上将子流域划分为单一的地面覆盖、土壤类型的具有水文学意义的研究单元，空间位置不同但具有相同土地利用和土壤类型的地块可以成为一个水文响应单元，即同一水文响应单元的多个地块可以是连通的，也可以是不连通的。这样的处理既可以反映不同的要素组合之间的水文差异，提高模拟精度，也解决了面积较小的土壤类型和土地利用地块在应用阈值消除后的归属问题。

　　基于 DEM 的河网自动提取技术是流域水文过程模拟的重要一环。由于 DEM 中存在着凹地和平坦地区，在利用 DEM 提取流域的水系和确定水流方向的时候会导致难以确定地表水流方向，造成河网水系提取失真，因此对原始的 DEM 都要进行适当处理，消除掉其中的凹地和平坦区。

　　AVSWAT2000 是通过流域描述模块来进行子流域划分的。它采用了 DEM 平滑法来处理凹地问题，水流方向的确定采用了 D8 算法（Jensen，1991）。在提取流域水系的时候采用的是"Burn-in"算法（William，1996），这实际上是把数字化的真实河网"刻写"在 DEM 上，使得提取的 DEM 河网尽可能与真实河网保持一致。这里数字化的真实河网是指由国家基础地理信息中心提供的 1：25 万数字河网。这样就保证了下一步工作中地形和河道参数提取的精度。

　　黄河源区为自然流域,人类对河道的改变很小,且地形起伏较大,因此应用 SWAT 模型提取河网能取得较好效果。对于给定精度的 DEM,生成河网的详细程度可以通过给定河道上游集水区面积的阈值来控制。经过反复试验得出结论,当集水区面积的阈值为 10000 hm² 时,生成的 DEM 河网(图 4.9)与实际河网(以二级河网为主)最为接近;根据 SWAT 模型特点,流域离散化过程中要尽量多划分子流域,而在子流域内部尽可能较少地进一步划分水文响应单元,目的就是为了使子流域下垫面的属性尽可能保持一致,以便于下一步子流域内各种气象水文过程的精确计算。在子流域划分过程中,手工地删除了一些不太合理的河道交汇点,使子流域的划分更符合实际,消除了面积较小不具有代表性的子流域对模拟结果的不利影响。子流域空间分布如图 4.10 和表 4.8 所示,在黄河源区共形成 29 个子流域和 1 个出水口。

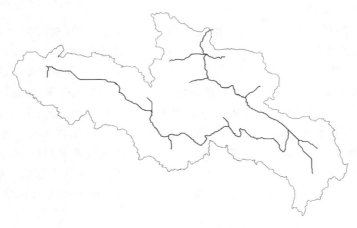

图 4.9　生成的黄河源区河网分布

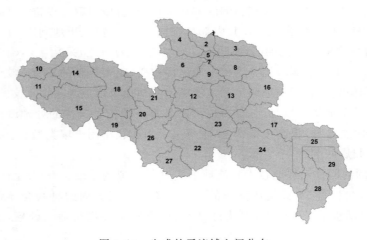

图 4.10　生成的子流域空间分布

表 4.8　黄河源区子流域划分情况

子流域	面积 (km²)	面积比 (%)	河道长度 (km)	坡度 (%)	中心高程 (m)	子流域	面积 (km²)	面积比 (%)	河道长度 (km)	坡度 (%)	中心高程 (m)
1	45	0.04	5.42	2.56	3200	16	4445	3.56	16.46	6.39	3600
2	1457	1.17	17.96	16.74	3880	17	7244	5.80	23.43	14.17	4234

续表

子流域	面积 (km²)	面积比 (%)	河道长度 (km)	坡度 (%)	中心高程 (m)	子流域	面积 (km²)	面积比 (%)	河道长度 (km)	坡度 (%)	中心高程 (m)
3	2839	2.27	23.25	8.38	3243	18	7062	5.65	18.27	4.13	4300
4	4003	3.20	27.09	16.84	3900	19	3178	2.54	14.65	4.49	4584
5	444	0.36	18.59	17.79	2925	20	1780	1.42	8.78	4.12	4300
6	5886	4.71	28.27	23.44	3974	21	4517	3.61	14.63	7.19	4310
7	3	0.00	1.34	2.10	2800	22	9000	7.20	24.99	16.55	4393
8	4366	3.49	22.77	8.72	3600	23	3432	2.75	19.09	20.44	4393
9	1838	1.47	20.49	26.63	3155	24	12201	9.76	31.45	18.42	3802
10	2797	2.24	9.71	4.82	4394	25	3265	2.61	13.95	3.17	3500
11	3161	2.53	13.67	3.94	4600	26	5683	4.55	19.76	12.15	4300
12	5577	4.46	27.30	30.58	4089	27	2985	2.39	14.47	14.95	4300
13	4666	3.73	20.30	28.31	3957	28	5747	4.60	25.47	11.18	3650
14	4293	3.43	17.08	3.31	4563	29	4711	3.77	17.89	5.69	3500
15	8377	6.70	20.67	4.80	4548						

当输入流域的土地利用和土壤数据以后,就可以进行 SWAT 模型的水文响应单元的划分工作了。HRU 的划分有两种选择:一是每个子流域就是一个 HRU;二是每个子流域划分多个 HRU。如果选择一个流域单个 HRU,则 HRU 由子流域内部主要的土地利用和土壤类型来决定,显然该方法不能模拟不同土地利用和土壤组合间的水文差异,因此本书选择第二种方法。第二种方法可以设定土地利用和土壤类型的阈值,来分别消除子流域内部较小比重的土地利用类型和特定土地利用类型中包含的较小面积比重的土壤类型,以便提高模型的运行效率。

根据 SWAT 模型确定水文响应单元的原则(Neitsch 等,2002),在本书中,土地利用面积阈值确定为 20%,土壤类型的面积阈值确定为 10%。据此黄河源区划分为 29 个子流域和 63 个水文响应单元。

3)气象数据的处理

SWAT 模型的气象数据的运算是在子流域尺度上进行的,模型的空间插值方式采用邻近站点的原则,将距离子流域中心最近站点的气象数据直接作为该子流域面上的气象数据,从而实现单站点气象数据的空间离散。这种插值方法存在很大局限性,从而对水文模拟产生较大影响(Arnold 等,1999)。特别是黄河源区地形起伏较大,流域及其附近仅有 7 个站点,且分布不均匀,精确插值更为重要。为了满足分布式水文模型对气象数据精度的要求,必须对气象数据进行预处理。

①插值方法

为了适应不同气候环境条件下气象参数的空间离散化,提高 SWAT 模型的实用性,采用了新的插值方法,即带有高度校正的反距离平方插值法(GIDW,Gradient plus Inverse Distance Weighting)(庄立伟等,2003)。该方法的优点在于充分考虑了气象要素的经纬度位置和海拔高度的影响,很适合黄河源区的气候特点。表达式为:

$$Z = \sum_{i=1}^{n}(Z_i - W_i) \Big/ \sum_{i=1}^{n} W_i + \Big[e - \sum_{i=1}^{n}(e_i - W_i) \Big/ \sum_{i=1}^{n} W_i \Big] G \qquad (4.4.13)$$

式中:Z 为待估格点气象要素;Z_i 为气象要素在第 i 个站点的实测值;e 为海拔高度;G 为气象要素随海拔高度而变化的梯度;W_i 为第 i 个站点的权重系数,根据数据分布点的方向来确定,

令第 i 个站点的坐标和插值目标格点的坐标分别为 (x_i, y_i) 和 (x, y)，则有：

$$d_{i,x} = x - x_i, d_{i,y} = y - y_i, d_i^2 = d_{i,x}^2 + d_{i,y}^2 \tag{4.4.14}$$

$$w_{i,x} = d_{i,x}/d_i^2, w_{i,y} = d_{i,y}/d_i^2 \tag{4.4.15}$$

$$s = \sum_{i=1}^n d_i^2, s_x = \sum_{i=1}^n w_{i,x}, s_y = \sum_{i=1}^n w_{i,y} \tag{4.4.16}$$

式中：$w_{i,x}$ 和 $w_{i,y}$ 分别为经向和纬向权重系数，d_i 为第 i 个站点到插值格点的距离。

首先计算出流域逐日气象参数随高度的变化，然后利用子流域矢量图层得到每个子流域的中心高程和经纬度，再根据上述公式计算出每个子流域的气象参数。

②降水概率的计算

降水控制着流域的水文循环，精确地模拟降水的时间和空间分布及降水量是模型模拟是否成功的关键。由于降水具有时空上的不连续性，因此降水插值过程中会引入虚值。为了解决这一问题，本书利用降水概率来推求插值格点上的降水。令 p_i 为各邻近观测点的降水情况，则分别以 $(0,1)$ 代表该站当天无降水和有降水的情况，并以下列公式说明：

$$\widetilde{p} = \sum_{i=1}^n (p_i - w_i) \Big/ \sum_{i=1}^n w_i \tag{4.4.17}$$

式中：w_i 为邻近站点的降水概率权重，$w_i = 1/d_i^2$；d_i 为邻近站到插值格点的距离；若 $\widetilde{p} \geqslant 0.5$ 则目标格点有降水，若 $\widetilde{p} < 0.5$ 则表示无降水出现。

③检验评估

对于不同空间插值方法的估计值效果的检验，采用交叉验证法来验证其插值的效果。即分别假设每一站点的气象要素值未知，用周围站点的值来估算，然后根据所有站点实际观测值与估算值的误差大小评判插值方法的优劣。本书采用平均绝对误差（MAE）和均方根误差（RMSE）作为评估插值效果的标准。前者反映样本数据估值的总体误差或精度水平，后者反映利用样本数据的估值灵敏度和极值。

由于 SWAT 中气象要素的计算是在子流域水平上进行的，这样经过插值处理的气象数据就完全可以满足分布式水文模型对数据精度的要求了。

当模型的结构和输入参数初步确定后，就需要对模型进行校准（calibration）和验证（validation）。模型的调试是模拟的重要环节，是建立黄河源区水文模拟模型必不可少的过程。通过 AVSWAT2000 所提供的视窗界面可以很方便地对模型参数进行调试。该视窗界面提供了十几个涉及水文过程的可调参数，并且规定了每个参数调试的上限和下限，通过百分比或者改变具体微小值的方法调整参数的大小。不过由于模型涉及参数比较多，不同参数的组合对水文过程的影响又不太确定，给参数调试带来了困难。因此需要多次反复调整参数组合，才能得到较为理想的模拟结果。模型选用相关系数 R 和 Nash-Suttclife 模拟系数 Ens 来衡量模型模拟值与观测值之间的拟合度（Nash，1970）。其表达式为：

$$Ens = 1 - \frac{\sum\limits_{i=1}^n (Q_0 - Q_p)^2}{\sum\limits_{i=1}^n (Q_0 - Q_{avg})^2} \tag{4.4.18}$$

式中：Q_0 为实测值，Q_p 为模拟值，Q_{avg} 为实测平均值，n 为实测数据个数。Ens 的值可以在 $0 \sim 1$ 之间变动，1 表示模拟值与实际值完全一致，0 表示模拟效果与采用实测值的平均值代替的模拟效果是一样的，模拟值与实测的平均值没有差异，若 Ens 为负值，模拟结果无效。

　　本书选用 1986—1995 年唐乃亥水文站的径流数据进行逐年和逐月水量平衡校正,相应土地利用数据为 20 世纪 90 年代中期;采用模型校准过程中所得到的参数,应用 1996—2005 年的径流数据进行模型验证,验证期使用 2000 年的土地利用数据。

　　首先进行年均径流量的校正,主要调整 CN2 值,目的是调整流域的水量平衡,直至年均径流量误差小于 10% 为止;然后对逐月数据进行精校正,主要校正径流曲线的峰谷、位相和枯水期径流,在校正过程中发现土壤饱和含水量、蒸发补偿因子最为敏感;由于 SWAT 模拟基流偏低,通过降低基流产生阈值以有利于产生基流。其他对径流量影响不大的参数采用系统默认值。反复上述过程,直至得到结果可以接受为止;径流的模拟值与实测值的拟合很好,$R=0.96$,$Ens=0.89$。SWAT 模型所调整的敏感参数及其最终调整结果如表 4.9 所示。

表 4.9　SWAT 模型校准的主要参数值

变量	模拟过程	参数说明	参数范围	校正参数
CN2	地表径流	径流曲线数	$+/-8$	6.9
GW_REVAP	基流	地下水蒸发系数	0.02~0.20	0.17
GWQMN	基流	基流产生阈值	0~500	220
ESCO	径流	土壤蒸发补偿系数	0.00~1.00	0.12
SOL_AWC	径流	土壤有效含水量	0~1	0.12

　　采用模型校准过程中所得到的参数,应用 1996—2005 年的径流数据进行模型验证(表 4.10)。可以看出(图 4.11,图 4.12),1996—2005 年径流量的模拟较为准确,$R>0.90$,$Ens>0.80$;逐月径流的模拟精度也比较高,$R>0.80$,$Ens>0.70$。由于模型的率定和验证分别采用了相应时段的气候和土地利用资料,说明模型运行比较稳定,能够较为真实地模拟流域的水文过程。SWAT 模型对枯水期的径流模拟精度普遍偏低,误差比较大。原因可能有:SWAT 对土壤含水层的处理比较简单,而实际上其分布是非常复杂的;模拟时没有考虑到枯水期的水量调节问题;由于缺乏实测基流资料,无法精确校准基流。

表 4.10　黄河源区模拟系数 Ens 值和相关系数 R

项目	R	Ens
年径流	0.93	0.87
月径流	0.89	0.77

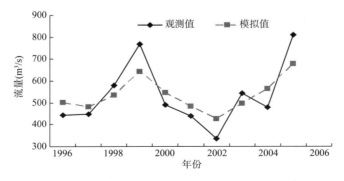

图 4.11　1996—2005 年唐乃亥站逐年径流量模拟值与实测值

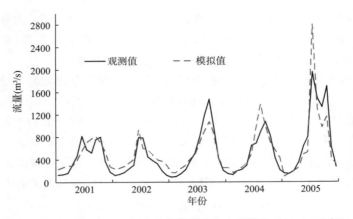

图 4.12　唐乃亥站逐月径流量的模拟值与实测值(2001—2005 年)

4.4.4　径流变化敏感性分析

利用构建好的流域水文模型,在分析黄河源区 20 世纪 90 年代以来人类活动和气候变化的趋势下,设计不同的土地利用变化和气候波动情景,模拟出相应的径流量变化,以探讨黄河河源区水文过程对人类活动和气候波动影响的敏感性,为黄河源区生态保护和水资源合理开发利用提供科学依据。

唐乃亥站实测年径流量均值为 198.9 亿 m^3,变差系数 Cv 值为 0.27。从图 4.13 可以看出,20 世纪 90 年代以来实测径流量明显下降,1990—1999 年和 2000—2006 年,年均减少幅度分别为 11.1% 和 19.8%,汛期相应减少 16.8% 和 20.9%。实测径流量的 60% 主要发生在每年的 7—10 月。

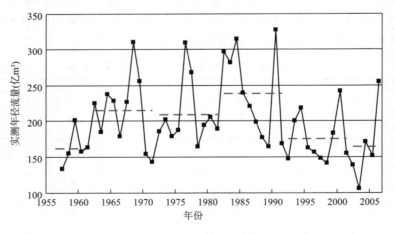

图 4.13　黄河源区唐乃亥站实测年径流变化

由于黄河源区气候条件恶劣,位置偏远,对黄河源区产流规律研究比较少,对 20 世纪 90 年代以来径流变化原因尚不清楚。影响径流变化的因子很多,在黄河源区,气候变化控制着流域总体的水热平衡,而土地利用/覆被的变化则会改变流域水文循环的方式和过程,明确两大因素对径流变化贡献的大小对于下一步研究具有重要意义,本节利用不同时期的气候和土地利用类型组合,采用敏感性试验的方法来分析 20 世纪 90 年代以来黄河源区径流变化的主要影响因子。

应用率定好的 SWAT 模型,采用敏感性试验的方法分析 20 世纪 90 年代以来气候变化和土地利用变化对径流的影响。试验中的气候和土地利用数据组合方案如表 4.11 所示。

表 4.11　敏感性试验中气候与土地利用数据组合方案

方案	组合方式
1	1991—1997 年气候与 1995 年的土地利用数据
2	1991—1997 年气候与 2000 年的土地利用数据
3	1998—2004 年气候与 1995 年的土地利用数据
4	1998—2004 年气候与 2000 年的土地利用数据

模拟结果表明(表 4.12),20 世纪 90 年代以来,模拟的流量大约减少了 10.55 m^3/s,径流变化中近 70% 以上是由气候因素造成的,而土地利用所造成的流量变化占近 30%。尽管从 20 世纪 90 年代中期开始黄河源区人类活动加剧,土地利用方式发生了一些变化,气候仍然是主导黄河源区水文过程的主导因素。对流域 20 多年(1980—2004 年)气温和降水变化的趋势分析表明,流域径流变化趋势与降水趋势非常一致,与气温变化趋势相反(图 4.14)。周德刚等(2006)分析了黄河源区 1960—2000 年气候变化特点,并对径流在 20 世纪 90 年代后明显减少的原因进行了探讨,认为黄河源区气温在 20 世纪 80 年代中后期明显增加,降水在 90 年代偏少,气候向暖干方向发展,但蒸发变化不大。径流减少的直接原因是降水的减少,在 90 年代后降水强度的减弱也可能是径流减少的重要原因。

因此,20 世纪 80—90 年代气候变化是黄河源区径流变化的主要影响因素。预测黄河源区径流变化必须重点考虑未来气候的波动情况。

表 4.12　不同气候和土地利用数据组合方案的模拟结果

组合方案	模拟流量(m^3/s)	变化量(m^3/s)	模拟变化百分比
方案 1	180.48	0	0
方案 2	177.63	−2.85	27.01%
方案 3	173.45	−7.03	66.64%
方案 4	169.93	−10.55	100%
误差	—	0.67	−6.35%

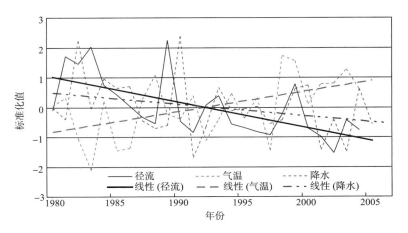

图 4.14　20 世纪 80 年代以来流域气温、降水与径流变化(直线为线性趋势)

未来气候变暖已经是科学家们的共识,而未来降水的变化则具有明显的区域性和不确定性。假定未来气候变化的气温和降水年变化幅度分别为 ΔT 和 ΔP,把 $(T+\Delta T)$ 和 $(1+\Delta P)P$ 的各种组合输入黄河源区水文模拟模型,就可以得到相对于流域实际气温和降水 (T,P) 情况下的输出结果的变化程度。根据黄河源区近 40 年气温和降水的波动情况,选取了 25 种水热组合,例如,$(\Delta T=-2℃,\Delta P=-20\%)$、$(\Delta T=-1℃,\Delta P=20\%)$、$(\Delta T=0℃,\Delta P=-20\%)$、$(\Delta T=0℃,\Delta P=-10\%)$、$(\Delta T=1℃,\Delta P=20\%)$、$(\Delta T=2℃,\Delta P=-20\%)$、$(\Delta T=2℃,\Delta P=-10\%)$、$(\Delta T=2℃,\Delta P=10\%)$、$(\Delta T=2℃,\Delta P=20\%)$,等等。主要考虑径流量对于各种情景下降水与气温变化的敏感性,并且假定输入因子的月际和日分布保持不变。在所有的气候变化组合方案中,均假设人类活动的影响和土地利用状况保持现有水平。研究使用 2000 年的土地利用数据为基础,以 1986—2004 年的气温降水资料为边界条件,模拟得到的径流量变化如表 4.13 所示。

表 4.13 黄河源区不同水热组合下径流量的变化(%)

$\Delta T(℃)$ \ $\Delta P(\%)$	−20%	−10%	0	+10%	+20%
−2	−24.81	−11.97	2.7	15.47	35.42
−1	−25.47	−13.35	1.01	14.1	31.95
0	−26.53	−14.92	0	12.28	26.94
+1	−28.82	−16.25	−1.82	11.52	24.46
+2	−31.19	−17.87	−3.08	10.33	23.15

可以看出,气温、降水,尤其是降水是影响黄河源区径流变化的主要因素。径流随气温的升高而减小,随降水的增多而迅速增加;降水对径流的影响最为显著,在降水不变、气温增加或者减少的情况下,径流变化率相对较小(不超过±5%),在气温不变、降水增加或者减少 10% 的情况下,径流变化范围超过±15%,当降水增加或者减少 20% 的情况下,径流变化范围超过±30%。由此可见,降水是黄河源区径流变化的主要因素。水热组合对产流最有利的情况下,即 $\Delta T=-2℃,\Delta P=20\%$ 情况下,径流增加 35.42%,最不利的情况下($\Delta T=2℃,\Delta P=-20\%$),径流减少 31.19%。

4.4.5 基于统计降尺度技术的水资源变化预估

以往,许多研究将 GCM 的输出结果直接运用于水文模型,评估水资源对未来气候变化的响应,这是不太合适的。因为 GCM 的水平分辨率通常在 $250\sim600$ km,所以通过 GCM 模型对未来气候变化的预测并不能真实反映小尺度区域的气候变化,也不能准确预测水资源的变化情况。

解决全球气候模式(GCMs)和水文模型的尺度转化问题一般有两种方法:一是统计降尺度,它在 GCM 输出变量和局部气候状况之间建立一种经验关系。二是动力降尺度,即在全球气候模式(GCM)中嵌入区域气候模式(RCM)。后者计算代价较大,且网格分辨率也是很有限的,而统计降尺度计算较为简单,且以历史资料为依据,较为可靠,得到了广泛应用。

统计降尺度方法中,应用较多的就是转换函数法。主要有两种类型:一种是线性转换函数,另一种是非线性转换函数。前者如线性回归、主分量分析与线性回归相结合方法等;后者如人工神经网络法、Markov 模型等。统计降尺度方法在流域尺度上的应用非常广泛。Christensen 等(2004)在北美的科罗拉多河流域,利用气候模式和统计降尺度方法,得到该流域区域未来气候变化情景(2010—2039 年、2040—2069 年和 2070—2099 年),并在此基础上驱动分布式水文模型(VIC 模型),预测了未来气候变化情景下该流域径流量的变化。结果表明,流域年平均气温将明显升高,而年径流量将呈减少的趋势。在澳大利亚的墨累达令河流域,Timbal 等(2006)利用对大气环流模式的统计降尺度法和直接模式输出法,建立了流域气候变化的未来情景,评估了气候变化对流域水文—气象事件均值和方差的可能影响,并对两种方法的结果进行了比较。首先对气象场(最高、最低气温和降水场)分别进行经验正交函数展开,分离出空间函数和时间函数,以时间函数即主分量作为预报对象,GCM 输出变量作为预报因子,进行最优回归分析,确定最终的预报因子和回归方程;然后利用 GCM 模拟的未来气候情景中预报因子的变化输入回归方程,就可以得到未来情景下气象场的时间函数;利用预报得到的时间函数乘以空间函数,就可以得到未来气象场的变化特征。该方法是以假定特征向量场(空间函数)不随时间发生变化为前提的,因此特征向量场的稳定性对预报至关重要(黄嘉佑,2000)。关于利用主分量分析对大尺度气象要素进行气候转换的问题,Kim 和 Wilks 曾有过详尽的说明(Kim,1984;Wilks,1989)。

为了获取最好的预报效果,需要对备选的预报因子进行选入和剔除,在对自变量进行筛选过程中,逐步回归很难保证所选预报因子的显著性,因而不能获得一个最优回归方程。而最优子集回归(Optimal Subset Regression,OSR)则可以从备选的预报因子所有可能的子集回归中确定出一个最优回归方程。因此本节选用最优子集回归建立主分量回归方程。

1)基础数据处理

(1)流域气象站点数据

黄河源区 1961—2004 年的逐日数据:最低气温、最高气温、降水。共 7 个气象站的数据,数据来自国家气候中心。按月对逐日气象数据分别进行处理,3 个气象要素(最高、最低气温和降水)12 个月共有 36 个数据序列,序列长度为 $j=$ 月内天数$\times 30$(年),如 7 月份 $j=930$。为了消除降水分布的强偏态性,对降水量进行了立方根化处理。

(2)GCM 输出数据

英国 Hadley Centre 从 1990 年开始发展全球气候模拟系统,其所发展的 HadCM3 HadAM3 海—气耦合模式水平分辨率为纬度 $2.5°\times$经度 $3.75°$,是目前世界领先的气候模拟系统之一。参与 IPCC 第 4 次评估报告的 13 个新一代全球气候系统模式及多模式集合评估结果表明,最新全球模式对中国地区地面气温、降水的年变化及空间分布特征模拟较好,但对温度及降水的年际变率模拟能力较低;模式集合对温度的模拟效果最好,模式 UKMO-HadCM3 对降水的模拟效果最好。

这里,大尺度气象数据选用英国 Hadley Center 的 HadCM3 模式输出结果,包括 A2 和 B2 两种气候情景,序列年限为 1961—2050 年,网格大小为 $2.5°\times 3.75°$。该模式能够较好地模拟中国区域的气候变化。

对黄河源区附近的 9 个格点(图略)分别与流域极端气温和降水进行相关分析,结果表明,中间格点($x=28,y=21$)与流域气温和降水之间的相关性最好,因此选取该格点输出数据为大尺度预报因子。

2)主分量回归方程的建立

预报因子的选择是应用统计降尺度过程中一个非常重要的环节(Winkler 等,1997),因为预报因子的选择很大程度上决定了预报未来气候情景的特征。许多研究指出,在统计降尺度方法中:①尽可能应用物理意义较为明确的预报因子(Zorita 等,1995;Hewitson,1997),叶笃正、蓝永超等(2006)认为,西太平洋副热带高压偏西、偏强、偏北,青藏高原中部地区的西风槽、北半球乌拉尔地区和鄂霍次克海上空的阻塞高压是黄河上游汛期降水偏多、径流偏丰的两个重要因素,因此大气环流是预报因子的首选;②尽量选择与预报对象相关性好的因子,例如,在多层纬向风分量中,500 hPa 与预报对象相关性最好,成为首选;③各预报因子之间要相互独立或者只存在弱相关。预报因子之间的复共线性容易使回归方程正规方程组出现严重病态,导致回归方程不稳定,因此须剔除相关性高的预报因子,其原则是剔除与预报对象相关性相对差的因子。在 EOF 分解的基础上,对主分量与大尺度预报因子之间进行最优回归分析,从而建立降尺度统计模式。由于气温和降水在时空分布上具有不同特征,因此回归方程建立过程是不同的。

(1)极端气温主分量的回归方程

由于气温在其空间和时间上的连续性,与大尺度变化过程较为一致,因此气温是相对比较容易预报的。对多数月份而言,前三个气温主分量就占了总方差的 95% 以上,因此,通过对前几个高方差主分量的最优回归分析,就可以建立起气温预报的统计模式。例如,7 月份最高气温第一主分量占方差贡献的 98% 以上,最低气温前三个主分量也占方差总贡献的 92% 以上,因此用 4 个回归方程完全可以预报未来区域气温主分量的变化。

(2)降水主分量的回归方程

由于降水在时空分布上具有随机性和不连续性的特点,因此降水的降尺度预报要比气温复杂一些,然而降水对于陆地水文过程来说又是极其重要的。降水量场经验正交函数收敛比较慢,这是由于降水既受大尺度气候特征控制,又具有局地随机性特征,导致降水的时间演变特征较为复杂。高方差的主分量是受大尺度天气过程控制的,因而可以通过与大尺度变量之间的回归而预报出来;低方差的主分量则由于随机性强而很难通过大尺度变量进行回归预报,因此对降水主分量按方差贡献的大小分别处理。高方差的降水主分量通过与大尺度变量进行回归建立统计关系;而低方差的主分量则通过建立一阶自回归模型来预报。多次试验表明,当预报到第 4 或者第 5 个主分量的时候,复相关系数已不再显著,这些低方差的主分量就只有通过拟合一阶自回归过程来进行预报。

(3)方差放大处理

计算过程中发现,回归产生的主分量相对实际主分量相比方差偏低。这是线性回归气候尺度转换过程中经常遇到的问题(Von Storch,1999)。然而在水文过程的模拟中,方差变化对水热平衡有重要影响,因此需要进行方差放大处理。假设实际序列为 Y,回归估计序列为 $\hat{y}$,则有:

$$Y = \hat{y} + \varepsilon \tag{4.4.19}$$

式中:ε 为随机噪声,均值为 0,方差为实际序列与回归序列之间的方差之差。

3)统计模式的检验

统计模式建立之后需要进行有效性验证。本书利用 1991—2004 年观测值进行验证,检验的要素包括:日最高气温方差(DTMXS)、日最低气温方差(DTMNS)、月最高气温方差(MTMXS)、月最低气温方差(MTMNS)、日最高气温均值(DTMXA)、日最低气温均值(DT-MNA)、月最高气温均值(MTMXA)、月最低气温均值(MTMNA),日降水方差(DPCPS)、月降水方差(MPCPS)、日平均降水量(DPCPA)、月平均降水量(MPCPA)、月平均雨日数(MPCPD)、最大日降水量(MAXDP)、湿日平均游程(WETDL)。分别计算了 12 个月各站点的观测值和模拟值之间的均方根误差 RMSE（表 4.14，表 4.15）。

　　气温的模拟效果比较好，其各统计要素的模拟效果差别不大。其中，月气温模拟效果优于日气温模拟效果，模拟均值的效果略高于模拟方差的效果。此外，夏、冬两个季节气温模拟效果明显好于春秋季节，这可能是春秋季节环流交替频繁，冷暖变化较大，气温模拟比较困难。而降水模拟误差明显大于气温。最大日降水量模拟效果最差，表现为模拟值远高于观测降水。湿日游程长度模拟效果也不是太好；降水的均值模拟效果还比较好，无论是月均值还是日均值。

表 4.14　气温的统计检验

项目	1 月	2 月	3 月	4 月	5 月	6 月	7 月	8 月	9 月	10 月	11 月	12 月
DTMXS	0.68	0.32	0.98	4.52	1.23	1.02	0.72	0.52	2.97	0.12	2.45	3.12
MTMXS	1.42	1.21	1.68	1.65	2.45	0.75	0.77	1.57	1.56	0.54	2.42	1.35
DTMXA	1.12	2.48	1.63	0.56	3.79	3.28	1.05	0.98	2.31	1.24	0.78	1.24
MTMXA	1.72	1.32	3.21	1.52	2.54	0.87	2.31	0.86	1.04	2.58	0.38	0.12
DTMNS	0.65	2.01	2.87	1.87	0.76	1.54	0.65	0.75	0.87	0.52	0.15	0.14
MTMNS	1.03	2.65	1.05	0.91	3.65	1.12	3.45	1.69	0.24	0.21	2.01	2.01
DTMNA	0.7	1.91	4.53	0.87	2.45	1.43	2.04	0.45	0.78	1.37	1.25	0.21
MTMNA	1.2	1.75	1.98	0.56	1.76	0.75	0.87	0.58	1.22	1.32	0.27	2.04

表 4.15　降水的统计检验

项目	1 月	2 月	3 月	4 月	5 月	6 月	7 月	8 月	9 月	10 月	11 月	12 月
DPCPS	11.90	11.20	2.60	1.37	8.33	4.35	2.32	3.65	4.36	6.35	7.86	5.63
DPCPA	0.26	1.21	0.68	1.35	2.25	0.23	0.54	0.65	0.57	0.35	3.56	2.31
MAXDP	17.50	11.13	15.50	12.30	4.32	3.54	4.32	11.36	8.67	12.34	12.35	10.98
MPCPS	8.42	5.65	7.20	2.55	2.23	1.98	3.65	2.36	1.69	1.28	1.36	8.65
MPCPA	0.12	1.23	0.51	0.45	1.32	1.28	1.58	0.35	0.35	0.67	1.36	2.10
MPCPD	12.58	8.36	1.23	5.87	1.53	2.65	2.69	5.69	4.13	3.58	10.69	7.89
WETDL	3.45	2.30	7.32	8.54	8.65	4.65	4.51	4.12	7.12	3.60	2.90	5.01

　　为了进一步考察降水模拟的性能，统计了模拟值与观测值的年降水总量（图 4.15），可以看出，年降水量的模拟效果总体比较好，模拟精度远高于日降水和月降水。从模拟效果看，无论是气温还是降水，均值模拟结果和年模拟效果都比较好。

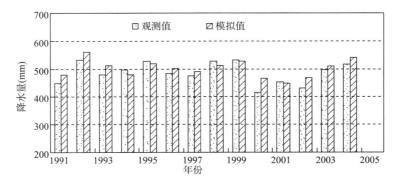

图 4.15　年降水量的观测值和模拟值对比

　　全球平均地面温度自 1861 年以来持续升高,20 世纪增加值为 0.6 ± 0.2℃,且现在已有新的、比较强的证据表明,20 世纪全球变暖主要是由人类活动和自然变化的共同作用造成的。研究气候变暖情景下,流域水资源的变化对区域经济和社会的可持续发展具有重要意义。利用 IPCC 发布的排放情景下未来 50 年(2000—2050 年)的气候变化情景和统计模式就可以得到黄河源区未来 50 年的极端气温和降水的变化。

　　未来气候变化的速率和程度取决于温室气体排放的增长速率。由于未来温室气体的排放水平也是不确定的,本书选择 IPCC 2000 年发布的《排放情景特别报告》(SRES)中设计的 A2、B2 两种情景进行气候变化预估:A2 情景(中高排放情景,全球人口不断增加)和 B2 情景(中低排放情景,全球人口增长较少)。这两种温室气体排放情景涵盖了不同的社会、经济和技术发展水平状况,被广泛应用在评估气候变化的影响及减轻这些影响的可能途径分析中。

　　4)未来情景下气候变化特点

　　把 HadCM3 模式输出的 A2、B2 未来气候情景大尺度预报因子代入回归方程,就可以得到流域气候要素未来主分量 T_f,令 X_f 代表未来气象要素场,则有:

$$X_f = VT_f \tag{4.4.20}$$

　　经过降尺度得到未来 10 年、20 年、30 年黄河源区极端气温和降水变化(表 4.16)及其趋势(图 4.16,图 4.17)。

表 4.16　未来气温和降水预测结果

项目	类别	时段	区域平均	变化幅度
降水	Rain_Ob	1961—1990 年	526.8 mm	0.0 mm
	Rain_B2	2011—2020 年	542.1 mm	15.3 mm
	Rain_B2	2021—2030 年	539.2 mm	12.4 mm
	Rain_B2	2031—2040 年	533.7 mm	6.9 mm
	Rain_A2	2011—2020 年	552.0 mm	25.2 mm
	Rain_A2	2021—2030 年	545.6 mm	18.8 mm
	Rain_A2	2031—2040 年	540.0 mm	13.2 mm
最高气温	Tmax_Ob	1961—1990 年	8.05℃	0.00℃
	Tmax_B2	2011—2020 年	9.43℃	1.38℃
	Tmax_B2	2021—2030 年	9.88℃	1.83℃
	Tmax_B2	2031—2040 年	10.40℃	2.35℃
	Tmax_A2	2011—2020 年	9.68℃	1.63℃
	Tmax_A2	2021—2030 年	10.12℃	2.07℃
	Tmax_A2	2031—2040 年	10.72℃	2.67℃
最低气温	Tmin_Ob	1961—1990 年	−7.01℃	0.00℃
	Tmin_B2	2011—2020 年	−5.38℃	1.63℃
	Tmin_B2	2021—2030 年	−5.00℃	2.01℃
	Tmin_B2	2031—2040 年	−4.65℃	2.36℃
	Tmin_A2	2011—2020 年	−5.43℃	1.58℃
	Tmin_A2	2021—2030 年	−4.89℃	2.12℃
	Tmin_A2	2031—2040 年	−4.53℃	2.48℃

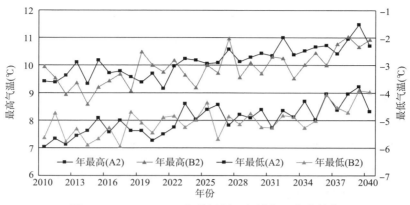

图 4.16　2010—2040 年黄河源区极端气温变化趋势

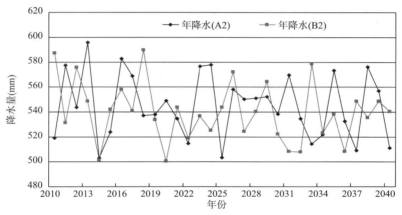

图 4.17　2010—2040 年黄河源区降水变化趋势

可以看出,黄河源区最高、最低气温均呈明显升高趋势。A2 情景(0.51℃/10a)气温增幅高于 B2 情景(0.46℃/10a)。最高气温增幅略大于最低气温。A2 和 B2 情景下,未来 10 年(2011—2020 年)最高气温分别为 9.7℃ 和 9.4℃;未来 20 年(2021—2030 年)最高气温分别为 10.1℃ 和 9.9℃;未来 30 年(2031—2040 年)最高气温分别为 10.7℃ 和 10.4℃。A2 和 B2 情景下,未来 10 年(2011—2020 年)最低气温均为－5.4℃;未来 20 年(2021—2030 年)最低气温分别为－4.9℃ 和－5.0℃;未来 30 年(2031—2040 年)最低气温分别为－4.5℃ 和－4.7℃。以 1961—1990 年为基准期,未来 10 年、20 年、30 年最高气温分别升高 1.63℃、2.07℃、2.67℃(A2 情景)和 1.38℃、1.83℃、2.35℃(B2 情景);最低气温分别升高 1.58℃、2.12℃、2.48℃(A2 情景)和 1.63℃、2.01℃、2.36℃(B2 情景)。

降水变化情况与气温相反,呈略微增加趋势。A2 情景(3.9 mm/10a)降水减小幅度低于 B2 情景(5.7 mm/10a)。A2 和 B2 情景下,未来 10 年(2011—2020 年)降水分别为 552 mm 和 542 mm;未来 20 年(2021—2030 年)降水分别为 546 mm 和 539 mm;未来 30 年(2031—2040 年)降水分别为 540 mm 和 534 mm。以 1961—1990 年为基准期,未来 10 年、20 年、30 年降水量仅分别增加 25.2 mm、18.8 mm、13.2 mm(A2 情景)和 15.3 mm、12.4 mm、6.9 mm(B2 情景)。

从空间分布看(图 4.18),未来 10 年、20 年、30 年黄河源区气温和降水的空间结构变化不大,黄河源区西部空间基本无变化,东部略有变化。

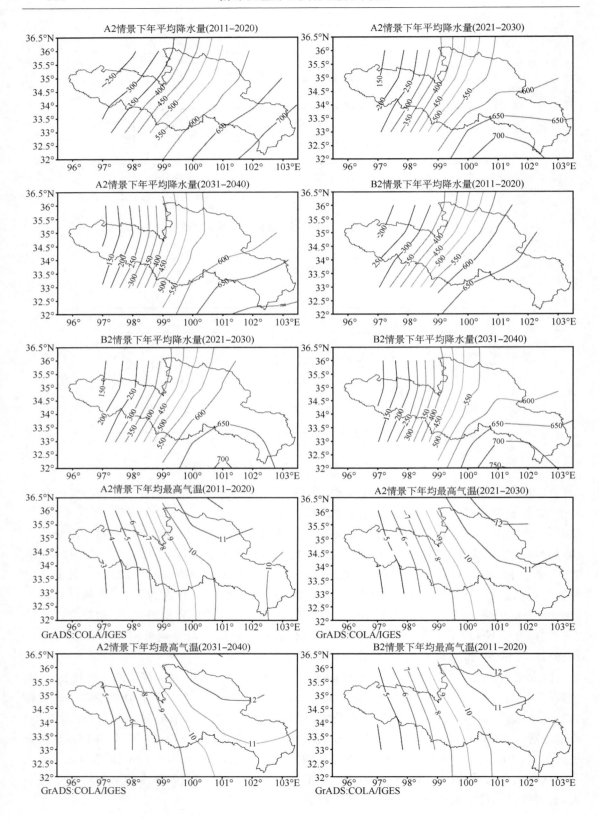

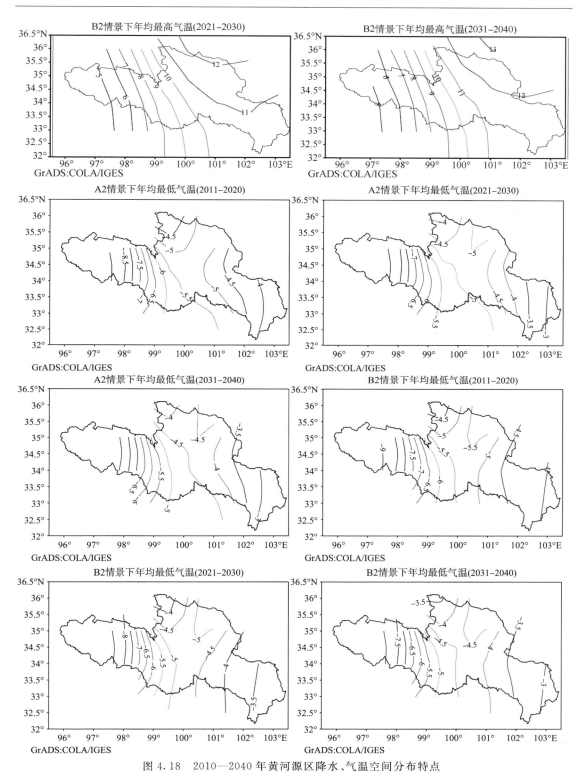

图 4.18 2010—2040 年黄河源区降水、气温空间分布特点

根据统计降尺度模型计算结果,未来 10 年、20 年、30 年最低、最高气温均明显升高,降水

略有增加或变化不大。未来黄河源区水资源形势将更加紧张。

4.5　改进 SWAT 模型的随机天气发生器及模式评估

　　SWAT 模式是由美国农业部农业研究署(USDA ARS)开发,并结合美国农业部的其他几个模型特征,在 SWRRB 模型的基础上,加以改进而成的。尽管 SWAT 模式是关于流域或水域尺度的管理技术模式,专门用于土地管理,而实际上对具有土壤变化、土地利用与管理条件变化所造成的复杂水域地区其水域、沉积物和农业化学生产影响的长期预测具有较好的效果。为了满足应用的目的,该模式必须考虑气候条件的改变,因而需要模拟输入逐日降水、最高(低)温度、辐射、相对湿度、风速等天气气候变量,为此,模式中引进了随机天气发生器(XGEN)。具体工作步骤与本章 3.5 节中的内容相同,故不再赘述。

　　此外,我们还利用我国 550 个测站资料对 IPCC-AR4 极端气候指数的数值模拟信息进行了检测评估。结果表明,由 IPCC/DDC 提供的 7 个全球海气耦合气候模式对于极端气候的模拟能力(包括法国国家气象研究中心 CNRM、美国普林斯顿大学地球物理流体动力学实验室模式 GFDL、俄罗斯气候研究中心的 INM、法国皮艾尔西蒙拉普拉斯学院 IPSL、日本气候系统研究中心模式 CCSR 等)尽管模式各不相同,但它们具有共同的特点。根据表 4.17 中所拟定的极端气候指标体系,选取表达极端气温和降水的指数,如霜冻日数(FD)、气温年较差(ETR)、生物生长季长度(GSL)、暖夜指数(TN90)、热浪指数(HWDI)、连续干日数(CDD)、简单降水强度(SDII)、强降水日数(R10)、五日降水量(R5d)、超过 95％分位数的湿日降水比值(R95t)等十个指标。首先,利用国家气象信息中心气象资料室提供的 720 个测站近 50 多年(1951—2004 年)的逐日平均温度、最高温度和最低温度资料,并剔除样本长度不足或有过站址迁移的站点资料,最终选取定 550 个测站的资料记录,作为对照序列。在此基础上,计算出上述五种指数的实测值,并采用双线性插值方法将模式资料和观测资料同时插值到相应的网格点上(2°×2°)。从时间域和空间域两方面评估模式的可信度,其中,前者通过分别计算各模式模拟和观测的各自的时间序列(1961—2000 年)考察其线性变化趋势,以及模式与观测结果之间的相关系数来评估比较。后者则计算不同模式在中国区域(70°～140°E,18°～55°N)各个格点的平均值,并比较这些模式平均值与观测数据的相对误差以及输出的模拟场与实测数据场之间的相关系数,评价模拟场与观测场在区域上空间分布的相似程度。

表 4.17　极端气温指数的定义

指数名称	英文缩写	指数定义	指数单位
霜冻日数	FD	每年日最低气温低于 0℃ 的总天数	天(d)
气温年较差	ETR	每年日最高气温和最低气温的差值	摄氏度(℃)
生物生长季	GSL	每年日平均气温连续 5 天高于 5℃ 的总天数	天(d)
暖夜指数	TN90	最低气温通过 90％阈值气候态分布的天数百分率	百分率(％)
热浪指数	HWDI	连续 5 天最高气温高于气候态相同日期(1961—1990 年)5℃ 的总天数	天(d)
连续干日数	CDD	最大无雨日(日降水量小于 1 mm)持续天数	天(d)
简单降水强度	SDII	年总降水量/有雨日数(≥1 mm)	mm/d
强降水日数	R10	一年中日降水量大于 10 mm 的天数	天(d)
五日降水量	R5d	一年中连续 5 天降水量之和的最大值	mm
极端降水比值	R95t	极端降水(日降水量≥1961～1990 年期间 95％分位数)之和占该年总降水量的百分率。	百分率(％)

表 4.18 给出了这 7 个模式及其模式集合对中国区域极端气候指数多年（1961—2000 年）平均值的模拟相对误差百分率。可以看到,不同模式对不同指数的模拟效果各不相同,总体而言,CNRM_CM3 及模式集合对气候指数的整体模拟能力相对较好,相对误差绝对值的平均值不超过 20%。模式模拟的极端气温指数值大多高于实测值,但除 R10 外,模拟的极端降水指数值都低于实测值,其中 GSL、TN90、ETR、R5d、R95t 模拟的相对误差百分率较小,模式平均低于 10%,其余各指数误差百分率基本高于 30%。进一步由中国区域年总降水量气候值模拟与观测值的对比,发现各模式模拟的年总降水量都偏高 36%～73%,R10 也偏高 6%～68%,表明新一代全球模式模拟的降水日数高于实况,依然存在降水过于频繁的问题,从而导致模拟的 CDD 较实况显著偏小,对于大降水 R5d 和 R95t,大部分模式的模拟偏低（除模式 INM-CM3.0 对 R95t 指数模拟偏高外）。温度和降水对比可以看到,模式对极端气温指数的模拟能力略高于极端降水指数。气候模式对降水的模拟能力有待进一步提高。

表 4.18　中国区域多年平均(1961—2000 年)极端气温指数模拟与观测的对比

		CNRM (CM3)	GFDL (CM2.0)	GFDL (CM2.1)	INM (CM3)	IPSL (CM4)	MIROC3.2 (MEDRES)	MIROC3.2 (HIRES)	模式平均	观测数据
区域平均	霜冻日数（天）	185.04	212.09	195.20	199.46	185.04	159.34	157.34	184.84	138.81
	生长季（天）	193.21	162.69	184.18	191.44	173.63	205.83	202.02	187.57	184.10
	年较差（℃）	52.46	59.06	58.68	67.58	51.34	53.55	50.43	56.15	52.29
	暖夜指数（%）	10.67	10.29	10.92	10.37	10.90	9.22	11.03	10.48	9.98
	热浪指数（天）	5.07	7.67	7.89	7.69	9.33	6.89	8.97	9.64	5.37
相对误差（%）	霜冻日数	33	52	41	44	33	16	14	33	
	生长季	19	4	12	18	8	24	26	16	
	年较差	0.3	13	12	29	0.2	2	4	9	
	暖夜指数	6	3	9	3	9	7	10	7	
	热浪指数	5	43	47	48	63	29	47	40	
相对误差（%）	SDII	−31	−28	−25	−23	−32	−18	−30	−27	
	CDD	−39	−40	−32	−55	−57	−57	−41	−46	
	R10	37	18	24	68	6	56	48	37	
	R5d	−4	−8	−6	−9	−7	−1	−12	7	
	R95t	−4	−12	−14	11	−3	−12	−15	7	

考虑到目前气候模式在降水方面的模拟水平,为了提高区域降水模拟能力,许多学者利用概率统计和随机模拟方法开展降水预测研究。对于降水序列而言,无论何时何地,何年何月,世界各地的逐日降水（含降雪）记录序列,总是一组由降水日（所谓"湿日"）和无降水日（所谓"干日"）随着时间的推移而交替相间排列所构成的干湿日"游程"序列。

关于某地某一时期的暴雨洪水的资料序列,早就有人用 Poisson 概率分布进行拟合研究。另一种处理方法是运用 Markov 链的转移概率来进行拟合研究。上述这两种方法虽然在理论上有其等价的一面,但毕竟两者的应用侧重点有所不同。一般说来,采用后者不但易于进行统计模拟,而且进行各种气候分析研究的空间更大,故本书第 7 章着重对后者的方法做较详尽的介绍。

第 5 章　　基于 Markov 链的天气气候变量随机模拟

5.1　逐日降水量的 Markov 链模拟

对于逐日降水(含降雪)记录序列,大致可分成两步处理:其一,首先要确定某日是干日或湿日的概率大小;其二,如为湿日则设法按它所服从的概率分布模式模拟其具体降水量,这里所采用的模拟方法就是前面已经介绍的生成符合一定分布的逐日随机数的随机模拟方法,即 Monte-Carlo 方法。么枕生(1963)早就在气候统计研究中运用上述方法描述过我国单站逐日(月)气候过程。丁裕国和张耀存(1989)利用逐日降水过程所隐含的 Markov 链特性,借助于随机模拟方法,生成相当长时期的逐日降水模拟序列,并应用我国 5 个代表测站做了非常成功的模拟试验,结果表明,其模拟与观测序列的各种统计特征都相当吻合。此外,应用几何概率分布来计算干日(或湿日)持续天数的概率也取得较好效果。近几年来,随机天气模拟发生器已广泛用于统计降尺度方法中。目前,随机天气模拟发生器已推广用于大尺度天气气候状况为条件的随机模拟中。这种以大尺度气候状况为条件的随机天气模拟发生器在一定程度上克服了以往许多天气模拟发生器所存在的缺点,从而使天气模拟发生器提高了对气候要素年际变率的估计水平。

随机模拟的最终目的,一方面可用于产生任意长年代的逐日降水记录序列,另一方面可研究不同气候背景条件下降水特征的改变。关于后者,我们将另文加以阐述。而就产生模拟序列来说,通常有实际意义的是,能否以较短的实际观测记录作为建模样本,产生长年代模拟记录序列,以便推断若干气候统计特征。为此,进一步考察模拟结果的稳定性。根据本书建模的基本出发点,很明显,模拟结果的稳定性首先取决于 Markov 转移概型的稳定性。在大样本情况下,转移矩阵趋于稳定是不言而喻的,但在多大样本情况下转移矩阵即趋于稳定从而控制整个降水过程的状态转移,是值得探讨的关键性问题。

逐日降水过程的内部规律包括两个方面:其一是干湿日序列的时间分布即承替规律;其二是每一湿日降水量一般都有大小不同的量级,其总体概率分布可以找到一种对应的分布模式。因此,仅用简单的两状态的 Markov 链模拟逐日降水量序列必然有其局限性。为了更符合实际,可采用多状态 Markov 链模拟逐日降水分布特征。逐日降水分布的多状态 Markov 链模拟方法已在 3.5.2 节做了详细论述。

(1)资料及状态区间的划分

采用齐齐哈尔、北京、南京、郑州、武汉、广州 6 个代表站多年来 7 月份(1961—1990 年)的逐日降水资料进行模拟试验。首先确定干湿日状态数及区间的划分;其次,估计各月逐日降水转移矩阵 $\boldsymbol{P}$ 及位移指数分布参数 λ。状态划分结果表明,当 n 从 6 增至 15,并以等差级数和几何级数不同分级区间进行模拟和比较效果后,发现取状态数 8 或 9,用几何级数作为分级区间

界限最为理想。其分级区间界限可用下列经验公式计算:

$$m_h = \frac{(x_{m1} + x_{m2})}{2^{n-1}} 2^{(h-2)} \tag{5.1.1}$$

式中:m_h 为分级区间上界,$h=2,3,\cdots,n-1$,而 $h=1$ 为日降水不大于 0.1 mm 的特定状态,即 S_0 状态;x_{m1} 和 x_{m2} 分别为日降水量的样本极大值和次极大值;n 为分界点数。换言之,S_1,S_2 直到 S_{n-1} 的上界均可用上述经验公式来估计。表 5.1 列出了各代表站 7 月逐日降水量状态划分标准。为了获得稳定的降水模拟记录,对齐齐哈尔等 6 个代表站分别重复产生 5 次模拟记录,然后求其平均。

表 5.1　1961—1990 年 7 月各代表站逐日降水量状态划分标准(mm)

状态	S_0	S_1	S_2	S_3	S_4	S_5	S_6	S_7
齐齐哈尔	≤0.1	≤1.17	≤2.35	≤4.69	≤9.38	≤18.78	≤37.55	>37.55
北京	≤0.1	≤1.66	≤3.32	≤6.64	≤13.29	≤26.58	≤53.15	>53.15
郑州	≤0.1	≤2.50	≤5.01	≤10.02	≤20.04	≤40.07	≤80.15	>80.15
南京	≤0.1	≤2.72	≤5.45	≤10.89	≤21.79	≤43.58	≤87.15	>87.15
武汉	≤0.1	≤2.76	≤5.53	≤11.06	≤22.11	≤44.22	≤88.45	>88.45
广州	≤0.1	≤1.54	≤3.07	≤6.15	≤12.29	≤24.59	≤49.17	>49.17

(2)与两状态 Markov 链模式的对比试验

若将天气随机发生器以两状态 Markov 链为基础。其模拟可分为两步:①确定干湿日出现的概率。根据输入的气候数据,该模型就可以确定某天的干湿(有雨或者无雨)情况,如果无降水则数值为 0,如果有降水则转到第 2 步。②若将降水天气随机发生器以两状态 Markov 链为基础,用来描述逐日降水的概率分布模式主要有偏态分布和负指数分布。基于两状态 Markov 链模型的降水发生器其主要缺点就是对雨日的模拟处理过于简单,尤其在多雨地区,因降水有强弱不同,而降水日数又往往较多,可能会出现较大的误差。这里用两状态 Markov 链产生的模拟结果与多状态 Markov 链产生的模拟结果做了比较,发现尽管两种模型的模拟记录与实测记录在各个降水量等级都有一致性,不同模型对不同区域的降水虽都有一定的模拟能力,但是对逐日强降水的模拟却有较大差异,除个别测站(如齐齐哈尔、北京等少雨地区)外,多状态 Markov 链模式的模拟效果比两状态 Markov 链的模拟效果好。这就表明多状态模式对极端降水有更好的模拟效果。

从表 5.2 可见,平均日降水量的模拟效果差异并不明显,但是,日极大降水量及其相对误差和月平均雨日数相对误差大都以多状态模式效果较好,平均相对误差都比两状态模式小。其原因是多状态模式对降水量的详细描述,使得所模拟的雨日状况的细节有所改善。

(3)多状态模拟降水数据的极值分布模式及其概率特征

对于 Markov 链模式模拟逐日降水的总效果,虽已做了充分的验证,结果表明,利用该模式可以较好地模拟出日降水量,但我们更加关注的是,该模式对于极端降水量的模拟效果究竟如何。在文献(Ding 等,2008)的研究中已经发现,广义 Pareto 分布(简记为 GPD)对极端降水有较好的拟合效果,相比之下,优于 GEV(广义极值分布)和 Gumbel 分布。假如应用由多状态 Markov 链模式生成的模拟日降水量序列抽取极值,是否完全符合 GPD,为此,我们验证 Markov 链对极端降水的模拟效果。

表 5.2　多状态、两状态 Markov 链模式降水量模拟与实测结果对比(mm,括号内为相对误差)

站名	平均日降水量			日降水极大值			月平均降水量		
	实测	多状态	两状态	实测	多状态	两状态	实测	多状态	两状态
齐齐哈尔	4.51	8.13(0.80)	7.42(0.64)	77.8	58.3(0.25)	96.0(0.23)	10.3	9.30(0.10)	11.1(0.08)
北京	6.55	10.1(0.54)	6.77(0.03)	84.9	71.4(0.16)	93.4(0.10)	12.6	13.9(0.10)	10.1(0.20)
郑州	4.86	11.6(1.38)	5.37(0.10)	100	83.0(0.17)	140(0.40)	9.70	11.4(0.18)	7.80(0.20)
南京	5.69	8.68(0.52)	6.94(0.22)	114	124(0.08)	102(0.10)	9.90	12.3(0.24)	7.60(0.23)
武汉	9.60	11.5(0.19)	6.35(0.34)	222	198(0.11)	101(0.54)	10.6	13.7(0.29)	7.10(0.33)
广州	9.02	12.2(0.35)	7.42(0.18)	75.1	72.8(0.03)	96.0(0.28)	17.6	16.6(0.05)	10.4(0.43)

仍以齐齐哈尔、北京、南京、郑州、武汉、广州 6 个代表站 7 月份(1961—1990 年)30 年的逐日降水量为例,并用模拟资料和实测资料所拟合的 GPD 特征做对比,如前所采用的柯尔莫哥洛夫检验、相关系数、均方差等 3 种检测指标,对模拟和实测结果做对比分析(表 5.3),可以看出,多状态 Markov 链所模拟的日降水量完全符合 GPD 模式,并具有较高的拟合优度。经过多状态 Markov 模拟结果所得的 GPD 均能通过柯尔莫哥洛夫检验,这就充分说明了模拟和实际观测的 GPD 特征量十分相近。这一试验的进一步意义和价值在于,一旦我们拥有全球数值模拟的输出信息,经过降尺度技术处理就能取得某一区域或局地平均气候信息,在此基础上借助于平均气候与极端气候的关系或者直接利用 Markov 链模拟逐日气候资料序列,就可推求 GPD 的特征量及其极端值概率和分位数,从而预估未来气候极值的一系列特征。

表 5.3　多状态 Markov 链模拟的日降水量 GPD 拟合效果检验

效果检验		齐齐哈尔	北京	郑州	南京	武汉	广州
柯氏检验	模拟值	0.11	0.12	0.12	0.14	0.09	0.12
	实测值	0.14	0.07	0.12	0.08	0.08	0.08
相关系数	模拟值	0.97	0.92	0.97	0.98	0.98	0.96
	实测值	0.94	0.99	0.98	0.99	0.99	0.99
均方差	模拟值	0.01	0.03	0.02	0.01	0.01	0.02
	实测值	0.02	0.01	0.01	0.01	0.01	0.01

此外,选取模拟和实况数据的门限值及 50 年和 100 年重现期值来分析两者(模拟和实况)拟合 GPD 的情况(表 5.4),结果发现,模拟值和实测值的 50 年和 100 年重现期值非常相似,但模拟结果普遍高于实测值的结果,从相对百分误差可以看出其差别很小。而门限值的对比结果表明,模拟资料的门限值高于实际资料的门限值,并存在一定的误差。这也表明,模拟和实测门限值的误差越小,重现期极值的差距也越小。说明多状态 Markov 链模式模拟的极端降水与实况非常相似,即该方法能较好地模拟中国的极端降水。

表 5.4　Markov 链模拟的日降水量与观测数据的 GPD 拟合效果比较(mm)

站名		齐齐哈尔	北京	郑州	南京	武汉	广州	平均百分误差
门限值	模拟值	38.0(19%)	52.0(16%)	44.0(22%)	54.0(17%)	48.0(17%)	48.0(14%)	17%
	实测值	32.0	45.0	36.0	45.0	41.0	42.0	

续表

站名		齐齐哈尔	北京	郑州	南京	武汉	广州	平均百分误差
50 年重现期 极值	模拟值	63.9(5%)	99.7(3%)	91.2(23%)	178(11%)	146(1%)	135(7%)	8.3%
	实测值	60.9	96.9	118.2	160.5	144.6	126.4	
100 年重现期 极值	模拟值	69.9(10%)	107(1%)	118(11%)	196(8%)	172(5%)	150(6%)	6.8%
	实测值	63.3	106.3	133.0	181.1	163.1	141.0	

综上所述,利用多状态一阶 Markov 链产生逐日降水序列的模式,对中国东部 6 个代表站进行模拟试验,其结果表明,月降水均方差、日降水极大值、日降水均方差、月平均降水日数、日平均降水量等指标与实况比较,证明该模拟方法对未来的逐日降水量的模拟效果较好,能基本模拟出降水量的各种特征。多状态 Markov 链模式,对所选取的 6 个代表站逐日降水量模拟资料所拟合的极端降水 GPD 模式具有较高的拟合优度。无论从门限值或是 50 年和 100 年重现期值来看,都可发现模拟结果与实测结果有较好的相似性,且模拟和实测结果的门限值误差越小,重现期极值的差距也越小。证明用 Markov 链模式对极端降水的模拟有广泛的适用性。

5.2　干湿日游程的简化(0,1)变量序列模拟

两值平稳时间序列可以设计为(0,1)变量的特征时间序列。通常可用第 1 章的一些统计量加以描述。首先,序列由两种状态"0"和"1"组成,就可观察各种状态的持续长度,即通常称为"游程"(runs)的长度。例如,旱涝序列中,若以"0"记"旱"状态,以"1"记"涝"状态,则"0"游程表示持续为"旱"的时间长度,而"1"游程表示持续为"涝"的时间长度。这种规定(0,1)变量特征时间序列的方法对于自动/自记记录资料的量化整理及记录序列的保存都有十分方便的用途,特别适宜于大型电子计算机处理。当然,在特殊情形下,也可规定"混合游程",所谓"混合游程"即游程内不一定为同种符号如"0"或"1",也可以由两种或多种符号混合构成。例如,以 1 开端,以 1 结尾,中间以 0,1 相间排列的一种序列,就组成了一个混合游程如"10101…"等,反之亦可。

本书前文已证明(见 1.5.4 节和 1.5.5 节),给定一组(0,1)两值序列的样本,即可写出其联合概率和任一种"游程"(0 或 1)的长度及其分布。此外,(0,1)两值序列的另一重要统计量是两值相对于零坐标轴的交替次数分布。

5.3　干湿月游程的 Markov 链模拟

长期预报或气候预报的一个至关重要的问题就是,一种气候类型或状态(或天气状态)在何时发生转折,从一种状态转至另一种状态有多长的持续时间。例如,干、湿时期的持续与转折,某种环流模态的持续与转折等,都是气候预报或长期预报的关键。所谓游程,是指在离散(时间)序列中,同类性质的元素持续出现所占据的一个阶段,例如,某气候要素持续出现一段时间的正距平可称为正游程,其持续时间长度就称为正游程长度;反之,负距平持续时间长度就称为负游程长度。显然,在不同性质的游程之间必有转折点(在时间轴上即为转折时间)。游程理论最早由 Mood 创立;其后 Wald 等人,Feller(1957),Yev jevich(1972),Hunter(1983)都曾做过许多研究,中国老一辈气象学家杨鉴初早在 1957 年就曾从实际的预报经验总结出有

关气象要素历史曲线演变的规律性,指出在长期气候记录中存在着循环过程,在循环过程中必有转折点。中国老一辈气象学家么枕生早就注意到长期气候预报的统计学理论,对于游程转折点规律做过许多研究。他曾将 Markov 链理论结合到游程计算中,又从不同的角度推导出干湿游程转折点间的等待时间所具有的概率分布、游程转折时间的平均数和方差、转折周期(干湿循环长度的理论公式)。对于统计气候预报来说,研究气候序列的游程和转折点统计规律并寻求其统计预报模式具有理论和应用价值,从统计学观点来看,若将记录的数值时间序列按某一临界值划分为性质不同的游程二分序列(如正、负距平序列),则可使序列内部的非线性变化所造成的影响减小,对这种简化时间序列(即游程序列)不但可以建立线性自回归(AR(p))模式,也可建立各种非线性自回归模式。同时,研究游程长度的概率分布,游程转折周期的概率分布以及研究不同环流背景或前期天气气候条件下的游程随时间的转折规律,无疑也是非常有意义的。本节我们将 Markov 链理论应用于游程转折点研究中,对我国不同气候区的主要代表性测站计算干、湿月游程概率及其分布,利用经验拟合选配各站游程概率分布模式,进一步讨论各地转移概率矩阵的极限分布和稳定性规律。

5.3.1　资料和方法

为了全面了解我国各大气候区域逐月干湿演变规律,选取哈尔滨、北京、宜昌、南通、上海、杭州、成都、兰州、银川、南宁等 10 个代表测站近 30 年(1951—1980 年)逐月降水资料,其中,上海站还另外选取 1881—1950 年逐月降水资料作为研究长短样本的对比资料。之所以选取有限的代表站,一是为了研究本方法的可行性,二是为了减少计算量。因此,这里不做有关统计参数在地理空间分布的探讨,而仅针对各站本身或各站之间做统计规律的对比分析。

首先,对降水记录做如下的预处理:凡月降水量大于该站该月累年平均值,定为湿月,记为"1";凡月降水量小于、等于该站该月累年平均值,定为干月,记为"0",这样就得到以"0~1"标记的干湿月游程序列。如图 5.1 所示,绘出 10 个代表站干湿月气候概率在不同地区的分布。由图可见,湿润气候区湿月气候概率大于干旱气候区,而干旱气候区不但干月气候概率较大,且干湿月气候概率差值也较大。

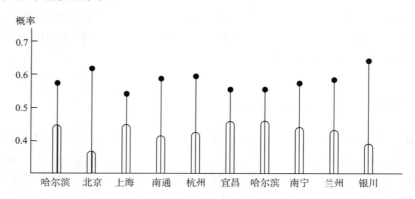

图 5.1　10 个代表站干湿月气候概率的状况

(图中单图线表示干月,双实线表示湿月)

从 Markov 链的观点来看,游程长度就是游程转折点之间的等待时间,即所谓首次通过时间,因此,游程长度的分布就是首次通过时间的分布。就两状态一阶 Markov 链而言,长度为 k

的干、湿月游程出现概率就是从干、湿月出发经过 k 步转移,首次到达湿、干月的概率,因而有:

$$\left.\begin{array}{c} P\{D_r=k\}=(1-P_{d|d})P_{d|d}^{k-1} \\ P\{W_r=k\}=(1-P_{w|w})P_{w|w}^{k-1} \end{array}\right\}$$

$$\left.\begin{array}{c} P\{D_r=k\}=(1-P_{d|ddd})P_{d|ud}P_{d|udd}P_{d|ddd}^{k-3} \\ P\{W_r=k\}=(1-P_{w|www})P_{w|dw}P_{w|duw}P_{w|www}^{k-3} \end{array} \quad k\geqslant3 \right\} \tag{5.3.1}$$

$$\cdots\cdots\cdots\cdots$$

$$\left.\begin{array}{c} P\{D_r=k\}=(1-P_{d|d\cdots d})P_{d|ud}P_{d|udd}\cdots P_{d|d\cdots d}^{k-s} \\ P\{W_r=k\}=(1-P_{w|w\cdots w})P_{w|dw}P_{w|duw}\cdots P_{w|w\cdots w}^{k-s} \end{array} \quad k\geqslant s \right\} \tag{5.3.2}$$

式中:D_r 和 W_r 分别表示干月和湿月游程长度,$P_{d|d}$ 表示前 1 月为干月,后 1 月仍为干月的条件概率,$P_{w|w}$ 表示前 1 月为湿月,后 1 月仍为湿月的条件概率。根据(Berger 等,1983)的研究,利用高阶 Markov 链,也可推得长度为 k 的干、湿月游程概率分布,它们分别为:

$$\left.\begin{array}{l} \left[\begin{array}{l} P\{D_r=k\}=(1-P_d|_{dd})P_d|_{ud}P_d^{k-2}|_{dd} \\ P\{W_r=k\}=(1-P_w|_{ww})P_w|_{dw}P_w^{k-2}|_{ww} \end{array}\right. \quad k\geqslant2 \\[2em] \left[\begin{array}{l} P\{D_r=k\}=(1-P_d|_{ddd})\cdot P_d|_{ud}\cdot P_d|_{udd}\cdot P_d^{k-3}|_{ddd} \\ P\{W_r=k\}=(1-P_w|_{www})\cdot P_w|_{dw}\cdot P_w|_{duw}\cdot P_w^{k-3}|_{www} \end{array}\right. \quad k\geqslant3 \\[2em] \cdots\cdots\cdots\cdots \\[1em] \left[\begin{array}{l} P\{D_r=k\}=(1-P_d|_{ddd})\cdot P_d|_{ud}\cdot P_d|_{udd}\cdots P_d^{k-s}|_{d\cdots d} \\ P\{W_r=k\}=(1-P_w|_{www})\cdot P_w|_{dw}\cdot P_w|_{duw}\cdots P_w^{k-s}|_{w\cdots w} \end{array}\right. \quad k\geqslant s \end{array}\right\} \tag{5.3.3}$$

式(5.3.3)代表在 $2,3,\cdots,s$ 阶 Markov 链意义下,干湿月游程的理论分布模式。不难看出,式(5.3.3)是式(5.3.1)的推广。而式(5.3.1)正是 Feller(1967)和么枕生(1984)从不同观点推导的结果。

在上述公式中概率 $P_{d|dd}$ 表示前 2 月为干月,后 1 月仍为干月的条件概率,而 $P_{d|ud}$ 表示初始月为湿月,第 2 月为干月,第 3 月又为干月的概率,类似地,对于湿月也有相应条件概率 $P_{w|ww}$,$P_{w|dw}$,$\cdots\cdots$,其余类推。

任何气候要素的全部统计特征都可通过概率分布来描述,而其主要统计特征如平均值和方差,则常常是人们最关心的,它们在一定程度上代表了某地气候的主要特征。游程的平均长度、平均返回时间、天气气候循环的平均长度正是从不同侧面来描述干、湿月转折的平均状态,而这三者在概念的本质上却是一致的,因此,可借助么枕生(1986)推导的相应公式计算各地干、湿月游程的这类统计参数。其公式为:

$$\left.\begin{array}{c} L_d=\dfrac{1}{1-P_{d|d}} \\[1em] L_w=\dfrac{1}{1-P_{w|w}} \end{array}\right\} \tag{5.3.4}$$

$$\left.\begin{array}{c} \sigma_d^2=\dfrac{P_{d|d}}{(1-P_{d|d})^2} \\[1em] \sigma_w^2=\dfrac{P_{w|w}}{(1-P_{w|w})^2} \end{array}\right\} \tag{5.3.5}$$

$$T_d = 1 + \frac{P_{w|d}}{P_{d|w}} \Bigg\}$$

$$T_w = 1 + \frac{P_{d|w}}{P_{w|d}} \Bigg\} \tag{5.3.6}$$

$$\mu_c = E[c] = \frac{1}{1-P_{d|d}} + \frac{1}{1-P_{w|w}} \Bigg\}$$

$$\sigma_c^2 = \text{Var}[c] = \frac{P_{d|d}}{(1-P_{d|d})^2} + \frac{P_{w|w}}{(1-P_{w|w})^2} \Bigg\} \tag{5.3.7}$$

式(5.3.4)和式(5.3.5)分别为干、湿月游程平均长度和方差的计算分式,式(5.3.6)和式(5.3.7)分别为干、湿月平均返回时间的计算公式和天气气候循环平均长度和方差计算公式。其中,L_d,L_w分别为干月和湿月游程平均长度,σ_d^2和σ_w^2分别为干月游程和湿月游程长度的方差,T_d和T_w分别为干月和湿月的平均返回时间,μ_c和σ_c^2则为天气气候循环平均长度和其方差。

5.3.2　计算结果

（1）干湿月游程概率分布

对哈尔滨、北京、宜昌、上海、杭州、成都、兰州、银川、南宁等10个站分别应用(5.3.1)式和(5.3.2)式,计算在1～4阶 Markov 链假设下的干月游程概率（理论值）与干湿月游程频数（实测值）。表5.5中给出几个站（1～4阶链假设下）游程长度的理论频数与实测频数分布。由表可见,各地游程长度的理论分布与实测分布基本吻合,其特点是大多呈 L 型偏态分布,即游程长度在3～4个月以内的机会为最多,但各站频数曲线的陡度并不一样。经 χ^2 拟合优度检验,结果表明,1～4阶链均能达到95%的置信水平。可见利用1～4阶 Markov 链能够拟合干湿月游程频数分布（表5.5）。

表 5.5a　干月游程长度频数分布表

项目	游程长度（月）	1	2	3	4	5	6	7	8	9	10	11	12	13	14	15	16
北京	一阶	31.9	19.8	12.3	7.6	4.7	2.9	1.8	1.1	0.7	0.4	0.3	0.2	0.1	0.1	0.0	0.0
	二阶	31.9	17.8	11.3	7.3	4.7	3.0	1.9	1.2	0.8	0.5	0.3	0.2	0.1	0.1	0.0	0.0
	三阶	31.9	16.8	12.3	7.4	4.8	3.1	1.8	1.1	0.5	0.4	0.2	0.3	0.1	0.1	0.1	0.0
	四阶	31.9	17.8	12.1	8.5	5.2	3.1	1.9	1.2	0.7	0.4	0.2	0.1	0.1	0.0	0.0	0.0
	实测	34.0	17.0	11.0	8.0	4.0	3.0	4.0	4.0	2.0	0.0	0.0	0.0	0.0	0.0	0.0	0.0
哈尔滨	一阶	35.9	20.9	12.2	7.1	4.1	2.4	1.4	0.8	0.5	0.3	0.2	0.1	0.1	0.0	0.0	0.0
	二阶	35.9	22.5	12.8	7.2	4.1	2.3	1.3	0.7	0.4	0.2	0.1	0.1	0.0	0.0	0.0	0.0
	三阶	35.9	21.0	11.9	7.3	3.6	2.2	1.5	0.8	0.3	0.2	0.1	0.0	0.0	0.0	0.0	0.0
	四阶	35.9	22.5	12.4	5.8	3.6	2.2	1.6	0.5	0.4	0.2	0.1	0.0	0.0	0.0	0.0	0.0
	实测	34.0	23.0	14.0	6.0	2.0	1.0	5.0	1.0	1.0	0.0	0.0	0.0	0.0	0.0	0.0	0.0
银川	一阶	24.7	16.6	11.1	7.5	5.0	3.4	2.3	1.5	1.0	0.7	0.5	0.3	0.2	0.1	0.1	0.0
	二阶	24.7	19.8	12.7	8.1	5.2	3.3	2.1	1.4	1.0	0.6	0.4	0.2	0.1	0.1	0.0	0.0
	三阶	23.5	19.8	13.8	8.4	5.1	3.3	2.1	1.0	0.8	0.5	0.3	0.1	0.1	0.0	0.0	0.0
	四阶	24.7	19.8	17.2	8.5	5.2	3.2	2.0	1.4	0.9	0.5	0.3	0.1	0.1	0.0	0.0	0.0
	实测	21.0	17.0	19.0	9.0	3.0	2.0	5.0	2.0	0.0	0.0	0.0	0.0	0.0	0.0	0.0	0.0

续表

项目	游程长度（月）	1	2	3	4	5	6	7	8	9	10	11	12	13	14	15	16
兰州	一阶	26.5	17.0	10.9	7.0	4.5	2.9	1.9	1.2	0.8	0.5	0.4	0.2	0.0	0.0	0.0	0.0
	二阶	26.5	16.0	9.9	6.6	4.4	2.9	1.9	1.2	0.8	0.6	0.4	0.2	0.0	0.0	0.0	0.0
	三阶	26.4	16.0	10.9	6.4	4.4	2.9	1.9	1.2	0.7	0.4	0.4	0.2	0.0	0.0	0.0	0.0
	四阶	26.5	15.0	12.2	10.3	5.8	3.3	1.9	1.0	0.6	0.3	0.3	0.1	0.0	0.0	0.0	0.0
	实测	30.0	13.0	9.0	10.0	7.0	1.0	1.0	1.0	0.0	0.0	1.0	0.0	0.0	0.0	0.0	0.0
宜昌	一阶	47.8	24.2	12.3	6.2	3.2	1.6	0.8	0.4	0.2	0.1	0.0	0.0	0.0	0.0	0.0	0.0
	二阶	47.8	26.0	12.7	6.2	3.1	1.5	0.7	0.4	0.1	0.0	0.0	0.0	0.0	0.0	0.0	0.0
	三阶	47.8	26.1	14.7	7.2	2.9	1.5	0.7	0.4	0.0	0.0	0.0	0.0	0.0	0.0	0.0	0.0
	四阶	47.8	26.0	17.2	7.2	2.9	1.2	0.5	0.2	0.1	0.0	0.0	0.0	0.0	0.0	0.0	0.0
	实测	47.0	21.0	17.0	6.0	4.0	2.0	0.0	0.0	0.0	0.0	0.0	0.0	0.0	0.0	0.0	0.0

表 5.5b　湿月游程长度频数分布表

项目	游程长度（月）	1	2	3	4	5	6	7	8	9	10	11	12	13	14	15	16
北京	一阶	53.5	19.8	7.3	2.7	1.0	0.4	0.1	0.1	0.0	0.0	0.0	0.0	0.0	0.0	0.0	0.0
	二阶	53.5	16.2	6.8	2.9	1.2	0.5	0.2	0.1	0.0	0.0	0.0	0.0	0.0	0.0	0.0	0.0
	三阶	53.5	17.2	7.0	2.9	1.1	0.5	0.1	0.0	0.0	0.0	0.0	0.0	0.0	0.0	0.0	0.0
	四阶	53.5	16.2	9.3	3.6	1.0	0.5	0.1	0.0	0.0	0.0	0.0	0.0	0.0	0.0	0.0	0.0
	实测	56.0	15.0	9.0	4.0	0.0	1.0	0.0	0.0	0.0	0.0	0.0	0.0	0.0	0.0	0.0	0.0
哈尔滨	一阶	47.8	20.0	9.2	4.0	1.8	0.8	0.3	0.1	0.1	0.0	0.0	0.0	0.0	0.0	0.0	0.0
	二阶	47.8	18.1	8.6	4.1	2.0	0.9	0.4	0.2	0.1	0.0	0.0	0.0	0.0	0.0	0.0	0.0
	三阶	47.8	19.0	10.1	4.1	1.9	0.9	0.2	0.2	0.0	0.0	0.0	0.0	0.0	0.0	0.0	0.0
	四阶	47.8	18.1	13.6	4.0	2.0	0.6	0.2	0.1	0.0	0.0	0.0	0.0	0.0	0.0	0.0	0.0
	实测	51.0	14.0	14.0	3.3	2.0	0.0	0.0	0.0	0.0	0.0	0.0	0.0	0.0	0.0	0.0	0.0
银川	一阶	42.4	18.1	7.7	3.3	1.4	0.6	0.3	0.2	0.1	0.0	0.0	0.0	0.0	0.0	0.0	0.0
	二阶	42.4	15.9	7.4	3.4	1.6	0.7	0.3	0.1	0.1	0.0	0.0	0.0	0.0	0.0	0.0	0.0
	三阶	42.4	15.9	7.4	1.7	0.7	0.3	0.1	0.0	0.0	0.0	0.0	0.0	0.0	0.0	0.0	0.0
	四阶	42.4	15.9	7.4	3.3	1.7	0.7	0.3	0.1	0.0	0.0	0.0	0.0	0.0	0.0	0.0	0.0
	实测	44.0	16.0	7.0	3.0	1.0	0.0	0.0	0.0	0.0	0.0	0.0	0.0	0.0	0.0	0.0	0.0
兰州	一阶	36.5	18.5	9.4	4.7	2.4	1.2	0.6	0.3	0.2	0.0	0.0	0.0	0.0	0.0	0.0	0.0
	二阶	36.5	22.4	10.2	4.6	2.1	1.0	0.5	0.2	0.1	0.0	0.0	0.0	0.0	0.0	0.0	0.0
	三阶	36.5	22.4	10.2	6.2	0.3	0.9	0.5	0.2	0.0	0.0	0.0	0.0	0.0	0.0	0.0	0.0
	四阶	36.5	22.4	10.3	6.2	2.3	1.0	0.5	0.1	0.0	0.0	0.0	0.0	0.0	0.0	0.0	0.0
	实测	32.0	23.0	9.0	7.0	1.0	1.0	1.0	0.0	0.0	0.0	0.0	0.0	0.0	0.0	0.0	0.0
宜昌	一阶	57.5	23.1	9.3	3.7	1.5	0.6	0.2	0.1	0.0	0.0	0.0	0.0	0.0	0.0	0.0	0.0
	二阶	57.5	28.2	9.5	3.2	1.1	0.4	0.1	0.0	0.0	0.0	0.0	0.0	0.0	0.0	0.0	0.0
	三阶	57.5	28.2	10.1	3.4	1.3	0.4	0.1	0.0	0.0	0.0	0.0	0.0	0.0	0.0	0.0	0.0
	四阶	57.5	28.2	13.0	1.8	0.7	0.3	0.1	0.0	0.0	0.0	0.0	0.0	0.0	0.0	0.0	0.0
	实测	53.0	26.0	14.0	2.0	0.0	0.0	0.0	0.0	0.0	0.0	0.0	0.0	0.0	0.0	0.0	0.0

（2）干湿月游程平均长度及其方差

表 5.6 中已经列出各站干、湿月游程平均长度及其均方差，这些结果由公式（5.3.4）和（5.3.5）算得。由表可见，银川、兰州、杭州无论干或湿月游程长度都较长，而宜昌、南宁则相对较短。在表 5.6 中，还列出了由公式（5.3.6）和（5.3.7）计算得到的各站平均返回时间 T_d 或 T_w 和天气气候循环平均长度 μ_c 及均方差 σ_c。这些结果与干、湿月游程平均长度 L_d 或 L_w 是互相匹配的。例如，银川、兰州、杭州三站干、湿月游程相对较长，其天气气候循环的平均长度也相应较长；反之，如宜昌、南宁干、湿月游程相对都较短，其天气气候循环周期也较短。这与表 5.6 倒二行所列计算结果（μ_c）恰好相符。另一方面，从表 5.7 给出的各站天气气候循环频数分配也可找到同样的佐证。在表 5.7 中，列出各站天气气候循环的理论频数和实测频数分布。由表可见，宜昌、南宁两地天气气候循环长度集中在 3 个月以下，换言之，两地月际干湿交替大约在 3 个月以内循环的机会为最多。例如，宜昌 4 个月以下的天气气候循环实测频率约占 72.7%，南宁则占 62.5%；而银川、兰州、杭州分别只有 36.7%，47.5%，45.7%。这种比例关系说明宜昌、南宁两地干湿游程平均较短，而银川、兰州两地天气气候循环的干湿游程平均来说比上述两地稍长。再以表 5.6 中干月游程频数来看，也与前面分析的结论一致，例如，宜昌长度为 1 个月的干、湿月游程频数比其他站都高，而其次为南宁，相反，频数最少的三个站为兰州、杭州、银川，这一事实表明，宜昌、南宁干、湿月转移频繁，而兰州、杭州、银川的干湿转移相对较少。从气候学观点来看，反映出宜昌、南宁出现持续性旱涝的机会不多，而其余三个站则持续出现旱涝的可能性相对较大。干、湿月游程的各种统计特征（含其概率分布），从平均意义上反映了各地旱涝气候特点。尽管这些统计参数本身因受抽样的影响而具有抽样振动，但其气候学意义却仍十分清楚。此外，干、湿月游程长度的方差及天气气候循环长度的方差，则从另一侧面反映一地月际干、湿交替的稳定程度。由表 5.6 可见，北京干月游程平均长度为 2.64（月），而其均方差则达到了 2.08（月），它表明北京持续干月的变动幅度也是很大的。相反，北京湿月游程平均长度为 1.59（月），而其均方差仅为 0.97（月），它表明该地持续湿月不但时间不长，而且变动幅度也不大，由此就可大致描述北京月际降水正负距平的演变特点，即偏旱的月份持续性强，且持续月数变化性也大，而偏涝的月份持续性弱，且持续月数的变化性小。类似的情况还可从其他地区看出。

表 5.6　干、湿月游程统计特征理论计算值

项目	站名	北京	哈尔滨	银川	兰州	宜昌	成都	南通	上海	杭州	南宁
干月	L_d	2.64	2.40	3.04	2.80	2.03	2.28	2.54	2.34	2.74	2.29
	σ_d	2.08	1.83	2.49	2.24	1.45	1.71	1.98	1.77	2.18	1.72
	T_d	1.60	1.75	1.55	1.72	1.82	1.83	1.73	1.87	1.70	1.72
湿月	L_w	1.59	1.78	1.75	2.03	1.67	1.90	1.84	2.04	1.92	1.72
	σ_w	0.97	1.18	1.14	1.44	1.00	1.30	1.25	1.45	1.33	1.15
	T_w	2.66	2.35	2.74	2.38	2.22	2.20	2.38	2.15	2.43	2.33
μ_c		4.22	4.18	4.79	4.82	3.70	4.18	4.38	4.38	4.66	4.01
σ_c		2.29	2.17	2.74	2.67	1.79	2.14	2.34	2.29	2.56	2.05

表 5.7 天气气候循环长度的频数分布

站名与项目	循环长度（月）	1	2	3	4	5	6	7	8	9	10	11	12	13	14
北京	理论值	0.0	20.1	19.9	15.1	10.4	6.8	4.4	2.8	1.7	1.1	0.7	0.4	0.0	0.0
	实测值	0.0	22.4	15.4	15.9	10.4	7.5	3.5	5.0	0.5	3.0	0.5	0.0	0.0	0.0
银川	理论值	0.0	13.9	15.3	12.8	9.7	7.0	4.9	3.4	2.3	1.6	1.0	0.7	0.5	0.3
	实测值	0.0	13.9	12.4	10.4	13.4	8.9	6.5	4.0	3.5	0.0	0.5	0.0	0.5	0.0
哈尔滨	理论值	0.0	19.9	20.4	15.1	10.8	7.0	4.4	2.7	1.6	1.0	0.6	0.3	0.0	0.1
	实测值	0.0	17.4	19.4	13.9	7.5	5.5	4.0	5.0	0.0	1.0	0.5	1.0	0.0	0.0
兰州	理论值	0.0	13.1	15.0	13.0	10.0	7.3	5.1	3.5	2.4	1.6	1.0	0.7	0.4	0.3
	实测值	0.0	13.5	13.5	14.5	6.5	13.0	4.0	4.0	1.5	0.5	0.5	0.5	0.0	0.0
宜昌	理论值	0.0	28.0	25.7	17.6	10.8	6.2	3.4	1.9	1.0	0.5	0.3	0.1	0.0	0.0
	实测值	0.0	22.4	26.4	23.9	10.9	8.5	2.5	1.0	0.0	1.5	0.0	0.0	0.0	0.0
成都	理论值	0.0	19.7	20.3	15.8	10.9	7.1	4.5	2.7	1.6	1.0	0.6	0.3	0.2	0.1
	实测值	0.0	24.9	15.4	15.4	10.4	4.5	8.5	1.5	2.5	0.0	0.0	0.0	0.0	0.5
南通	理论值	0.0	17.3	18.4	14.8	10.6	7.2	4.7	3.0	1.9	1.2	0.7	0.5	0.3	0.1
	实测值	0.0	17.4	14.9	19.4	11.4	7.0	4.5	2.5	2.0	0.5	0.5	0.0	0.0	0.0
上海	理论值	0.0	17.0	18.4	14.9	10.8	7.3	4.8	3.0	1.9	1.2	0.7	0.4	0.3	0.1
	实测值	0.0	17.9	17.4	18.4	7.5	5.0	5.5	4.0	1.0	1.0	2.5	0.0	0.0	0.0
杭州	理论值	0.0	14.4	16.1	13.5	10.2	7.2	5.0	3.3	2.2	1.4	0.9	0.6	0.6	0.2
	实测值	0.0	12.4	12.4	20.9	10.9	7.0	3.0	4.5	1.0	1.5	0.0	1.5	0.0	0.0
南宁	理论值	0.0	25.5	22.2	16.5	10.9	6.9	4.2	2.5	1.4	0.8	0.5	0.3	0.1	0.0
	实测值	0.0	25.5	20.5	16.5	9.0	10.5	5.5	3.5	0.5	0.5	0.0	0.0	0.0	0.0

（3）干湿月转移概率矩阵的稳定性及其极限分布

由于涉及游程分布模式及其参数的所有计算都必须首先计算转移矩阵：

$$\boldsymbol{P} = \begin{pmatrix} P_{d|d} & P_{w|d} \\ P_{d|w} & P_{w|w} \end{pmatrix} \tag{5.3.8}$$

式中：$F_{d|d}$ 代表由干月转干月的概率，$P_{d|w}$ 代表由干月转湿月的概率，$P_{a|d}$ 为由湿月转干月的概率，$P_{w|w}$ 为由湿月转湿月的概率。若各站转移矩阵随样本增大到达稳定状态，则计算结果较为可靠，否则，因转移概率抽样波动太大会造成计算结果出现较大误差。

为了论证转移矩阵的稳定性，本节以上海资料为例，计算了样本为 25 年（25×12 月）、30 年（30×12 月）和 100 年（100×12 月）的转移矩阵如下所示，

$$\boldsymbol{P}_{25年} = \begin{pmatrix} 0.6848 & 0.3152 \\ 0.5703 & 0.4297 \end{pmatrix}$$

$$\boldsymbol{P}_{30年} = \begin{pmatrix} 0.5729 & 0.4271 \\ 0.4910 & 0.5090 \end{pmatrix}$$

$$\boldsymbol{P}_{100年} = \begin{pmatrix} 0.5708 & 0.4292 \\ 0.5455 & 0.4545 \end{pmatrix}$$

计算表明，当样本达到 30 年以上时，转移矩阵已基本稳定，这一结果与丁裕国（1989）所计算的逐日降水转移概率矩阵的稳定样本基本上是一致的。作者曾证明 10 年（某月）逐日降水

转移矩阵已趋于稳定,因为 10 年即指 10×30 日,亦即样本容量达到 300 以上。针对逐月降水转移矩阵,实质上 30×12 月也恰好达到样本容量为 300 以上。由此可见,这并非是一种偶然的巧合。作者在所做的其他研究中也发现有类似的规律。本节所计算的各站样本均已达到上述要求,因此,我们可以粗略地认为抽样引起的随机误差较小。

遍历性是 Markov 链的重要性质,对于本书所涉及的干湿月游程模拟来说,遍历性表明无论初始状态如何,在相当长时间以后,过程可转移到任何状态。在第 1 章已经提到正则 Markov 链的极限分布,这样的极限概率总是存在的。类似地,可求得哈尔滨、银川、成都、南宁的极限分布,其转移步数除哈尔滨外,均需 3 步转移达到极限概率。表 5.8 中列出各站极限概率及其转移步数。由表可见,一般说来,华北、东北地区的临界转移步数约为 2 步,其他地区约为 3 步。这就意味着,对华北、东北而言,干、湿月预报应考虑到前 1 个月的干、湿状态,而其他地区干、湿月预报,则应考虑到前 2 个月的干湿演变。

表 5.8　各站极限概率与转移步数临界值

	站	北京	哈尔滨	银川	兰州	宜昌	成都	南通	上海	杭州	南宁
干月	气候概率	0.62	0.57	0.63	0.58	0.55	0.55	0.58	0.53	0.59	0.56
	极限概率	0.62	0.57	0.63	0.58	0.55	0.55	0.58	0.56	0.59	0.56
湿月	气候概率	0.38	0.43	0.37	0.42	0.45	0.45	0.42	0.47	0.41	0.44
	极限概率	0.38	0.43	0.37	0.42	0.45	0.45	0.42	0.44	0.41	0.44
临界转移步数		2	2	3	3	3	3	3	3	3	3

(4)上海近百年干湿月游程演变特点

对上海近百年(1881—1980 年)月降水量资料,按上述方法详细分析计算,得到如下有意义的结果。

①百年平均而言,干、湿月游程一长度几乎不超过 10 个月且短游程出现机会多。若将年景状况加以划分,以年降水量累年均值为基准,正负一个标准差上下为界划分旱、涝和正常年三种年景状况,计算干、湿月游程及其统计量,有如下特点:在旱年中,干月持续 4 个月以上的概率为 0.39;而涝年中,湿月持续 3 个月以上的概率为 0.41;旱年中,天气气候循环平均长度为 4.961(方差为 2.941),而涝及正常年中分别为 4.459(方差为 2.359)、4.043(方差为 2.060)。这些特点表明,一旦出现旱、涝异常年,约有 40% 的可能出现持续旱、涝月,且旱月持续往往比涝月更长(平均约 4 个月以上);而所有旱涝异常年的天气气候循环长度都比正常年长,平均几乎将近 5 个月时间。这正是长江中下游地区常见的一个天气气候事实,它与我们的实践经验非常吻合。

②从旱涝年的转移矩阵来看,干、湿月转移的极限分布其临界步数约为 3 步,而正常年仅为 2 步,表明在异常年干、湿月转移较慢,所以预报应充分考虑前两个月的影响。这一点与上面分析的特点也是一致的。

由上可见,用 Markov 链模拟各地干湿月游程的统计特征,所得结果可作为气候背景参考;分析和计算结果表明,在一阶 Markov 链假设下,已知转移概率矩阵,就可从理论上计算某地干湿月游程的统计特征:平均干湿月游程长度及方差、天气气候循环平均长度、平均返回时间、达到极限分布(与初始状态无关)的临界步数等,从统计气候的观点,这些指标全面描述了某地月际降水演变的特征,对于中长期天气预报有参考意义。

5.4 时间序列交叉理论的应用

众所周知,极端气象事件(频率或强度的变化)要比平均气象状况更可能造成对社会和环境的严重影响。不少学者注意到,未来气候增暖背景下,气候极值频率可能增大。但到目前为止,就世界范围而言,一方面,尚缺乏关于气候极值的高质量的长期观测资料(包括全球及区域性的),使人们对各地或不同区域的气候极值统计特征及其长期变率知之甚少;另一方面,从理论上对于气候极值成因机制及其模拟试验和预测模型的研究都还未很好开展。虽然 1990年代以来,一些学者已注意到平均气候变化与气候极值的关系,但其研究还缺乏系统性和深度。Groisman 等(1999)及 Easterling 等(2000)都指出,由于降水量为 Gamma 分布,不但平均值的变化可改变极端降水发生的次数,而且方差的变化也影响极端降水发生的次数,从而造成总降水量增加时,降水极值会呈现非线性增大。目前,由于极值形成原因尚无定论,而人们对其规律也知之甚少,故各种天气气候的极端事件难以做出预报。

然而,天气气候序列中往往隐含着各种频率的振动信号,它们对于极值特性的贡献是有差异的,利用平稳过程交叉理论,可以找出隐含在时间序列中的极值统计特征的某些规律性,对未来极端事件进行预测。交叉理论最早(1960 年代末)应用于水文学中研究河流水位序列的各种规律性。近年来,交叉理论已引入气象领域。丁裕国早在 1980 年代就介绍并引入交叉理论于气候极值的变化研究中。交叉理论受到气象界的重视并不断发展。将随机过程的交叉理论应用于天气气候极值分析,说明了交叉理论在极值研究中的作用。

5.4.1 正态分布条件下的极值天气气候特征时间序列

对上海市近 100 年 1 月气温序列,用随机模拟的方法讨论了极端温度出现的频数、持续时间、时间间隔等参数对于气候变化的敏感性,并根据气候变化趋势,预测了未来气候极值统计特征的变化规律。

在天气和气候事件中,极值的预报是最受关注的。随机模拟,是指在给定的条件下利用随机数发生器模拟生成各种仿真的物理系统记录序列,借助于某种统计模式重复进行各种不同需要的模拟试验,用以检测某种输入信号对系统物理特性的影响。早在 1970 年代,就已有人将随机模拟方法用于水文气候序列的长期变化特征研究。丁裕国(1989)也曾将随机模拟的方法用于研究中国降水的长期气候特征。

本节将交叉理论与随机模拟方法相结合,利用大尺度气候变化作背景,研究区域气候极值特征及其变化规律,现以长江三角洲地区逐月气温为例,探讨全球气候变暖背景下,区域气候极值统计特征的变化,作为一种数值试验,研究该方法的可行性。

(1)正态平稳过程

设 $X(t)$ 为零均值正态平稳连续参数过程,根据二阶矩过程的平稳正态均方可微性,Rice曾推导出著名的交叉次数期望公式:

$$N(u) = \frac{\sigma_{x'}}{\pi \sigma_x} \exp\left(-\frac{u^2}{2\sigma_x^2}\right) \tag{5.4.1}$$

式中:$N(u)$ 表示单位时间内 $X(t)$ 与水平线 $X = u$ 平均交叉次数;σ_x 为 $X(t)$ 的标准差,$\sigma_{x'}$ 为 $X(t)$ 的一阶导数的标准差,根据二阶矩过程理论(Desmond,1991),$\sigma_{x'}^2 = -R''(0)$ 和 $\sigma_x^2 = R(0)$,

这里 $R(\tau)$ 为 $X(t)$ 过程的自协方差函数，$R''(0)$ 是其在 -0 时的二阶导数，显然应有 $\rho''(0) = R''(0)/R(0)$，其中 $\rho''(0)$ 为 $X(t)$ 的自相关函数 $\rho(a)$ 在 $\tau=0$ 处的二阶导数。所以 (5.4.1) 式又可化为：

$$N(u) = \frac{1}{\pi} \sqrt{-\rho''(0)} \exp\left(-\frac{u^2}{2\sigma_x^2}\right) \qquad (5.4.2)$$

作者所讨论的 $u=0$ 的平均交叉次数正是 (5.4.2) 式的特例。进一步取为不同的临界值便可推得相应于某临界值的平均交叉次数公式。例如，令 $u=\sigma_x$，则 (5.4.2) 式可化为：

$$N(\sigma_x) = \frac{1}{\pi} \sqrt{-\rho''(0)} \exp\left(-\frac{1}{2}\right) \qquad (5.4.3)$$

同理，当 $u=2\sigma_x$ 或 $u=3\sigma_x$ 时，就有：

$$N(2\sigma_x) = \frac{1}{\pi} \sqrt{-\rho''(0)} \exp(-2) \qquad (5.4.4)$$

$$N(3\sigma_x) = \frac{1}{\pi} \sqrt{-\rho''(0)} \exp\left(\frac{2}{9}\right) \qquad (5.4.5)$$

对于天气气候序列而言，其距平值超过 $\sigma_x, 2\sigma_x, 3\sigma_x$，则意味着各种相应的较小概率的天气气候事件发生。考虑到天气气候序列中的极值一般不连续，为了方便起见，若规定当超越某水平轴 u 的点数成串时，可认为是一次极大值过程，并记为"出现一次极大值"，故在 u 值较大的情况下，每两次交叉点之间可假设为"一次极大值"过程，于是，单位时间内平均极大值频数（可记为 $\mu(u)$）就有：

$$\mu(u) = \frac{N(u)}{2} = \frac{1}{2\pi} \sqrt{-\rho''(0)} \exp\left(-\frac{u^2}{2\sigma_x^2}\right) \qquad (5.4.6)$$

这里主要讨论极大值特性，至于极小值，可采用类似方法推导，这里不再赘述。为了进一步描述极值的"时间跨度"，定义某极大值过程超过 u 值的持续时间为 L_u，则其"极大值平均持续时间"可记为 $E(L_u)$，在平稳各态历经假定下，有：

$$E(L_u^+) = \frac{P[x(0) > u]}{\mu(u)} \qquad (5.4.7)$$

这里，符号 L_u^+ 表示极值过程（超过临界值 u）的持续时间，而"+"号则为极大值过程。类似地，令 $X(t)$ 值连续两次上升超过 u 水平的时间间隔记为 B_u^+，则定义"极大值平均时间间隔"为 $E(B_u^+)$，可证其为：

$$E(B_u^+) = \frac{1}{\mu(u)} \qquad (5.4.8)$$

显然，若设 $X(t)$ 为严平稳各态历经，则当 u 为临界极值时，可将 $E(L_u^+)$、$E(B_u^+)$ 视为超过 u 的极大值平均持续时间和相邻极大值的时间间隔。例如，考察某地降水量序列，可规定旱涝发生的临界降水量值，从而应用上述公式估计各级旱涝出现频率、持续时间、间隔时间等特征量及其变化规律性。

（2）对数正态平稳过程。若对正态平稳过程 $X(t)$ 均值 m、方差 σ^2、自相关函数 $\rho(\tau)$ 取指数变换，即可得：

$$Y(t) = e^{X(t)} \qquad (5.4.9)$$

则 $Y(t)$ 为对数正态平稳过程，同样，可推导出关于 $Y(t)$ 在单位时间内平均极大值频数 $\mu(u)$，平均持续时间 $E(L_u^+)$ 及平均间隔时间 $E(B_u^+)$ 的公式为：

$$\mu(u) = \frac{1}{2\pi} \sqrt{-\rho''(0)} \exp\left[-\frac{\ln(u-m)^2}{2\sigma^2}\right] \tag{5.4.10}$$

$$E(L_u^+) = \frac{1}{\mu(u)}\left[1 - \Phi \frac{\ln(u-m)}{\sigma}\right] \tag{5.4.11}$$

$$E(B_u^+) = \frac{1}{\mu(u)} \tag{5.4.12}$$

（3）交叉理论的应用

设 $X(t)$ 是一平稳的正态随机过程,观测时段为 $(0,T)$。给定某临界值 u 并令 $N(u)$ 表示在 $(0,T)$ 时段内平稳过程 $X(t)$ 的 u 取值超过 u 的次数,L_u^+ 表示 $X(t)$ 一次超过 u 的事件持续时间;$B(u)$ 表示 $X(t)$ 两次相邻超过 u 的事件持续时间。上述特征量称为平稳过程 $X(t)$ 与 u 水平轴的向上交叉特征量,简记为:N_u, L_u, B_u。当然,上述参数都是极值统计特征的平均状况,即:平均次数、平均持续时间和平均时间间隔。为了研究方便,本书规定:在天气气候时间序列中当气温值超过某一临界值 u 的点数成串时,可认为是一次极大值过程。于是,单位时间内平均极大频数[记作 $U(u)$]即为:

$$U(u) = \frac{1}{2\pi} \sqrt{-\rho''(0)} \exp\left(-\frac{u^2}{2\sigma_x^2}\right) \tag{5.4.13}$$

式中:σ_x 为 $X(t)$ 的标准差,$\rho''(0)$ 为 $X(t)$ 的自相关函数 $\rho(\tau)$ 在 $\tau=0$ 处的二阶导数,其交叉参数 N_u, L_u, B_u 可以表示为:

$$N_u = nU(u) \tag{5.4.14}$$

$$E[L_u] = U(u)^{-1} P[X(t) > u] \tag{5.4.15}$$

$$E(B_u) = U(u)^{-1} \tag{5.4.16}$$

式中:n 为序列长度。以上讨论的是零均值极大值情形,而极小值的推导则类似。

5.4.2 非正态分布条件下的极值天气气候特征时间序列

由于大多的天气气候极值(或极端事件)往往出现于非正态时间序列中(如各种短时间尺度降水量、降水日数、旱涝指数或暴雨、冰雹、大风),仅仅用正态序列的极值诊断公式来估计其特征量,可能产生较大误差。1990 年代初,Desmond 和 Guy(1991)曾指出,各种水平的交叉数和游程总数对模式偏度系数十分敏感,提出了关于非正态交叉理论并将其用于水文学研究河流水位序列的规律性,但并未将其用于极值特征的研究,况且只限于研究几种分布型,如对数正态分布、χ^2 分布等。文献(Desmond,1991)提出正态条件下天气气候时间序列极值的诊断方法,虽然也涉及非正态条件下的极值特征量诊断问题,但仅讨论了正态时间序列极值特征量。实际上,许多气象观测记录序列往往其边际分布为偏态,因此,对于更多的气象要素(如降水、风、天气日数等)来说正态条件下的极值特征量诊断并不敷需要。本节介绍将非正态交叉理论用于极值特征的诊断,从理论上导出适用性更广的基于 γ 分布和负指数分布的极值特征量诊断公式及其样本估计式。

（1）γ 分布的极值特征

假定 $\xi_i(t), i=1,\cdots,n$ 为相互独立的具有 $N(0,\sigma_\xi^2)$ 同分布的平稳随机过程,其自相关函数为 $\rho(\tau)$,若有函数过程:

$$\eta(t) = \xi_1^2(t) + \cdots + \xi_n^2(t) \tag{5.4.17}$$

则 $\eta(t)$ 称为具有 χ^2 边际分布的平稳过程。显然,上述过程在任一时刻 t,必有如下的概率密度函数（PDF）：

$$f_\eta(x) = \frac{1}{(2\sigma_\xi^2)\Gamma\left(\frac{n}{2}\right)}\left(\frac{x}{2\sigma_\xi^2}\right)^{\frac{n}{2}-1}\exp\left(\frac{-x}{2\sigma_\xi^2}\right) \tag{5.4.18}$$

上式表示一种特殊的 γ 分布 PDF，其形状参数 $\alpha = \frac{n}{2}$，尺度参数 $\beta = 2\sigma_\xi^2$，并可记为 Gamma $\left(\frac{n}{2}, 2\sigma_\xi^2\right)$。

　　根据 Rice(1945) 创立的平稳过程交叉理论，可以推得 χ^2 分布意义下的高水平轴交叉数期望公式：

$$N_\eta(u) = \frac{2}{\Gamma\left(\frac{n}{2}\right)\sigma_\xi}\left(\frac{\lambda_2}{\pi}\right)^{\frac{1}{2}}\left(\frac{u}{2\sigma_\xi^2}\right)^{\frac{n}{2}-1}\exp\left(\frac{-u}{2\sigma_\xi^2}\right) \tag{5.4.19}$$

这里，$N_\eta(u)$ 为超过临界值 u 的平均次数，$\lambda_2 = -\sigma^2\rho''(0)$ 称为 $\xi(t)$ 的二阶谱矩，据文献（丁裕国，2002），因为 $\lambda_{2i} = (-1)^i\sigma^2\rho^{(2i)}(0)$，$i = 0, 1, \cdots$。所以，$\sigma^2 = \lambda_0 = \text{Var}(\xi(t))$ 即为 $\xi(t)$ 的方差。对于某个高临界值（极大值）u，当超越 u 的点数成串时，可认为是一次极大值过程，并记为"出现一次极大值"，所以，在 u 值较大的情况下，每两次交叉点之间可假设为"一次极大值"过程，于是，单位时间内平均极大值频数（记作 $\mu(u)$），即为：

$$\mu(u) = \frac{N(u)}{2} = \frac{1}{\Gamma\left(\frac{n}{2}\right)\sigma_\xi}\left(\frac{\lambda_2}{\pi}\right)^{\frac{1}{2}}\left(\frac{u}{2\sigma_\xi^2}\right)^{\frac{n}{2}-1}\exp\left(\frac{-u}{2\sigma_\xi^2}\right) \tag{5.4.20}$$

　　另一方面，如从平稳过程交叉理论的定义出发，也可证明上述公式的正确性。为了阐明 (5.4.19) 式的数学物理意义，现对照正态条件下的高水平轴交叉数期望公式：

$$N_\xi(u) = \frac{\sigma_\xi'}{\pi\sigma_\xi}\exp\left(\frac{-u^2}{2\sigma_\xi^2}\right) \tag{5.4.21}$$

显然，由 (5.4.19) 和 (5.4.21) 式可见，对 $u > 0$ 前者为其非对称函数，而后者为 u 的对称函数，其非对称性取决于参数 n 的大小。根据文献（么枕生和丁裕国，1990），当 $n \geq 30$ 已接近对称分布，当 $\frac{n}{2} \to 100$ 渐近于正态分布。可见 n 愈小，相应的分布愈偏斜。应用文献（丁裕国等，2002）的方法，类似地可推得连续两次超过临界值 u 的"平均间隔时间"和超过临界值 u 的"平均持续时间"计算公式为：

$$E[B_u^+] = \sigma_\xi\left(\frac{\pi}{\lambda_2}\right)^{\frac{1}{2}}\left(\frac{2\sigma_\xi^2}{u}\right)^{\frac{n}{2}-1}\exp\left(\frac{u}{2\sigma_\xi^2}\right)\Gamma\left(\frac{n}{2}\right) \tag{5.4.22}$$

$$
\begin{aligned}
E[L_u^+] &= \mu_u^{-1}P(\xi(0) > u) \\
&= \sigma_\xi\left(\frac{\pi}{\lambda_2}\right)^{\frac{1}{2}}\left(\frac{2\sigma_\xi^2}{u}\right)^{\frac{n}{2}-1}\exp\left(\frac{u}{2\sigma_\xi^2}\right)\gamma\left(\frac{u}{2\sigma_\xi^2}, \frac{n}{2}\right)
\end{aligned} \tag{5.4.23}
$$

上两式中，$E[L_u^+]$ 和 $E[B_u^+]$ 分别为超过临界值 u 的"平均持续时间"和"平均间隔时间"，又由 (5.4.18) 式，若给定 $\alpha = \frac{n}{2}$，$\beta = 2\sigma_\xi^2$ 就可将其写为一般 γ 分布的 PDF：

$$f_\eta(x) = \frac{1}{(\beta)\Gamma(\alpha)}\left(\frac{x}{\beta}\right)^{\alpha-1}\exp\left(\frac{-x}{\beta}\right) \tag{5.4.24}$$

由此不难推得,相应的极大值出现频率公式为:

$$\mu_\eta(u) = \frac{\sqrt{2}}{\Gamma(\alpha)\sqrt{\beta}} \left(\frac{\lambda_2}{\pi}\right)^{\frac{1}{2}} \left(\frac{u}{\beta}\right)^{\alpha-1} \exp\left(\frac{-u}{\beta}\right) \tag{5.4.25}$$

顺便指出,作者还从平稳过程交叉理论的定义出发,详细论证了上述公式的正确性,结果表明,两种方法的证明结论完全一致。在给定的临界极大值条件下,还可写出计算相应的"极大值持续时间 L_u^+"的公式为:

$$E[L_u^+] = \left(\frac{\beta}{2}\right)^{\frac{1}{2}} \left(\frac{\pi}{\lambda_2}\right)^{\frac{1}{2}} \left(\frac{\beta}{u}\right)^{\alpha-1} \exp\left(\frac{u}{\beta}\right) \gamma\left(\frac{u}{\beta}, \alpha\right) \tag{5.4.26}$$

相应的"极大值间隔时间 B_u^+"公式为:

$$E[B_u^+] = \left(\frac{\beta}{2}\right)^{\frac{1}{2}} \left(\frac{\pi}{\lambda_2}\right)^{\frac{1}{2}} \left(\frac{\beta}{u}\right)^{\alpha-1} \exp\left(\frac{u}{\beta}\right) \Gamma(\alpha) \tag{5.4.27}$$

由上式可见,假如已知某时间序列的边际分布为 γ 分布,只要估计出相应的参数即可求得其极值特征量。在上述(5.4.23)式和(5.4.26)式右端,符号 γ 分别为参数 x 和 y 的不完全 Gamma 函数。

(2)指数分布下的极值特征

对(5.4.17)式,如令 $n=2$ 则有简化式:

$$\eta(t) = \xi_1^2(t) + \xi_2^2(t) \tag{5.4.28}$$

利用(5.4.18)式可以证明,这里的 $\eta(t)$ 化为 $\gamma(1, 2\sigma_\xi^2)$ 分布。如令 $\sigma_\xi^2 = 1/2$,上式就可化为最简单的 γ 分布,即 $\gamma(1,1)$。其形状参数为 1,尺度参数为 1。由(5.4.18)式,$\eta(t)$ 的 PDF 化为:

$$f_\eta(x) = e^{-x} \tag{5.4.29}$$

(5.4.29)式表明,$\eta(t)$ 为最简单的指数分布,其参数 $\theta=1$。将(5.4.29)式及其参数代入(5.4.19)式,就可推得相应的 $(u>0)$ 平均超过频率公式为:

$$N_\eta(u) = \frac{2\sqrt{2\lambda_2}}{\sqrt{\pi}} e^{-u} \tag{5.4.30}$$

则按文献(Desmond,1991),在单位时间内的平均极大值频数 $\mu(u)$ 即可写为:

$$\mu_\eta(u) = \frac{\sqrt{2\lambda_2}}{\sqrt{\pi}} e^{-u} \tag{5.4.31}$$

作者又从平稳过程交叉理论的定义出发,详细论证了上述公式的正确性,结果表明,两种方法的证明结论完全一致。在实际计算分析中,临界值 $(u>0)$ 可由实际情况给定。例如,若令 $u=2\sigma_\eta$, $u=3\sigma_\eta$ 则可有相应的平均极大值频数:

$$\mu_\eta(u) = \frac{\sqrt{2\lambda_2}}{\sqrt{\pi}} e^{-2\sigma}, \quad u=2\sigma_\eta \tag{5.4.32}$$

$$\mu_\eta(u) = \frac{\sqrt{2\lambda_2}}{\sqrt{\pi}} e^{-3\sigma}, \quad u=3\sigma_\eta \tag{5.4.33}$$

①实际样本估计计算公式

如前所述,(5.4.25)~(5.4.33)式中的 λ_2 只是每一个 $\xi(t)$ 的二阶谱矩,这对于实际应用并不方便。因为已知序列 $\eta(t)$ 的边际分布服从 γ 分布,它的组成变量是每一个 $\xi(t)$,但我们并不确知其构成的原始变量 $\xi(t)$ 及其分布参数。所以要直接计算(5.4.25)~(5.4.33)式的特征量就有必要将上式改写为由 $\eta(t)$ 的样本序列可直接计算的形式。利用关系式:

$$\rho_\eta(\tau) = \rho_\xi^2(\tau) \tag{5.4.34}$$

所以有：
$$\sqrt{\rho_\eta(1)} = \rho_\xi(1) \tag{5.4.35}$$

又因对 ξ 而言，
$$\rho''(0) = 2\rho(1) - 2 \tag{5.4.36}$$

故有：
$$\rho''(0) = 2\sqrt{\rho_\eta(1)} - 2$$

考虑关系式：
$$\lambda_2 = -\sigma_\xi^2 \rho''(0), \qquad \frac{\beta}{2} = \sigma_\xi^2 \tag{5.4.37}$$

$$\mu_\eta(u) = \frac{\sqrt{-\beta\rho''(0)}}{\Gamma(\alpha)\sqrt{\beta}\sqrt{\pi}} \left(\frac{u}{\beta}\right)^{\alpha-1} \exp\left(\frac{-u}{\beta}\right) \tag{5.4.38}$$

由(5.4.25)式，不难得到：

$$\mu_\eta(u) = \frac{\sqrt{-(2\sqrt{\rho(1)}-2)}}{\sqrt{\pi}\Gamma(\alpha)} \left(\frac{u}{\beta}\right)^{\alpha-1} \exp\left(\frac{-u}{\beta}\right) \tag{5.4.39}$$

式中：α，β 分别为实际序列的 γ 分布参数，这里的 $\rho(1)$ 即 $\rho_\eta(1)$（已略去下标 η，余同），为 $\eta(t)$ 的样本序列的一阶自相关系数，而 u 则是极大临界值。同理可得：

$$E[L_u^+] = \frac{\sqrt{\pi}\gamma\left(\frac{u}{\beta}, \alpha\right)}{\sqrt{-(2\sqrt{\rho(1)}-2)}} \left(\frac{\beta}{u}\right)^{\alpha-1} \exp\left(\frac{u}{\beta}\right) \tag{5.4.40}$$

$$E[B_u^+] = \frac{\sqrt{\pi}\Gamma(\alpha)}{\sqrt{-2(\sqrt{\rho(1)}-2)}} \left(\frac{\beta}{u}\right)^{\alpha-1} \exp\left(\frac{u}{\beta}\right) \tag{5.4.41}$$

显然，在特殊情况下，当 $\alpha = 1$，上式实际化为指数分布情形，即(5.4.39)式成为：

$$\mu_\eta(u) = \frac{\sqrt{2(1-\sqrt{\rho(1)})}}{\sqrt{\pi}} \exp\left(\frac{-u}{\beta}\right) \tag{5.4.42}$$

进一步，若令 $\alpha = 1$，$\beta = 1$，则可以证明，上式更简化为：

$$\mu_\eta(u) = \frac{\sqrt{2(1-\sqrt{\rho(1)})}}{\sqrt{\pi}} \exp(-u) \tag{5.4.43}$$

这就是前面推导的(5.4.13)式，上式表明，若气候时间序列为平稳指数分布过程，其自相关愈小，它的极大值出现频数愈高，相反，其自相关愈大，它的极大值出现频数愈低。事实上，一般的指数分布其极大值出现机会确实很少，这是符合实际的。

②应用实例计算与分析

利用南京夏季(4—9 月)逐日降水量及全年各月降水量(1951—1997 年)资料，计算 γ 分布下，超过给定临界极大值的平均频数 $\mu(u)$ 并对估计的计算结果做一分析。对于 γ 分布参数的估计来说，其矩估计公式为：

$$\alpha = \frac{\mu_\eta^2}{\sigma_\eta^2} \tag{5.4.44}$$

$$\beta = \frac{\sigma_\eta^2}{\mu_\eta} \tag{5.4.45}$$

一般说来，矩估计误差较大，故也可改用极大似然估计法，根据 Newton 迭代方法，有下列估计公式：

$$\alpha=\begin{cases} y^{-1}(0.5000876+0.1648852y-0.0544274y^2) & 0<y\leqslant0.5772 \\ y^{-1}(17.79728+11.968477y+y^2)^{-1}\times & \\ (8.898919+9.059950y+0.9775373y^2) & 0.5772<y\leqslant17 \end{cases} \quad (5.4.46)$$

式中：$y=\ln\left(\dfrac{\bar{x}}{\tilde{x}}\right)$，而 $\tilde{x}=\left(\prod_{t=1}^{N}x_t\right)$ 或

$$y=\ln\bar{x}-\frac{1}{N}\sum\ln x_t \quad (5.4.47)$$

则有：

$$\beta=\frac{\bar{x}}{\alpha} \quad (5.4.48)$$

将上述参数代入公式(5.4.39)即可求得超过序列极大值的平均频数 $\mu(u)$。现以南京气象站逐日降水量为实例，其计算步骤如下：

(a)给定序列 $Y(t)$，检验其分布是否为 Γ 或 χ^2 分布(含指数分布)；

(b)计算参数 α,β，即首先计算其平均值 μ_η 和方差 σ_η^2 及其自相关系数 $\rho(1)$，再以(5.4.44)式和(5.4.45)式计算相应的参数(矩法)或以式(5.4.46)～(5.4.48)计算相应的参数。

(c)给定临界极大降水量值 u，应用式(5.4.39)，即可得平均极大值频数 $\mu(u)$；

(d)用实际序列的观测值验证之。同理，再计算另外两个参数"极大值平均持续时间 $E(L_u)$"和"极大值平均间隔时间 $E(B_u^+)$"。

计算结果表明，南京夏季(4—9月)逐日降水量极大值每年出现次数的理论计算值平均每10年相对误差仅为3％～5％(表5.9)。这就是说，假如应用上述理论计算法，我们只要已知其序列平均值和标准差及其一阶自相关系数，就可估计其任何时期的极大值出现次数，若要精确估计其值，则可由式(5.4.46)～(5.4.48)的极大似然估计求得。

表 5.9 南京夏季(4—9月)逐日降水量序列的极大值(超过 $2\sigma,3\sigma$)的年代平均频数

临界极值 年限	2σ		3σ	
	实测值	理论值	实测值	理论值
1951—1960 年	10.3	9.9	5.4	5.5
1961—1970 年	9.7	8.1	5.2	5.3
1971—1980 年	9.5	9.5	5.0	4.9
1981—1990 年	8.9	8.3	5.6	5.6
1991—1998 年	8.2	7.9	5.0	6.1
平 均	9.3	9.6	5.2	5.5

另外，图5.2和图5.3则分别绘出了南京夏季(4—9月)逐日降水量序列超过 2σ 和 3σ 的极大值频数的年际变化曲线。虽然，极大值频数逐年有一定的变化规律，但由于主要目的并不在于研究极大值的年际变化，而只是从图中考察计算的精度。显然，由图可见，其计算精度还是较为理想的。

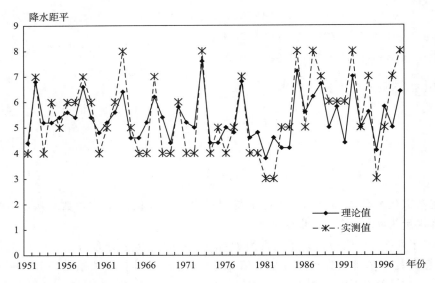

图 5.2　南京夏季(4—9 月)日降水极大值(超过 3σ)的年频数年际变化

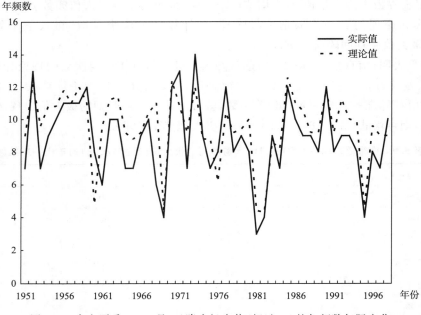

图 5.3　南京夏季(4—9 月)日降水极大值(超过 2σ)的年频数年际变化

　　此外,对南京各月历年降水量序列(即有序列长度各为 37),计算其超临界降水极值(2σ)理论频数,表 5.10 分别列出各月计算结果。由表可见,其理论计算值与实际观测值的相对误差不太均匀,一般在 16% 左右,但也有高达 28% 的月份。而考察历年月降水量序列(长度为 444)则发现,样本序列愈长,估计精度愈高(表 5.11)。

　　如表 5.11 中所示,序列长度为 444,平均每年超过临界降水极值(2σ)为 1～2 次,理论与实测值基本吻合。

表 5.10　南京各月降水量序列的极大值频数理论计算值与实际观测值

月 份	实际值	理论值(1)	理论值(2)	相对误差(1)	相对误差(2)
1	8.0	6.3	6.6	0.21	0.18
2	9.0	6.3	7.3	0.30	0.19
3	5.0	4.5	4.0	0.10	0.20
4	5.0	5.7	6.4	0.14	0.28
5	7.0	5.6	5.5	0.20	0.21
6	5.0	6.2	5.6	0.24	0.12
7	8.0	9.9	9.0	0.23	0.12
8	11.0	9.4	10.3	0.15	0.06
9	8.0	7.5	8.2	0.06	0.02
10	11.0	8.6	8.2	0.22	0.23
11	9.0	8.5	9.7	0.05	0.08
12	10.0	7.2	8.3	0.28	0.17
平均	8.0	6.9	7.0	0.18	0.16

注:理论值(1),(2)及相对误差(1),(2)分别是指用矩法(1)和用似然法(2)所得结果。

表 5.11　历年月降水量距平序列极大值频数理论计算值与实际观测值比较

实际值	理论值		误差	
	矩法(A)	极大似然法(B)	A	B
75.0	89.3	84.0	0.19	0.12
(1.56)	(1.86)	(1.75)	(0.19)	(0.12)

注:表中括号内为每年平均次数。

5.4.3　基于统计降尺度方法的随机模拟

目前,国内对极端天气气候事件的研究重点主要集中在极端气候的历史观测资料诊断分析方面,而基于全球变暖背景下的极端事件概率特征和分布模式的模拟及预估研究尚不多见。国际上在极值的理论分布领域的研究一直都很活跃(Guttman 等,1993;Zwiers 等,1991;Wilks 等,1995)。国内有关气候极值分布的研究相对较少。张学文等(1992)提出了日降水量负指数分布,并从熵理论给予其成因的客观物理解释。利用极端降水事件与平均气候的关系,借助于 Monte-Carlo 统计模拟方法模拟现代或未来极值的概率分布,有可能为预估未来不同气候情景下极端降水事件及其概率特征的变化提供一条新的途径。数值模式的气候情景预估是国内外研究的热点之一。但粗分辨率的全球气候模式只能给出全球尺度的月(季、年)平均气候状况,而更为细化的区域尺度气候特征及其极端气候情景预估,必须通过降尺度技术获得其信息(范丽君等,2005;江志红等,2007)。研究表明,统计降尺度方法不仅方案相对简便易行,精度较高,且研究区域及具体实施方案又有较大的灵活性。因此,本节利用中国近 50 年逐日降水资料,将 Monte-Carlo 统计模拟方法用于建立逐日降水原始分布模型。在此基础上,运用统计随机模拟方法对区域未来极端降水的概率变化特征进行模拟试验。

本节随机模拟思路是:首先模拟符合现代气候观测记录的原始分布,建立中国东部地区逐日降水的原始概率分布模型,然后用随机模拟发生器产生出符合这种分布的随机数列,通过比较新数列与原始数列的统计特征,考察随机模拟的效果,在此基础上,根据未来情景条件下,均值或方差的改变及其与分布参数之间的关系,讨论序列均值或方差改变后分布参数有何变化,进而可模拟产生未来的原始数列,以此来研究全球变暖背景下,我国区域极端降水概率分布型的变化,为进一步建立极端气温引发灾害的概率模型奠定基础。

由于 Weibull 分布为指数型分布,且它对不同形状的频率分布具有很强的适应性。这种分布型已经广泛应用于描述和估算极端风速及风能资源(曲延禄等,1988;孟庆珍等,2001),近年来用于拟合极端温度,也取得了较好的效果。有研究(丁裕国等,2004)曾将其作为逐日最高(最低)温度原始分布模型,结果表明是适宜的。本书也将尝试用 Weibull 分布来作为逐日降水的原始分布模型,其相应的分布函数及概率密度函数为:

$$F(x) = 1 - \exp\left[-\left(\frac{x}{b}\right)^a\right] \qquad x > 0 \qquad\qquad (5.4.52)$$

$$f(x) = \frac{a}{b} x^{a-1} \exp\left[-\left(\frac{x}{b}\right)^a\right] \qquad\qquad (5.4.53)$$

式中:a 为形状参数,b 为尺度参数,Weibull 分布的样本均值和标准差的变化决定其参数的变化。因此若知道未来气候情景下,降水的均值和方差变化便可利用 Weibull 随机发生器模拟未来逐日降水的原始分布,进一步利用 Gumbel 分布模拟预测未来气候情景下极端降水的概率特征及其变动。

利用矩估计方法拟合各区内站点的逐日降水资料,结果发现,各区台站基本符合 Weibull 分布,先假定均值、方差不变,利用随机模拟的方法产生符合 Weibull 分布的随机数列,拟合结果与实际情形比较一致,表 5.12 为几个代表站 5—10 月的实际观测值与模拟值的拟合结果。

表 5.12　代表站 5—10 月逐日降水实际与模拟数据的原始分布拟合效果比较

站名	月份	形状参数		尺度参数	
		实际值	模拟值	实际值	模拟值
齐齐哈尔	5	0.658	0.66	3.245	3.497
	6	0.664	0.663	4.64	4.574
	7	0.72	0.709	7.952	7.617
	8	0.711	0.669	7.005	6.615
	9	0.703	0.637	4.266	4.369
	10	0.709	0.706	3.514	3.433
北京	5	0.634	0.633	4.311	4.63
	6	0.531	0.496	4.63	3.996
	7	0.632	0.602	10.059	9.12
	8	0.622	0.565	11.303	9.989
	9	0.646	0.637	5.815	5.855
	10	0.577	0.554	2.925	2.672
南京	5	0.656	0.658	7.56	8.146
	6	0.661	0.659	12.251	12.062
	7	0.628	0.597	11.452	10.344
	8	0.636	0.582	8.837	7.921
	9	0.636	0.625	7.016	7.034
	10	0.67	0.661	5.767	5.569

续表

站名	月份	形状参数		尺度参数	
		实际值	模拟值	实际值	模拟值
广州	5	0.652	0.653	12.086	13.016
	6	0.643	0.637	11.557	11.281
	7	0.678	0.658	11.744	11.021
	8	0.624	0.568	10.271	9.096
	9	0.605	0.588	10.488	10.339
	10	0.668	0.659	9.309	8.983

在前面的基础上,提取模拟原始数列的极值,用 Gumbel 分布拟合模拟得到的极值,效果也较为理想。表 5.13 为 4 个代表站的实测极值与模拟极值的拟合结果。

表 5.13　代表站极端降水的实测值与模拟值的分布拟合结果比较

站名	形状参数		尺度参数		拟合标准差		拟合相对偏差		柯氏拟合度	
	实际	模拟	实际	模拟	实际	模拟	实际	模拟	实际	模拟
齐齐哈尔	0.073	0.073	42.149	49.514	1.516	2.684	0.021	0.029	0.445	0.524
北京	0.034	0.032	65.783	63.552	12.24	6.827	0.059	0.049	0.502	0.434
南京	0.034	0.035	78.373	78.919	4.536	8.508	0.033	0.05	0.438	0.711
广州	0.023	0.022	98.627	100.31	10.476	10.024	0.064	0.054	0.707	0.616

由表 5.13 可以看出模拟结果与实际情形基本一致,这说明用随机模拟方法可以模拟出符合当前气候条件的极端降水序列,只要知道未来气候背景下降水的均值或方差的变化情况,完全可以对各站极端降水进行未来气候情景预测。

5.4.4　区域极端降水的预测

众所周知,由于温室气体增加等原因,全球气候有变暖的趋势,目前这一趋势仍然在继续。世界上科学家使用了多种全球气候模式,考虑到不同种温室气体排放情景下,预测了未来50～100 年的全球气候变化。虽然各模式预测的结果不尽相同,也包含有相当的不确定性,但都一致表明,温室气体的增加是 21 世纪气候变化的最大因子,在 IPCC 第三次评估报告中采用 SRES 排放方案下,预计全球平均地表温度在未来 100 年将上升 1.4～5.8℃。本节假定北半球平均温度增加 1℃。首先,根据北半球平均气温与区域平均降水的相关系数,发现 Z2 区(长江南部)和 Z9 区(渤海湾区域)分别为两个正、负相关比较显著的区域,对北半球平均温度的变化有较强的响应,他们的相关系数分别为 0.24 和 −0.28,都通过了 0.1 的显著性水平检验。这里就以这两个区域为例,研究未来气候条件下区域极端降水的概率分布模型。具体方法如下:假定未来北半球平均温度上升 1.0℃,组建北半球平均温度与区域年平均降水的线性回归方程,以及区域内各站平均降水与区域平均降水之间的线性回归方程,即可得到未来气候条件下各站平均降水的上升/减少的幅度估计值。

通过北半球平均温度与区域平均降水间建立回归方程,当北半球平均温度增加 1℃时,Z2 区和 Z9 区 5—10 月平均降水分别增加 19.5% 和减少 25.7%,Z2 区内各站的平均降水都有不同程度的增长,Z9 区内各站平均降水均有减少。在此基础上可得到假设未来气温增加 1℃的气候情景下,区域各站通过改变均值得到新的逐日降水 Weibull 分布概率模型,进而用 Gumbel 分布拟合新数列的极值而得到极端降水的概率分布模型。由表 5.14 可以看到,区域极端降水概率分布参数的当前值和未来预测值有一定的差异,Z2 区位置参数的变化要比尺度参数明显,Z9 区中尺度参数变化幅度较大。由图 5.4 看起来就更为直观。

表 5.14　区域极端降水的拟合值及其精度检验

		尺度参数	位置参数	拟合标准差	拟合相对偏差	柯氏拟合度
Z2 区	现在	0.044	130.632	5.702	0.024	0.058
	未来	0.048	148.746	4.471	0.021	0.076
Z9 区	现在	0.035	91.349	3.576	0.038	0.509
	未来	0.028	88.215	6.498	0.035	0.606

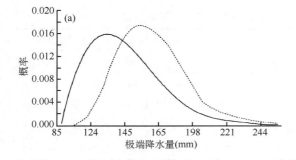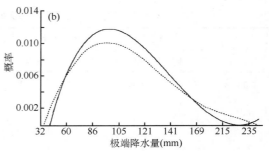

图 5.4　区域极端降水概率变化(a)Z2 区;(b)Z9 区

(实线:现在;虚线:未来)

可见 Z2 区模拟结果与观测资料的极值概率密度曲线有明显的向右位移,形状变化不大,对应为位置参数有明显增大,尺度参数变动较小。表现为右侧概率增加,大量级极端降水的再现期缩短。Z9 区位置参数变小,概率密度曲线有向左的位移,但偏移较小;相对来讲尺度参数变小更明显,即方差增大,表现为左右两侧概率密度增加,同样可导致大量级极端降水的再现期缩短。

利用适应性较强的 Weibull 分布拟合我国东部逐日降水,在此基础上借助 Monte-Carlo 随机模拟方法可产生现在气候背景下极端降水的气候特征的随机序列。进而可模拟出未来气候条件下,若平均气温升高 1℃,代表区域的极端降水序列,研究未来区域极端降水的概率变化特征。本节只考察了气候均值改变的条件下,未来区域气候极端值的概率预测问题,证明这是一种可行的方案。同时考察均值和方差的变化,对未来气候极端值的概率预测就更有意义,但这会使研究变得更加复杂,且一直以来就缺乏对气候方差变化特征的统计分析,另外平均值变化率的不确定性给方差变化研究带来困难,该问题有待进一步研究。

三、前沿篇

第 6 章　复杂气候系统与 Markov 过程

　　Markov 过程与复杂气候系统有什么关系？从表面上看，似乎两者并无联系。其实并非如此，两者关系很密切。众所周知，Markov 过程所描述的是系统状态转移规律，它本身既可表述线性系统问题又可表述非线性系统问题。地球气候系统本身就是一个复杂的非线性巨系统。地球气候的演化过程就是一种复杂的非线性变化过程。本章将从一般动力学系统出发，引入非线性动力学系统的概念，进而再引入大气动力学系统和涨落理论。由此出发，从非平衡态涨落现象引入主方程，而主方程中必然要涉及 Markov 过程的转移概率或跃迁概率及其变化规律性。

　　天气是瞬时时刻观测到的大气状态，而气候是长年观测到的整个大气状况。尽管天气和气候是地球大气的两个既有区别又有联系的不同概念。不过，许多科学家都一致公认，地球表层存在着一个相当复杂的非线性的地球气候系统。

　　近年来，人们将非平衡态热力学中有关的理论应用到大气中来，其主要工作是导出了大气系统的熵演化方程，或称为熵平衡方程，并由此方程判断是否会有诸如台风等耗散结构天气系统的出现。熵平衡方程是在非平衡线性区内导出的，根据热力学理论中的最小熵产生原理，大气系统在线性区的稳恒态熵产生最小，扰动态的熵产生随着时间而减小，一直减小到最小值回到原态，亦即大气系统在线性区内不可能出现有序行为。因此，熵平衡方程不能用作大气中出现耗散结构的判据。这样的判据只能到非平衡非线性区去找。大气系统中的线性区和远离平衡的非线性区如何判别？因为，系统处于定态的定义是状态不随时间而变，平衡态是在没有外界影响的条件下，系统的各个部分不随时间发生任何变化的状态。因此，平衡态是一种没有外界影响的特殊情况下的定态，线性区域的定态是近平衡处的定态。此时，外界的约束是弱的，向平衡态的过渡是连续的。因此，线性区的定态具有接近于平衡的一些性质，如空间的均匀性等，这种状态的稳定说明了一个系统如果服从线性规律，那么就不可能违反近于平衡这种基本的特征。因而不可能出现空间的自组织结构或时序结构。而且，如果一开始有某种有序结构存在，那么随着时间的变化，系统趋近定态这种线性区规律的作用，总要使有序结构受到破坏。通俗地讲，邻近平衡态的非平衡线性区是指这个系统中如有一个弱的强迫（广义力），系统向平衡态的过渡不会出现大规模的宏观定向运动，即不可能产生有序结构。相反地，在远离平衡时的非线性区，一旦有一个强迫后就会出现宏观的定向运动，即可能出现有序的结构。从运动尺度上讲，两者也是不一样的，线性区出现的运动只有分子运动自由程的尺度，如扩散过程。而非线性区出现的运动至少具有较大尺度的湍流特征。以上所论述的运动尺度只是对实验室流体而言，而对地球流体中的运动，由于运动尺度远比实验室中流体的运动尺度大。因而，在地球大气流体中，对于那些湍流，或甚至对流也可以看作为线性区内的运动，而把具有天气系统（高、低压）形成的运动才看作为非线性区内的运动。因此，我们考察大气中未来有可能产生天气系统的区域为远离平衡的非线性区，除此之外的区域为线性区。

6.1 一般动力学系统的描述

所谓系统是指由一些元素所组成的相互作用、相互制约着的具有一定功能的整体。例如，地球系统、气候系统、某一由物理元件所构成的能量系统等，都应看作某种系统，一般而言，所谓系统都是泛指物理（或化学或生物）系统。而通常对物理系统变化的全过程的描述，本质上就是一种描述动力学系统运动或变化的全过程。正如马克思所言，任何一门科学只有当它能用数学来表述时，它才真正成为一门科学。而事实上，物理学的任何数学表述，都是一种动力学的描述。

6.1.1 引言

众所周知，经典力学的运动方程是人们最初对于自然界认识的一种描述，例如，牛顿第二定律的表述：

$$F = m\frac{\mathrm{d}x}{\mathrm{d}t} \tag{6.1.1}$$

上式中若用 $-t$ 来反演时，其公式的形式保持不变。换言之，牛顿力学对于时间是可逆的。可见，在牛顿时代，人们认为，只要给定某个初始条件，就既可预测未来，又可决定过去。这就是所谓经典物理学中的确定论观点。显然，上述只用一个简单的微分方程来描述某种物理系统看来还是不完整的，至少是有局限性的。其理由有多个方面：①牛顿第二定律所描述的物理系统仅仅是一个线性系统，从理论上说，线性系统满足叠加原理，一个线性系统的动力学行为完全可用一组线性常微分方程来描述，从数学观点来看，常微分方程是可以求解析解的，正如一般高等数学教科书中所述，常微分方程往往可以在给定的初边值条件下，求得其通解和特解；②在现实中，一个物理系统并非完全是一个线性系统，在自然界中，大量存在着的是非线性系统，线性系统仅仅是实际系统的一个理想化的近似，还可认为，线性系统仅是真实系统在特定状态附近线性化的某种结果；③近年来，随着科学技术的迅速发展，人们发现非线性系统是更为广泛存在于自然界中的普遍现象，这已是公认的事实。

本章所涉及的内容，大多为非线性系统，而线性系统只作为特例来处理。

6.1.2 几个重要概念

（1）状态方程与状态向量

一个物理系统就其本质来说，它就是一个动力学系统。例如，某个单摆系统，就可用一个动力学方程来表示。在一般情况下，若有 N 个变量控制该系统，就可有对应的 N 个微分方程来表述，即有：

$$\begin{cases} x'_1 = f_1(x_1, x_2, \cdots, x_N, t) \\ x'_2 = f_2(x_1, x_2, \cdots, x_N, t) \\ \quad\cdots \\ x'_N = f_N(x_1, x_2, \cdots, x_N, t) \end{cases} \tag{6.1.2}$$

式中：$x'_1, x'_2, \cdots, x'_N$ 为该变量组的一阶导数，上述方程组又称为状态方程，而变量组 $x_1, x_2, \cdots, x_N$ 则构成了 N 维空间的 N 维向量，通常称为状态向量。一般地说，假定 $x_1, x_2, \cdots, x_N$ 表明该系统的位置坐标,则它们对于时间 t 的导数即为该系统的速度。由此可见,根据系统的变化时间、速度和位置坐标,就可完全描述该物体(或系统)的运动过程。若该状态方程中显含时间 t,则称其为非自治系统,若该状态方程中并不显含时间 t,则称该系统为自治系统。

(2)相图,相空间,相点,相平面

研究表明,大多数非线性系统的状态方程都没有解析解,而只能通过某种图表来显示其运动过程的轨迹。例如,位置与时间的关系图,或速度与时间的关系图,但是假如我们希望将某种物理系统的运动特性只用一张图来表示,例如,在(6.1.2)式中我们设法消去时间 t,就可得到 x'-x 的关系图。这类图表或图形就称为相图(这里即指相平面图),如为三维以上的相图,则称为相空间图。可见研究非线性系统的方法是一种几何动力学方法。事实上,几何动力学方法早在 20 世纪初已被广泛应用。其奠基人就是著名的物理学家庞加莱。他首先发现了系统的动力学轨迹在拓扑结构研究中的作用。即一个系统可以用一组最少的变量来描绘其全部动力学特性。这组变量所构成的向量就是状态向量。实际上它在状态空间所代表的状态,就是一个相点。由相点所形成的空间轨迹,实质上就是本小节中的(4)将要提到的著名的庞加莱映射所研究的主题。

(3)不动点

在相图中,相点的轨迹实际上就是线性(或非线性)运动方程的解。既然如此,则用相点及其轨迹研究物理系统的动力学特性是较为方便的。例如,式(6.1.2)所代表的一阶常微分方程是一个非自治方程,它在相点速度为零时,在相图上,当($x'_1 = x'_2 = \cdots = x'_N = 0$)的解称为不动点(也称为奇点)。不动点既有稳定的,也有不稳定的特征。由此又可研究其稳定性问题。

对于一阶常微分方程(a、b、c、d 均为实数):

$$\begin{cases} \dfrac{\mathrm{d}x}{\mathrm{d}t} = ax + by \\ \dfrac{\mathrm{d}y}{\mathrm{d}t} = cx + dy \end{cases}$$

令 $T = -(a+b)$,$\Delta = ad - bc$,则有特征方程 $\lambda^2 - T\lambda + \Delta = 0$,方程的根为:

$$\lambda_{1,2} = \frac{-T \pm \sqrt{T^2 - 4\Delta}}{2}$$

①结点:$\Delta > 0$,$T^2 - 4\Delta > 0$,且 λ_1、λ_2 为同号实根,则奇点为结点;

②鞍点:$\Delta < 0$,λ_1、λ_2 为异号实根,则奇点为鞍点;

③焦点:$\Delta > 0$,且 $T^2 - 4\Delta < 0$,λ_1、λ_2 为复根,则奇点为焦点;

④中心点:$\Delta > 0$,$T = 0$,λ_1、λ_2 为共轭根,则奇点为中心点。

(4)庞加莱(Poincare)映射

如前所述,由物理学家庞加莱所奠定的几何动力学方法,早在 20 世纪初已广泛应用。一个系统可以用一组最少的变量来描绘其全部动力学特性。为了引入庞加莱映射的概念,首先提出如下的一些概念。

①向量场:在空间区域 D 中,实际上,所有的点 $M(x)$ 都对应着一个向量,因此,在空间区域 D 中就构成了一种向量场或者相空间,此向量称之为状态向量。

②映射:假定 x 是一个集合,以其为第一坐标,如果对全部 $x \in X$ 的集合,其对应的只有唯一的一个 $y \in Y$ 与 x 的集合结成有序对(x,y),则第二坐标 y,连同有序对(x,y)就构成了一个集合 f,则称该集合 f 是将 X 变到 Y 的映射,可见所谓映射就是一种变换,例如:

$$Y = f(X) \tag{6.1.3}$$

③拓扑：设 X 为一个非空集合，则 X 的一个子集族 T 称为 X 的一个拓扑。如果它满足①X 和空集 $\{\}$ 都属于 T，②T 中任意多个成员的并集仍在 T 中，③T 中有限多个成员的交集仍在 T 中，则称集合 X 连同它的拓扑 T 为一个拓扑空间，记作 (X,T)。

④流形：拓扑流形的数学定义可以表述为：设 M 是豪斯多夫空间，若对任意一点 $x \in M$，都有 x 在 M 中的一个邻域 U 同胚于 m 维欧几里得空间 R^m 的一个开集，就称 M 是一个 m 维流形或 m 维拓扑流形。

现在我们来说明什么是庞加莱（Poincare）映射。如图 6.1 所示，假设在三维空间 $x_1 - x_2 - x_3$，某一动力系统的相空间轨迹为三维轨迹线 Γ，取 $x_3 = h$（常数）做一平面 s 平行于 $x_1 - x_2$，与轨迹 Γ 相截于点 $p_0, p_1, p_2 \cdots$。这样，在 s 平面上导致 Γ 从一个点穿到另一个点的映射 T，我们称之为庞加莱（Poincare）映射，记为：$P_{k+1} = T$ $(P_k = T(T(P_k))) = T^2 (P_{k-1})$。平面称为庞加莱截面。如果系统有单一解，则可由 P_0 完全地确定 P_1，P_2，……。如果把系统时间 t 换成 $-t$，则可以通过映射

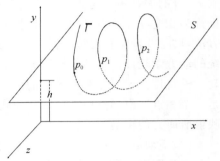

图 6.1　庞加莱截面示意图

T 由 P_{k+1} 确定 P_k，最终确定 P_0，这种映射成为截面 s 对自身的可逆映射。由于使用了庞加莱截面，动力系统连续演化轨迹就可用一个离散的时间映射代替。

（5）极限环

在相图中，不动点附近的轨迹线若为孤立的闭轨迹，则称为极限环。从数学意义上说，线性常微分方程的周期解在相图上对应的是一条闭曲线轨迹，例如：

$$\begin{cases} \dfrac{dx}{dt} = f(x, y) \\ \dfrac{dy}{dt} = f(x, y) \end{cases} \tag{6.1.4}$$

而所谓极限环，其实就是一种孤立的周期解。例如，考虑一个非线性系统：

$$\begin{cases} \dfrac{dx}{dt} = -x + y[1 - (x^2 + y^2)] \\ \dfrac{dy}{dt} = x + y[1 - (x^2 + y^2)] \end{cases} \tag{6.1.5}$$

它以点 $(0,0)$ 为不动点，因它在 $(0,0)$ 处有近似方程：

$$\begin{cases} \dfrac{dx}{dt} = -x + y \\ \dfrac{dy}{dt} = x + y \end{cases} \tag{6.1.6}$$

由此就可得到相图上的周期解为单位圆。其实，这就是极限环的一个特例。

（6）吸引子与混沌吸引子

吸引子是动力学方程的解在相图中描绘出的轨迹终态集，它是动力学系统在相空间中最后的稳定态。吸引子可以区分为一般吸引子和奇异吸引子两类。一般吸引子具有不动点、极限环和整数维的环面三种模式，分别对应于非混沌系统中的平衡、周期运动和概周期运动三种

有序稳态运动形态。例如,一个孤立的单摆运动,将因摩擦而不断损失能量,最后停止在一个点上,可认为这个系统受一个"不动点吸引子"的控制。

奇怪吸引子又称为混沌吸引子,一切不属于一般吸引子的都称为奇异吸引子,对应于混沌系统中非周期的、貌似无规律的无序稳态运动形态。例如,气候就是天气系统的奇异吸引子,由于大气过程的复杂性和不断地受太阳热量等外力的驱使,导致气候不可能被吸引到一个固定点或者一个周期性的模式中。

奇怪吸引子有两个最重要的特征:①对初始条件有敏感的依赖性。在初始时刻从这个奇怪吸引子上任何两个非常接近的点出发的两条运动轨道,最终必会以指数的形式互相分离。由于混沌对初值极为敏感,它表现为局部不稳定。但对耗散系统而言,则又具有相体积收缩的特性,因而造成轨道无穷多次折叠往返。②它具有非常奇特的拓扑结构和几何形式。奇怪吸引子是具有无穷多层次自相似结构的、几何维数为非整数的一个集合体。

6.1.3　系统的稳定性分析

稳定性是系统理论中的一个重要概念。某一系统是否稳定可从下列三方面来考察:①相空间轨道的稳定性;②系统演化状态(即微分方程解)的稳定性(李雅普诺夫函数);③系统的结构稳定性。

如上节所述,某个系统的演化过程通常可以用一组微分方程来描述,系统的演化状态就是它的解。所以,系统在某一状态的稳定性可以通过其微分方程解的稳定性分析来实现。这就是后文要提到的李雅普诺夫函数。

若一个微分方程(线性或非线性):

$$\frac{\mathrm{d}x}{\mathrm{d}t} = f[\{x_j\}, \cdots, A, t] \tag{6.1.7}$$

对于初始条件 $x_i(0)$,解 $x_i(t)$ 是稳定的,就意味着对任意给定的小量 $\varepsilon > 0$,总能找到一个 $\delta = \delta(\varepsilon) > 0$,使得当:

$$|x'_i(0) - x(0)| < \delta \tag{6.1.8}$$

能有当 $t > t'$,有 $|x'_i(t) - x(t)| < \varepsilon$ 成立(以 $x'_i(0)$ 为初始条件)。我们以线性系统为例更为形象直观地说明系统的稳定性。若线性系统在初始扰动的影响下,其动态过程随时间的推移逐渐衰减并趋于零(远离平衡工作点),则系统渐近稳定,简称稳定;反之,若在初始扰动的影响下,系统的动态过程随时间的推移而发散,则称系统不稳定。

定义①:对 n 阶自由系统 $x = f(x, t)$,若存在某一状态 x_e,对所有 t 都有 $f(x_e, t) \equiv 0$,则称 x_e 为系统的平衡状态或平衡点。

定义②(李雅普诺夫意义下稳定):对任意 $\varepsilon > 0$,存在 $\delta(\varepsilon, t_0) > 0$,当 $x_0 - x_e < \delta$,有 $\| x(t) - x_e < \delta$,(对 $t > t_0$),则称平衡状态 x_e 是李亚普诺夫意义下稳定,简称李氏稳定。若 $\delta(\varepsilon, t_0) = \delta(\varepsilon)$ 与 t_0 无关,则称一致李氏稳定。

定义③(渐近稳定):若系统不仅是李亚普诺夫意义下稳定,且有 $\lim\limits_{t \to \infty} x(t) = x_e$,则称平衡状态 x_e 是渐近稳定。若 $\delta(x_e, t_0) = \delta(\varepsilon)$ 与 t_0 无关,则称一致渐近稳定。

定义④(大范围渐近稳定):若对任意 x_0,都有 $\lim\limits_{t \to \infty} x(t) = x_e$,则称平衡状态 x_e 是大范围渐近稳定。

定义⑤(不稳定):对任意给定实数 $\varepsilon > 0$,不论 δ 多么小,至少有一个 x_0,当 $|x_0 - x_e| < \delta$,

则有 $|x(t)-x_e|>\delta$,则称 x_e 不稳定。

6.1.4 地球气候系统的稳定性

假定我们从宇宙的宏观视野看待地球气候系统(简称为地气系统),它实际上就是一个以"大气和海洋"为主体(简称为海气系统)的开放系统,严格地说,气候系统是一种复杂的非线性开放型巨系统。从理论上说,现在我们所观测到的气候是稳定的,否则所有的生物包括植物、动物和人类就无法在大气中生存。因此,一般认为在一个相当长时间内大气的熵是不随时间变化的物理量。令 s 表示热力学熵,t 为时间,即有:

$$\frac{\mathrm{d}s}{\mathrm{d}t}=0 \tag{6.1.9}$$

换言之,根据非平衡态热力学理论,可以证明,地球气候系统作为整体,它满足一般开放系统的熵平衡方程。即有:

$$\frac{\mathrm{d}_e s}{\mathrm{d}t}=-\frac{\mathrm{d}_i s}{\mathrm{d}t} \tag{6.1.10}$$

上式表明,现在观测到的气候状态,满足热力学最大熵增加原理,根据地球气候的熵平衡方程,应有:

$$\frac{\mathrm{d}s}{\mathrm{d}t}=\frac{\mathrm{d}_e s}{\mathrm{d}t}+\frac{\mathrm{d}_i s}{\mathrm{d}t} \tag{6.1.11}$$

其中,等式左边 $\mathrm{d}s/\mathrm{d}t$ 为系统内外的熵交换率,等式右边的两项分别为系统内部由于不可逆过程而形成的熵产生率 $\mathrm{d}_i s/\mathrm{d}t$ 和地球气候系统与外界的熵交换率 $\mathrm{d}_e s/\mathrm{d}t$。图 6.2 示意性地给出了上式所代表的熵平衡模式。

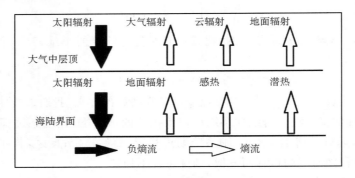

图 6.2 地球气候系统的熵平衡模式示意

6.2 非线性动力学(含大气动力学系统)

纵观大气科学的发展史,可以说,它的每一重要进展都是与基础自然科学的新成就分不开的。因而我们也可以说,大气科学中的基础研究就是运用基础自然科学的研究成果解决大气科学的基本理论问题。可见,大气科学当今的一些成就,相对于自然科学基础理论而言,只是一类应用性的基础研究。

如本章 6.1 所述,在自然界中,大量存在着的是非线性系统。而线性系统仅仅是实际系统的一个理想化近似,且线性系统仅是真实系统在特定状态附近线性化的某种结果。从数学上说,线性系统满足解的叠加性原理。通常,非线性微分方程就是非线性系统动力学描述的主要工具。一般认为,非线性动力学模型,往往无法解析求解,而只能通过数值化方法求解,这就发展出了用于非线性动力学的数值模拟方法。

从热力学理论出发,首先可将任何一个系统划分为:①孤立系统,②封闭系统,③开放系统。其实,这是从系统本身与外界环境的关系出发所做的一种分类。还可从不同的角度对系统作某种形式的分类,例如,常用的是按照系统内部各子系统之间关系分为:①线性系统,②非线性系统。当然还可按系统的复杂程度分为简单系统和复杂巨系统等。显然,在自然界中,大量存在着的是非线性系统。针对非线性系统所研究的动力学问题,在实际中大量存在。

对于非线性科学,可以这样来认识,其第一阶段是 1972 年由法国数学家托姆(Thom)提出"突变论"开始的,后又由比利时物理学家 1977 年诺贝尔奖获得者普利高津(Prigogine)提出著名的"耗散结构"理论。由此开始,有人称其为非线性科学的第二阶段。21 世纪以来,对大气科学而言,我们仍然关注着两个重要主题:耗散结构理论、分形与分维理论。

6.2.1 耗散结构理论

如前所述,系统可分为孤立系统、封闭系统和开放系统。对于开放系统而言,它与外界既有能量交换,又有物质交换。按照热力学第二定律,一个孤立系统可以自发地从非平衡态演化为平衡态,但却不能又从平衡态自发地转回到非平衡态。如何来度量一个系统远离平衡态的程度? 物理学史上,早就有人用统计物理量熵来度量一个系统远离平衡态的程度。当物理系统为平衡态时,已经证明其熵值为最大。孤立系统如从非平衡态向平衡态演化,实际上为一个不可逆过程。显然,热力学第二定律是一种熵增加的定律。其中有一类称为耗散结构的描述方法是指,对于一个开放系统,假定将其熵增加量分为两部分,即有:

$$ds = d_e s + d_i s \tag{6.2.1}$$

式中:右端第一项为 $d_e s$,表明系统与外界的熵交换,或者通常理解为所谓熵流的概念;右端第二项为 $d_i s$ 为系统内部的熵增加或称为熵产生;其意义是说,第一项的正负不定或为零,而第二项应始终为非负或正值。这就表明,开放系统的熵变化可以仍旧用

$$ds \geqslant 0 \quad 或 \quad ds \geqslant d_e s \tag{6.2.2}$$

来表述。因为对于孤立系统而言,$d_e s = 0$。特别对于外界输入的负熵流等于系统内的熵产生时,即有:

$$d_i s = -d_e s \tag{6.2.3}$$

系统总熵值的变化等于零,这正表明了系统处于某一种定态。若为开放系统,则表明系统处于非平衡的定态。根据热力学第二定律,系统处于平衡态时可用一组宏观参量(即平均量)加以描述。但对于偏离平衡态不远的非平衡态,尽管如此,我们还可用系统的局域平衡假定来代替。这样,对于系统整体来说虽为非平衡的,但其每一小部分的"弛豫时间"远小于总系统的"弛豫时间",于是,这就构成了局域平衡假定的基础。由此就可用熵的可加性来处理上述问题。于是最终形成了开放系统处于定态时必须(必定)具有与外界不断的能量交换,以维持局域平衡态。表述为数学公式即应有:

$$\frac{\partial S_v}{\partial t} = -\text{div} J_s + \alpha \tag{6.2.4}$$

式中：熵流密度向量的散度为 $\mathrm{div}J_s$；α 为系统在局域熵平衡假定下，其内部的熵产生率。其计算公式为：

$$\alpha = \sum J_s \cdot X_s \qquad (6.2.5)$$

显然，对不可逆过程有 $\alpha > 0$，而对于可逆过程或平衡态则有 $\alpha = 0$。

如前所述，在相图中，流形中如果出现了图 6.3 所示图像，则称之为耗散结构。

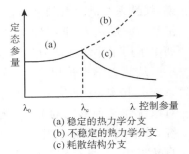

(a) 稳定的热力学分支
(b) 不稳定的热力学分支
(c) 耗散结构分支

图 6.3　耗散结构分支示意

6.2.2　分形与分维学说

在传统的几何学中，人们描述某个空间或客体的特征往往是由维数来确定的，例如，点是零维的，线是一维的，面是二维的，立体则是三维的。后来爱因斯坦相对论出现后，人们又将时间变化视为一个维数，于是有了四维的时空观概念。更进一步的是人们提出了 N 维欧氏空间的概念，可以认为，现在人们认识到的维数已达到了成千上万。但是，上述维数都是指的整数维，且它们都只能用来描述某种规则图形。这当然是传统的几何学的概念。但是，现实世界中，还有一类更为复杂的图形，它们极不规则，如弯曲的海岸线、延绵起伏的山脉、变幻不定的云彩和繁星点缀的银河等，这些不规则图形的几何特征，如用传统的整数维图形来描述，那是无能为力的。然而，以往人们只能用近似的整数维来描述。20 世纪 70 年代，由美国 IBM 的数学家提出了一个新概念——分形（fractal），从而促进了分数维几何学的诞生。

6.2.3　协同学与自组织及序参量的概念

与耗散结构理论的背景一样，对"活"的结构的研究，又导致了一门新兴学科——"协同学"的诞生。由德国科学家哈肯创立的"协同学"这门科学，更加丰富了原有的耗散结构理论，目前人们将这两门学科统称为"自组织理论"。

1970 年代，德国物理学家哈肯（H. Haken）首创"协同学"（synergetics）理论，在近几十年中有了长足的发展。所谓"协同学"应当理解为"协调合作之学"。不少学者认为，"协同学"就是研究系统从无序到有序的演化规律的一门新兴的综合性学科。自 1978 年以来，关于协同学理论和应用方面已经出版了 20 多部著作，并发表了大量的研究论文，可见这门学科的发展非常迅速。目前，"协同学"已经成功地应用于许多学科，如物理学、化学、生物学、医学、地球科学、环境学、社会学、经济学等，几乎涵盖了整个自然科学和社会科学的各个领域。哈肯认为，在某一系统中的"合作现象"之背后一定还隐藏着某种更为深刻的普遍规律，这就是"协同"规律。1969 年 H. Haken 首次提出了"synergetics（协同学）"这一名称，并于 1971 年与格雷厄姆合作撰文介绍了"协同学"。1972 年在联邦德国埃尔姆召开第一届国际协同学会议。1973 年这次国际会议论文集《协同学》出版，从此，"协同学"即成为一门举世瞩目的新学科，活跃在世界科学之林。1977 年以来，"协同学"更进一步研究从有序到混沌的演化规律。1979 年前后，联邦德国生物物理学家艾根又将协同学的研究对象扩大到生物分子学领域中。

从理论上说，协同学研究一个复杂系统在外参量的驱动下，并在子系统之间的相互作用下，以自组织的方式在宏观尺度上形成空间或时间或功能上的有序结构的条件、特点及其演化规律。人们又将具有这种有序结构的复杂系统，称之为协同系统。其系统状态是由一组状态量来描述的。这些状态量随时间变化的快慢程度并不相同。当系统逐渐接近于发生显著质变的临界点时,变化慢的状态参量的数目就会越来越少,有时甚至只有一个或少数几个。这些为数不多的慢变参量就完全确定了系统的宏观行为并表征系统的有序化程度,故称为序参量。那些为数众多的快变参量就由序参量所支配,并可绝热地将它们消去。这一结论称为"支配原理",它正是协同学的基本原理。序参量随时间变化所遵从的非线性方程称为序参量的演化方程,是协同学的基本方程。演化方程的主要形式有主方程、有效朗之万方程、福克—普朗克方程和广义京茨堡—朗道方程等。所以,协同学的主要研究内容就是用演化方程来研究协同系统的各种非平衡定态和不稳定性(又称非平衡相变)。在分析不稳定性时,常常用数学中的分岔理论,在具有势函数存在的特殊情况下也可应用突变论。当然,协同学的求解也常采用数值方法,尤其是在研究瞬态过程和混沌现象时更是如此。

协同学有着广泛的应用。在自然科学方面主要用于物理学、化学、生物学和生态学等方面。协同学与耗散结构理论及一般系统论之间有许多相通之处,以致它们彼此将对方当作自己的一部分。实际上,它们既有联系又有区别。一般系统论提出了有序性、目的性和系统稳定性的关系,但没有回答形成这种稳定性的具体机制。耗散结构理论则从另一个侧面解决了这个问题,指出非平衡态可成为有序之源。

从更深层次上说,"自组织理论"又是"耗散结构理论"和"协同学"的总称。什么是自组织?通俗地讲,就是系统在没有外部特定的干预下,依靠相互的协调与合作获得一种功能和结构的有序。譬如,一个企业的生产系统,工人们依靠相互的某种默契,协同动作,各尽职能地生产产品,这个过程就可称为自组织过程。

协同学是以定量化方法来研究系统的自组织过程。描述系统特征的状态变量数目非常之大。由于复杂系统演化的方程一般都为非线性微分方程组。大家知道,线性微分方程组的函数解一般都不易得到,因而非线性微分方程组的函数解基本得不到,那我们建立的描述系统的微分方程又有何用?哈肯在仔细研究了激光的自组织过程中发现,导致系统自组织现象的因素虽然众多,但具有关键作用的却很少,因此可以通过一定的数学方法突出导致系统自组织的主要因素,忽略其次要因素。这样,十分复杂的非线性微分方程组就可简化为可以通过一般数学方法求解的微分方程,从而显现自组织现象的清澈图像。

协同学可以用某种特定的参量即序参量来刻画系统由无序到有序的普遍规律。序参量是相变理论中描述一个系统的宏观有序程度的参量,序参量可以反映系统从无序向有序的转变。序参量的变化,遵循概率分布随时间变化的所谓"主方程",其意义是用确定的方程来描写随机的、不确定的过程。在不同条件下,求解序参量遵循的主方程,原则上可以描述从无序到有序的形成过程及其形成的结构。哈肯在描写临界现象时采用了突变理论来判断序参量方程的类型,描述有序结构形成的质变过程。

然而,在一个系统中的变量成千上万,怎样选择一个或几个序参量描述系统在临界点处的有序程度及其变化呢?哈肯发现,不同变量在临界点处的行为是不同的,绝大多数参量在临界点附近的阻尼大,衰减快,对转变的进程没有明显的影响;只有一个或几个参量会出现临界无阻尼现象,它不仅不衰减反而始终左右着演化的进程。哈肯把前者称为快变量,而将后者称为慢变量。慢变量主宰着系统的演化进程,决定演化结果出现的结构和功能,这就是表示系统有序程度的序参量。即快变量服从慢变量,序参量由子系统协同作用产生,序参量又支配着子系统的行为。采用统计物理学中的绝热消去法,可得到只含有一个或几个参量的序参量方程,使方程中消去大量的快弛豫变量。这样,方程求解就大为简化。哈肯实际上得到了具有普遍意义的支配原理的数学理论。

实质上,序参量代表了系统的有序化程度大小,众所周知,系统的熵达到最大时,正是它最为无序之时,即它等价于系统有序化的起点为 0,因此,我们可将系统偏离热力学平衡态的程度作为系统有序度的尺度。为此,香农(Shannon)用下式引进了有序度的概念:

$$R=1-\frac{S}{S_M} \tag{6.2.6}$$

式中:S_M 为系统最无序时的熵值,当系统处于某状态时,达到 S_M 时系统有序度为 0,反之,我们对理想系统取为 1,可见,R 在 0~1 间变化,但应当注意的是,当 $R\neq0$ 并不意味着它就是自组织系统。此外,系统能够用吸收环境负熵的方式来增加或维持其有序,这往往是自组织系统的一个特点;所谓自组织系统,又可以从上述有序度的定义来理解:即系统的有序度若随着时间的推移而增长,则称其为自组织系统。

6.3　涨落理论及其大气科学的应用

涨落理论是统计物理学的重要内容之一。众所周知,在平衡系统中,涨落量运用爱因斯坦公式即可描述:

$$P(\delta x)\sim\exp\left[\frac{\delta^2 S}{2k}\right] \tag{6.3.1}$$

这里的爱因斯坦公式是指平衡态附近的涨落而言的。这是统计物理学中早已解决的问题。上式中 δx 表示距平 $x-\bar{x}$ 变量在均值 $\bar{x}$ 附近的涨落,而左端即为这一涨落的概率。显然它正比于熵的二级变分,式中常数 k 即为玻尔兹曼常数。

6.3.1　涨落理论的概率描述

在一个宏观系统中,为什么会发生涨落现象?且涨落较小?这是因为,对于平衡系统而言,热力学量的涨落服从高斯分布,它能够维持该宏观系统的热力学平衡。而在线性非平衡区,涨落就成了破坏平衡的干扰因素了,从而使系统偏离平衡的定态。但是由于系统是非常稳定的,它们本身具有很强的抗干扰能力,故涨落将会逐步衰减直到消失。但是,在远离平衡的非线性区,往往一个很小的涨落通过相干效应就可能产生大的"巨涨落",从而使得不稳定的定态改变为另一个新的有序的稳定态。由此可见,涨落在此转变过程中起到了一种"触发"作用。如前所述,当新的分支点出现后,才可能发生这种状况。为什么呢?因为在任一宏观系统中,都会有大量的自由度(如分子存在)。在统计物理学中,我们知道,一般地说,无论何种物理量都可能是仅有一个极大值的高斯对称分布。根据概率论,显然,偏离平衡定态愈大的可能性愈小,从统计学的角度来看,所谓涨落实质就是偏离平衡定态的离差大小,所以,对平衡区涨落的研究必然涉及概率的概念。

6.3.2　平衡态涨落与非平衡态涨落

这里更为具体地说明平衡态涨落与非平衡态涨落的区别与联系:对于平衡态来说,由于其在稳定的定态附近,往往物理量的涨落服从对称铃形分布(如高斯分布),小的涨落可以忽略不计,而大的涨落又往往正负抵消,所以,涨落可视为在局域内的短时间性的现象;而非平衡态涨落则不同,它们在时间或空间上都有一定的相关性,这就是平衡态涨落与非平衡态涨落的最大区别。

6.3.3 非平衡涨落与 Markov 过程在主方程中的应用

何为主方程? 为了说明该问题,首先让我们回顾一下量子力学的概念:量子力学是从微观世界来观察物理现象的宏观变化过程的一门学科,在微观世界的描述中引入了概率的概念。而在微观描述中涨落和概率是两个极为重要的概念。由著名的诺贝尔奖获得者普利高津所领导的比利时布鲁塞尔学派认为,在微观世界引入概率的概念是一个巨大的进步,它使得一切物理学的现象归根到底都是量子物理学的现象。有人说,一切物理学的问题,在微观水平上,都具有不确定性,换言之,从微观角度来观察,万事万物都非确定论的。当然这一论述是否为普遍真理还需更多的研究来证实。所谓主方程是指,任一系统的变化过程都可通过量子力学的思想用一种中间层次的方式得出的方程,可以考虑在某单位时间内概率密度函数的转移概率的变化规律,但这只是在系统的变化满足 Markov 过程的假设条件下所得到的。

$$\frac{\mathrm{d}p(k,t)}{\mathrm{d}t} = \sum_{l \neq k} \left[f_{lk} p(l,t) - f_{kl} p(k,t) \right] \tag{6.3.2}$$

式中:f_{lk} 表示从 l 态到 k 态的转移概率,又称为跃迁概率;$p(l,t)$ 为系统在时刻 t 处于 l 态的概率密度;而 $p(k,t)$ 则为处于 k 态的概率密度,显然,对所有 $\left[f_{lk} p(l,t) - f_{kl} p(k,t) \right]$ 求和就等于在单位时间中由 l 态到达 k 态的转移次数。主方程表明,只要知道了转移概率和转移概率函数就可求得从状态 A 到状态 B 的转移规律,从而得到概率密度函数的变化规律,实际上就是知道了涨落的变化规律。但是由于转移概率 f_{lk} 往往是非线性的,所以它们的求解很困难,在数学处理上只能用数值方法求解。显然,若回顾一下概率论就可发现,上述方程右端实际上就是一种全概率公式。

值得指出的是,主方程是指一类方程而言的,除了上述主方程外,后面将要提到的朗之万 (Langewin) 方程和福克尔—普朗克 (Fokker-Planck) 方程则是另一种主方程。以下我们专门来说明什么是转移概率及跃迁概率。

6.3.4 转移概率,跃迁概率和跃迁速率

如前所述,除了平衡态附近的涨落以外,在非平衡态附近的涨落,如果是不稳定的,则就会出现巨涨落。所谓转移概率,它是指 $P_{i,j}(t_r, t)$ 而言的,即认为从状态 i 转移到状态 j 的转移概率,而这里,我们通过主方程用转移概率的概念来描述转移概率函数的变化规律,为了应用上的便利,有的学者称其为跃迁概率,即从状态 i 跃迁到状态 j 的概率。而所谓跃迁速率,从状态的变迁来看,就是单位时间内,由状态 i 跃迁到状态 j 的速率,可用下式表示:

$$f_{ij} = \lim_{\Delta t \to 0} \frac{p(i \mid j, \Delta t)}{\Delta t} \tag{6.3.3}$$

由此可见,f_{ij} 实质上是描述跃迁速率大小的物理量。例如,在第 1 章中,我们曾提到爱伦菲斯特的"罐子试验",其中涉及罐中球的转移概率,实际上就是跃迁概率。现在假定有 A 和 B 两个罐子,并有 N 个球分布在 A 和 B 两者之中,则可以认为在时刻 N_t,A 中有 k 个球,B 中有 $N-k$ 个球,如果假定罐中球的转移概率与其球数成正比,那么,将某一球从 A 转到 B 中的跃迁概率即为 $\frac{k}{N}$,而由 B 转到 A 中的跃迁概率显然应为 $1 - \frac{k}{N}$,若持续将这一试验进行到底,则

可得其最可几分布(图1.3)。当 N 很大时最终达到平衡,两罐各有 $\dfrac{N}{2}$ 的球数。

6.4　两个重要的随机微分方程

假定气候系统为随机—动力系统,通常要描述其运动过程往往采用两种重要的思路:其一为协同学方法;其二为耗散结构方法,其相应的主方程即为朗之万(Langewin)方程和福克—普朗克(Fokker-Planck)方程。

6.4.1　朗之万(Langewin)方程

对气候系统的运动方程:

$$\frac{\mathrm{d}x}{\mathrm{d}t} = F(x,\alpha) \tag{6.4.1}$$

上式右端增加一随机项,即为:

$$\frac{\mathrm{d}x}{\mathrm{d}t} = F(x,\alpha) + g(x,t)\Gamma(t) \tag{6.4.2}$$

上述方程称之为朗之万(Langewin)方程。朗之万方程的广义形式又可写为:

$$\frac{\mathrm{d}u}{\mathrm{d}t} = -\beta u + \Lambda(t) \tag{6.4.3}$$

1827年,英国植物学家在观察悬浮于液体表面的植物花粉运动时发现,它由于受到周围其他粒子的连续水平不规则作用力的影响而出现无规则的随机运动,后人称为布朗粒子的布朗运动。实际上,所谓的布朗运动即是前已述及的涨落现象的根源。由于布朗粒子本身十分微小,其直径仅有 10^{-6} m,实质上,朗之万方程就是英国植物学家布朗发现的布朗运动的描述方程之一。如只考虑植物花粉微粒在 x 方向的水平运动,其微分方程即可写为:

$$\frac{\mathrm{d}^2 x}{\mathrm{d}t^2} = -\beta \frac{\mathrm{d}x}{\mathrm{d}t} + \Lambda(t) \tag{6.4.4}$$

上式中,假定 β 为阻尼系数,而 $\Lambda(t)$ 可看作为一种广义随机力。于是,朗之万方程就可写成下列广义形式:

$$\frac{\mathrm{d}u}{\mathrm{d}t} = -\beta u + \Lambda(t) \tag{6.4.5}$$

事实上,这里的变量 u 和 $\dfrac{\mathrm{d}x}{\mathrm{d}t}$ 不一定就是原来意义上的坐标变量和速度,而应当理解为广义坐标和广义速度。

6.4.2　福克尔—普朗克(Fokker-Planck)方程

为了应用方便,上述朗之万(Langewin)方程还可进一步演化出福克—普朗克(Fokker-Planck)方程。当然,也可从物理意义更为清晰的观点来得到该方程。

(1)方程的推导

众所周知,影响气候系统发生变化的因子相当多。从物理意义上说,这是由于地球气候系统的自由度很大的缘故,现若假定其自由度为 N 个,则作为系统参量来描述时,就只应有很少,若设为 n,显然,应有 $n \ll N$。这就意味着,在系统中,往往除少数几个宏观参量可控制其行为特征以外,其余的就以涨落的形式表现出来,换言之,我们所观测到的宏观参量所发生的种种偏离,实际上就是人们经常观测到的随机涨落现象。现假定在随机气候模式中,朗之万(Langewin)方程的变量 u 为全球平均气温 T,则由 Langewin 方程可具体写出:

$$\frac{\mathrm{d}T}{\mathrm{d}t} = f(T,\lambda,t) + F(t) \tag{6.4.6}$$

式中:$f(T,\lambda,t)$ 可看作为作用于气候系统的某确定性的外力,而 λ 则可视为与其有关的参量,如前所述,右端第二项 $F(t)$ 仍为一随机力。为了推导方便,可类比地将上述左端项理解为布朗微粒的广义速度。于是,描述布朗微粒的广义速度的运动方程即可用上式表示,可以想象,对于某时刻 t 来说,确定微粒速度的概率密度应为:

$$P(X,t) = \delta[x - x_t] \qquad t = 1,2,\cdots,n \tag{6.4.7}$$

则对于 t 时刻而言,其所有可能取值的均值应为其期望值,即有:

$$<(P(X,t))> = <[\delta(x - x_t)]>$$

这里,$<*>$ 符号可理解为对其求平均,假定在时间 Δt 内,其概率密度的变化为:

$$\Delta(P(X,t)) = P(X,t+\Delta t) - P(X,t) \tag{6.4.8}$$

则将(6.4.7)式代入上式,就有:

$$\Delta(P(X,t)) = <\delta(P(X,t+\Delta t)) - P(X,t)> = <\delta(X - X(t+\Delta t))> - <\delta(X - X(t))>$$

若令 $X(t+\Delta t) = X(t) + \Delta X(t)$,于是,可将上式按 ΔX 展成幂级数,略去高次项,即可得:

$$\Delta(P(X,t)) = <\frac{\partial}{\partial X}[\delta(X - X(t)]\Delta X + \frac{1}{2}\frac{\partial^2}{\partial X^2}[\delta(X - X(t)](\Delta X)^2> \tag{6.4.9}$$

对(6.4.9)式两端在 $t \sim t+\Delta t$ 区间积分就可得到:

$$\int_t^{t+\Delta t} \frac{\mathrm{d}^2 X}{\mathrm{d}\tau^2}\mathrm{d}\tau = \int_t^{t+\Delta t} -\beta X(\tau)\mathrm{d}\tau + \int_t^{t+\Delta t} \Lambda(\tau)\mathrm{d}\tau \tag{6.4.10}$$

由此可得,

$$X(t+\Delta t) - X(t) = -\beta X(t)\Delta t + \Delta\Lambda(t)$$

$$\Delta X = -\beta X(t)\Delta t + \Delta\Lambda(t)$$

再经过一系列假定,最终得到与朗之万方程相对应的福克尔—普朗克(Fokker-Planck)方程:

$$\frac{\partial P(X,t)}{\partial t} = -\frac{\partial}{\partial X}[(f(X,t)P(X,t)] + \frac{1}{2}\frac{\partial^2}{\partial X^2}[QP(X,t)] \tag{6.4.11}$$

研究表明,这一推导是在不很严格的假定条件下,由福克尔—普朗克得到的,故称其为福克尔—普朗克(Fokker-Planck)方程,严格的推导方法,是由柯尔莫哥洛夫建立在随机扩散过程基础上的推导。由于其推导过程较为复杂,且其解的存在性和唯一性的讨论更为复杂,本书不再探讨。

(2)方程的意义

如前所述,我们从布朗运动出发所写出的 Langewin 方程是一种未考虑随机变量概率密度变化的方程,在此基础上,可以进一步演化出考虑随机效应的福克尔—普朗克方程。其重要意义就在于,几乎所有描述地球气候系统的随机能量平衡方程(模式),都涉及福克尔—普朗克方程。

早在 20 世纪 70 年代中期,Hasselmann(1976)和 Paltridge(1975)就分别从两种不同的思路提出了统计和动力相结合的所谓"随机—动力气候模式"。尽管这两种不同的随机—动力气候模式的思路有所区别,但在数学处理上都具有共性。那就是它们都涉及统计物理或统计力学中用以描述布朗运动的 Fokker-Planck 方程及其变量的概率分布密度的时变特征。也有一种观点认为,将气候状态与 N 维相空间的对应点联系起来,从而将求解 Fokker-Planck 方程变为求解平衡态概率分布的问题(曹鸿兴,1994)。

第 7 章　若干问题的探讨

　　本书所叙述的问题仅仅是气候统计学的一个分支。仅就这个学科分支而言,还有许多理论和应用问题值得探讨。近年来,在全球变暖背景下,各国科学家就气候变化问题的研究又有许多新的见解和成果,本书不可能一一列举,而只能就几个方面的问题加以探讨。

7.1　不确定性问题

　　近年来,美国科学家波拉克(H. N. Pollack)在其所著的《不确定的科学与不确定的世界》一书中以大量的篇幅说明了科学和客观世界充满了不确定性。从而使得在大多数人眼里以"发现规律为己任"的科学,给人类展示的总是确定性事物的本质受到了质疑和严峻的挑战。一般公众认为,科学之所以成为"科学",就是因其揭示了某种"确定性"规律或事物的本质。最明显的例子是,牛顿"万有引力"学说诞生以来,不少科学界的权威和大师们都认为,世界万事万物的运动规律都是确定的。其实并不尽然,例如,预测未来某一事物的变化(如天气、气候或火山、地震等)往往具有一定的风险(即不确定性)。完全能做出与现实非常接近的预言,一般都不能如愿。

　　近几十年来,讨论热烈的非线性科学、混沌理论等研究成果表明,由确定性微分方程可以导出貌似随机的混沌结果,这对于支撑许多科学问题的种种确定性观念受到了挑战。事实上,在自然界乃至人类社会中,不确定性本来就是客观存在的,这就使得许多学科的科学家们对根据一些数学物理定律而构建的种种"模型"有必要重新审视一番。例如,在大气科学中,牛顿力学应用于旋转流体而导出的 Navie-Stokes 方程及热力学第一定律所导出的热力学方程,迄今已成为确定论的大气科学方法论的坚实基础。近 20 多年来,在大气动力学基础上发展起来的动力气候数值模拟更加支持了确定论的研究方法和思想。但是,任何一门科学,人们所考察的都只是"有限现象"。自然辩证法认为,一切有限现象都包含有偶然性的成分,因此,科学所研究的一切(物理、化学、生物)过程都包含着偶然性成分,它的外在表现当然就是不确定性。从哲学理论上说,"偶然性"并不阻碍对于各种现象的科学认识,它恰恰是相对于必然性的新的生长点,随着人类对世界认识的深化,各个必然过程的交叉点上所出现的偶然性将逐渐减少,但是,人类对于无穷世界的认识,永远不可能到达"终结真理"的顶点。换言之,在我们周围发生的一切过程,其中包括天气、气候变化过程,都既有确定性的一面,可预报(知)的一面,又都存在着不确定性的一面,不可预报(知)的一面。如何正确认识"确定性"与"不确定性",以便正确处理其相应的方法论,是一个值得探讨的问题。但是,当今仍有不少学者,特别沉迷于理想化模型,并特别相信对自然实况做了大量简化处理后所得到的理想化模型的计算结果。

7.1.1　什么是不确定性

所谓"不确定性"一般可理解为不肯定性、不确知性和可变性。不确定性广泛地存在于自然界和人类社会中。例如,在评价某一工厂向某河流排放污水是否会导致该河流水质超标的问题时,尽管评价工作者通过一定的水质模型预测,在不利条件下确实会发生超标事件,但事实上超标是否果真会发生却不尽然。实际上,该河流上游来的水质、河流中水的流量以及降雨量、降解系数等在不同的季节都是变化的或具有不确定性,从而引起下游水质也是变化的或具有不确定性。又如,我们在环境风险评价中常将不确定性分为两大类:一类是可以用较确切语言描述的不确定性,如某一随机事件的发生(如有毒化学物质的泄漏)具有随机性,但是可以通过特定的方法预测其发生的概率及影响程度;另一类不确定性是由于人们认识能力的局限,对风险评价中某些现象、机理本身就不清楚,不能准确地描述。如在健康风险评价中鉴定某一有毒物质的毒性对人体的健康危害影响时,往往是选择动物进行毒理实验,再由实验所得数据外推到人类,在外推的过程中,有时附加 10 倍安全因子,甚至 100 倍安全因子,然后把所得数据作为该有毒物质对人体健康危害的标准值。可以说,在整个实验过程中,动物是受试者,而真正受到有健康危害影响的却是人类。尽管在外推的过程中附加了一定的安全因子,但确切地说,有毒物质在人体内的反应机理、对人体健康的影响及影响程度是不清楚的,也无法用语言准确地加以描述。对于第一类不确定性,又可进一步分为两类:由于自然界本身所固有的不确定性,以及在风险分析的过程中所引起的不确定性(如模型不确定性、参数不确定性等)和自然界随机变化引起的不确定性。其中,模型的不确定性又包括方程形式错误及边界条件设置不合理等引起的不确定性;参数不确定性包括监测过程中和推导过程中引起的不确定性。

不确定性本身就是一种十分复杂的自然现象,因而其影响因素也十分复杂。正确区分和认识这些影响因素是研究不确定性问题的关键和基础。可以认为"任何对难以达到的完全决定论的偏离"就是不确定性。也有人认为,不确定性是"整套的信念或者疑惑,它们来自对过去和现在状况的有限的知识,以及预测未来事件"。不确定性在现代科技中普遍存在,并意味着风险。例如,历史上一些著名的公害事件,比如 DDT(氯苯乙烷)的环境危害,四环素对一代人牙齿的伤害,近来广泛使用的感冒药中的 PPA(苯丙醇胺)对肝脏的损害,"苏丹红一号"对健康的危害,以及全球环境变化、转基因农业对生态圈的潜在影响等,都因为或曾出现了出乎意料的后果,或被怀疑有潜在的无法估计的后果,它们都是科技中的不确定性的种种表现。一般可归结为:

(1)人类活动引起的不确定性。如人口变迁、经济发展、社会进步等社会现象引起的不确定性,并且无数事实证明这种不确定性随着人类社会的进一步发展而加剧,例如,三峡大坝对长江流域生物群落的分布、物种的迁移以及对整个生态环境系统的影响相当程度上还是一片空白,该坝对未来生态环境的影响的不确定性是不言而喻的。

(2)自然现象引起的不确定性。如水文、地理、气温、降水量、风向、风速、日照辐射量等自然现象的不确定性,特别是一些自然灾害事件,如飓风、暴雨及洪水等随机性引起的不确定性。

(3)人类认识客观世界能力的局限性使得对风险评价领域的一些问题存在着一些不确定性和模糊性,这种局限性具体表现在以下几个方面:对复杂的环境系统,重要的因果关系缺乏了解;模型不符合实际情况;在评价过程中作了一些必要的假设;在参数的获取过程中和对未知参数的推导过程中的参数不确定性。

目前,处理不确定性的定量方法较少或还不够成熟。通过对相关领域内有关不确定性问题的研究成果进行分析和归纳,并联系环境风险评价,针对不确定性问题的定量分析方法大多属于统计学方法。无论采用哪一种方法分析不确定性,其目的都在于从本质上认识它、把握它,最终找到有效的途径或采取有效的措施来减少和消除它。目前,虽然出现了许多减少不确定性的方法,但一般科学领域中减少不确定性的主要方法有以下 4 种:①参数回归分析法。应用回归分析方法可以有效地利用现有的资料,减少由于资料不足所造成的不确定性。②非参数回归法。回归分析中,当 (x,y) 的分布未知时,估计 $E(y|x=x)$ 的一种方法,此时对 $E(y|x=x)$ 只作一般性的要求,而不假定其有任何特殊的数学形式,这样可以直接从样本的实际统计特征中去研究问题,避免由于模型假设与实际情况的重大差距或在选择模型的过程中所造成的不确定性,从而使其适用面广。③多目标规划法。对于不确定性问题采用多目标规划方法主要是将控制风险水平与不确定性概化为不同的目标函数,由多目标规划理论进行风险求解。④专家意见法。环境风险评价的最终结果是对环境或人体健康的影响,环境学家和毒理学家经常持不同意见,有时甚至会截然相反。主要原因在于环境学家使用的是较完善的污染物模型,而毒理学家使用的是毒理学模型(如死亡率模型),并且由于他们各自所具有的学科知识不同,以及所使用文献资料的迥然差异等,造成了对评价结果的影响分析不同。如果综合考虑两方面专家的意见将有助于减少在风险评价过程中的不确定性。

总之,不确定性问题是普遍存在的,它直接影响科学评价结果的可靠与否,以及在多大程度上是可靠的。加强对不确定性问题的研究并尽快与实际应用相结合,将更有助于科学评价工作的展开。

认识对象的复杂性,是科学不确定性的最基本来源。而概率论、测不准原理和复杂性科学,都表明了事物所固有的,以及主客观互动必然带来的种种不确定性。其次,作为认识主体的人类本身也有其自身的诸多局限性:人的感官功能是有限的;知识结构更使得认识具有某种主观的色彩;人的认识往往并不完全与整个世界相一致,人们的认识总是具体的、有限的。科学的认识论和方法论,比如简化分析方法,以及在可控实验室条件下的研究,一度是科学突飞猛进的重要"法宝",但在"简化的、受控的"实验室条件下所产出的知识,在说明和运用于复杂的现实条件时,就可能出现未预见到的状况,因而产生不确定性,例如,我们曾多次提到气候问题,人类迄今为止,对于地球自然气候系统,这样一个巨大的非线性系统到底是否完全认识清楚了,作者认为,还有相当多的问题未能认识。许多有识之士都曾认为,自然界和社会本身就是一个大的实验室,科学模型只是科学研究的常用手段,在由现实向模型"翻译"的过程中,包含着所有类型的不确定性。

此外,科学推理中也包含着不确定性。例如,基于伦理立场,很多环境问题不允许做人体的实验,比如毒性实验或者遗传实验,但是,从动物实验向人类推广却存在着逻辑、模型等方面的缺陷。对环境问题进行流行病学研究的方法是,通过在接触可疑物质和已知的后果之间建立联系来得出结论。但是,在接触有毒物质和某种后果之间无法建立因果联系,即无法消除他因影响,因此,其结论也是可争论的。更一般地说,当代科学哲学和科学的社会研究均表明,科学的方法论、科学共识的形成等,并没有普遍的合理性。因此,科学活动的很多环节都可能受到质疑,遭受无穷的可否定性,发现不确定性(或影响对不确定性的感知),特别是"当科学变得高度公众化时,过分简化的假设和实验方法及其工具、分析策略,甚至个人品质都会被同行科学家、媒体或外行公众仔细加以审视"。例如,最常见的药物和医疗上的非人为事故,往往是由于临床实验结果不全面,而由权威部门较为武断地下了"安全"结论,导致一系列严重后果,甚至病员伤亡的现象。又如,地震、地质灾害、气象气候灾害的发生机制,至今在理论上多有不成熟之处,即使在理论上可预测而实际中偶发的极端事件仍是不可预测的。这往往导致公众不能理解。

所有这些都恰恰说明不确定性在认识上也是有其根源的。这正是科学工作者需要加强深入研究的重要领域。那些不确定性特别严重的学科和科学领域,并非个别现象,而往往是相当普遍地存在。关于不确定性,应当从两方面来认识:随机性是人们普遍容易接受的,但是,模糊性却也是另一种不确定性。这往往不易为人们所接受,例如,长江入海口,远远看去,江水与海水有一条截然的分界线,但当我们在近处观察时,却又浑然不知此处的分界究竟在哪里?这就是典型的模糊性现象。

7.1.2　气候系统的复杂性和不确定性问题

气候变化问题是涉及整个人类生存的大问题,从而也成为举世瞩目的重大科学问题。目前,对气候变化问题的研究,理性和科学的态度占据上风。关于气候变化不确定性的研究论文借助"climate prediction. net"试验取得了可喜的结果。异曲同工的是,古气候的研究向纵深化发展,这类研究是减少气候不确定性的最有效的手段之一。实际上,对几百到几千万年以来地球气候变化的翔实研究,也许是我们最终能较准确地预测未来气候所必经的途径。由于在地学科学中往往存在着大量的包括随机性、模糊性和未确知性在内的不确定性因素及其信息,所以,预测或预估的不确定性是不可避免的。众所周知,地球气候系统概括起来可分为五大子系统(或圈层),它们是:大气系统、陆面系统、海洋系统、冰层系统、生物系统。地球气候的变化过程,正是涉及上述系统内外部各种因素的相互作用。无论用何种研究方法来诊断和预测气候的变化,必须首先深刻认识全球(气候)系统及其变化的复杂性。近二十多年来,由于地球科学的发展,特别是大气科学及其相关学科的迅速发展,人们对地球气候的形成和变化有了新的认识。"气候"的概念已不再是经典气候学定义的那种所谓"天气状况的平均"或"大气瞬时状态的长期平均"等"静态"概念。气候的形成是全球气候系统的内外部多种因素错综复杂的相互作用的结果。由于其相互作用过程是随时间的推移而处于无休止的变化之中的,它们涉及各个子系统内部,以及各子系统彼此之间的各种动力的、物理的、化学的和生物的过程,由此导致气候的长期平均状态和偏离平均态的各种时间尺度的变化。除此以外,整个地球气候系统还会受到各种来自天体运动和地球内部运动的渐变或突变因素的冲击而对其施加各种外部强迫,如地球公转轨道参数的变化、火山爆发、太阳活动等。因此,全球或任一地区(点)的气候状态在不同的时空尺度上始终是变化的。"气候"的概念必须从气候系统的全部统计特性和物理过程及其变化来认识。

因为气候系统各子系统本身具有显著不同的物理属性。例如,大气是气候系统中最主要、最活跃的子系统,人类和大部分生物赖以生存的大气,在垂直方向由对流层、平流层、中层和热层组成,其中对流层是气候变化的主要场所。大气具有易变性、动力不稳定性、能量耗散性。之所以处于运动之中,全靠其他子系统和气候系统外部(太阳辐射)能量的补偿来维持,假如没有补充大气动能的物理过程,大气运动和能量传输就会被摩擦消耗殆尽而终止运行,其时间极限大约只有一个月。由于大气密度和比热相对较小,使其在受热时易变为不稳定,因而对于外部强迫的响应比其他子系统迅速。而太阳短波辐射和地球长波辐射在大气中的传输受大气成分变化的影响,尤其是温室效应强弱变化对气候的影响相当大。此外,大气作为地球外围圈层流体,在旋转地球上运动,服从流体力学中旋转流体运动规律,具有平流和湍流特性、非线性特性及其与边界层和大气内部的摩擦效应,这些特性都可能隐含着不确定性。

海洋覆盖了全球 70% 的表面积,由于其热容大,学者们往往称其为地球上巨大的能量库,特别对于海洋混合层而言,通常就有 70 米深,其贮热能力比大气要高出 30 倍。海洋的热输送,主要通过洋流把赤道地区的多余热量向极输送,而中纬海洋中的能量则以感热、潜热和长波辐射形式释放给大气。由于洋流流速远小于风速,海洋的平流输送比大气慢 10 倍左右,但其输送量远高于大气。海洋表层可通过潜热将其贮热释放。海水对流的形式主要是局部冷却,而不是加热,因而海洋内部的垂直涌动受海面冷却、海水密度、含盐度影响很大,海洋上层对于大气和冰雪圈的相互作用,其特征时间尺度为几个月到几年,对深海,其特征时间尺度为数百年。海洋在气候系统中的作用主要有两方面:①大气—海洋耦合变化中的动力与热力相互作用;②海洋内部物理过程。前者为海—气间的动量、热量,物质交换,后者为海洋环流(包括深层温盐环流)的变化。由于海洋加热场的不均匀性,大气与海洋之间的各种相互作用在时空分布上都极不均匀,尤其是热带和赤道洋面的暖、冷水事件形成的物理过程(如 El Nino 和 La Nina)更是人们关注的焦点,其变化过程很复杂,所以海—气之间的相互作用不可避免地具有不确定性。至于其他子系统及其相互作用过程其复杂性与不确定性就更加明显,例如,迄今为止,人们对陆面与大气之间的物理量交换过程的认识及其描述,仍然不够。生物圈及其内部过程的复杂性在气候模拟中的定量描述仍然是一个难题。生物界本身的变化直接影响到气候的变化;人类活动作为特殊的生物活动对气候产生直接或间接的影响,近年来人类活动产生的气候影响已经与自然气候变化量级相当。例如,人类的城市化效应,大规模开垦、放牧、砍伐森林,工地排放污染物、碳化物、粉尘等,可严重地改变大气中某些成分的浓度(如 CO_2,CH_4,CFC 等),导致不断加剧的温室效应和局地地表辐射平衡与热平衡的变化。同样,植被分布、植物生长发育的季节周期都是与气候既相适应又相互制约的。所有这些都无法完全加以客观定量化。

就时间尺度而言,不同尺度的变化相互叠加。在地球漫长的生命史(约 50 亿年)上,气候已经经历了巨大的变迁,而人类历史与地球史相比,其时间极为短暂。迄今人们已经认识到的气候变化其时间尺度的跨度相当巨大。从长达数百万年,数千年的大冰期和大间冰期循环,到短于几百年、几十年甚至几年或数个月的短期气候振动,全球各地气候变化的时间尺度谱几乎覆盖了全部频率段。若以最短时间尺度取为一个月来描述这些不同时间尺度的气候变化,它可一直延伸到以万年为单位的时间尺度的气候变化。事实上,各种不同时间尺度的变化呈相互叠加、相互交织的状态。例如,在大冰期中就有相对暖期与相对冷期的气候波动,交替循环其时间尺度约为 1 万～20 万年左右。即是人们常说的所谓冰期与间冰期(为区别于大冰期与大面冰期或温暖期),又称亚冰期与亚间冰期,如第四纪大冰期中就有许多这类变动。当然,对每一个冰期或间冰期,也还存在着时间尺度为万年的冷暖相对期,如此等等,层次分明地相互叠加,即便是近百年气候变化记录中,也仍表现为几十年甚至 10 多年时间的相对冷暖波动。

由此可见,气候变化是以不同时间尺度的气候变迁、气候变动、气候波动直至几年或数月的气候振动,气候异常交替循环而构成的一幅幅错综复杂的气候变化图像。一般说来,较长时间尺度气候变化总是较短时间尺度的变化背景,较短时间尺度的气候变化总是叠加于较长时间尺度气候变化背景之上,从而形成一种层层嵌套,层次分明的复杂变化图像,也有学者将此称为气候层次。另一方面,气候变化的不同时间尺度往往对应着不同的空间尺度。例如,一个地点的温度和降水其长期变化大约代表直径为 10 km 范围的气候变化,太平洋或大西洋暖洋流的长期变化大致代表 $10^2 \sim 10^3$ km 的中尺度气候变化,欧亚大陆环流指数或环流型的长期变化属于 10^4 km 的大尺度范围,北半球乃至全球的气候变化则代表了 10^5 km 以上的行尺度变化。关于时间尺度和空间尺度的匹配,从近百年全球或半球气候变化的观测事已可见一斑。

研究表明,气候变化时空尺度的多样性是与其成因相对应的。应该说,这只是一种定性的非严格的对应关系。一般地可将气候变化因子分为两大类,一类为外部因子,一类为内部因子。前者基本上不受气候系统状况的影响,即气候系统对这些因子没有反馈作用;后者则是气候系统同倍物理过程及复杂的相互作用过程所产生的原因。例如,地球气候系统主要能量来源的太阳辐射自古以来就有变化(包括光辐射及微粒辐射),其可能时间尺度在 $10^0 - 10^9$ 年范围内。据最近的数值试验研究表明,火山灰气溶胶及人类活动排放的硫酸盐气溶胶两者作用不完全一样,后者为间接效应,主要通过云水滴的反射率增高,影响辐射吸收,因而许多研究指出火山灰气溶胶和人类排放气溶胶有抵消温室效应的冷却作用,在区域性气候变化中不可低估。而人类活动是近一百多年来新增加的一类气候变化原因。所有这一切,都给气候的变化增加了复杂性。

气候系统各子系统内部物理过程相当复杂(如大气),彼此之间又有动量、质量、能量的交换与传输,必然构成气候变化的不确定性。例如,由于大气成分有许多不确定性(如 CO_2 浓度增加,火山灰增加,水汽变化等),实际建立的辐射过程定量关系只能通过参数化作经验性的估计和简化;云的影响是气候系统中最不确定的复杂因素之一。它对地—气、海—气的能量和水分分布及其间接反馈效应是相当可观的。例如通过降水使大气和地面的水文过程相耦合;云滴由水汽、液态水、冰晶构成,云量分布的宏观确定,微观不确定,它不断改变地表的辐射和湍流输送,加之云中微粒的温室气体效应,因而对于地—气系统动量、热量、水汽交换及辐射都有重要影响。又如,地表反射率是陆面过程的基本参数,不同地表特征,其反射率有一定差异,且随季节而变化,很难准确测定。此外,陆面物质输送过程主要是水分循环,而蒸发、降水和地面径流等现象是主要循环形式。所有上述这些过程都有很多不确定性因素。最新研究成果还表明,大气气溶胶对短波和长波辐射有不同的复杂影响,它在对流层与平流层对辐射的直接和间接影响也不同;至于 CO_2 过程所产生的温室效应是众所周知的,目前估计 CO_2 的人为排放量有一定的可靠性,但是,若考虑自然界的碳循环过程,尤其是海洋吸收部分,尚具有相当多的不确定性。大致可归结为下列 7 个方面的不确定性:

1)温室气体的不确定性。主要由三种原因引起:其一是温室气体来源的不稳定因素,其二是温室效应对碳循环的反馈影响,如全球增暖→减小海水吸收 CO_2;全球增暖→加强高纬温湿带→促进 CH_4 排放;其三是海洋和陆地生物化学过程的不确定性;海洋及其环流对 CO_2 的吸收能力;海洋、陆地生化过程随时间的变化等问题都会产生不确定性。

2)云对辐射作用的制约。主要在于:云的全球和区域分布的可变性、易变性,至今还找不到严格的定量分布规律;云水的物理结构(水态、冰态)和光学特征对辐射响应敏感,至今无法确切估计;云中气溶胶含量多少又直接影响地面净辐射通量。

3)降水与蒸发的不确定因素。其原因在于:①大气环流驱动水汽输送,直接影响能量的重新分布;②水汽本身又是重要的温室气体;③降水云中潜热释放对大气环流有重要作用;④海洋环流与水分循环、冰盖融化有关,它本身又影响降水、蒸发和潜热释放,具有很大的不确定性；⑤降水、蒸发、土壤水分、淡水效力源相依而变化，都有很大的不确定性；所有这些都不易由量化表示。

4）海洋热量输送与贮存的不确定性。其主要原因是：①上层海洋（混合层）比深层海洋加热响应时间短，只有几个月至几年时间；②海洋热输送的年际变率最大贡献在热带海洋与大气之间的相互作用；③气候增暖被海洋热惯性所削弱，但海洋上层（1000 米以内）吸收大气的热量究竟有多少，大气对海洋加热的速度多大，还不清楚；④深海与上层海水上翻下沉运动的热交换也很不确定。

5）生态系统过程的未知因素。主要有：①由陆地、海洋生态系统所形成的气体源和汇对大气辐射特性的影响难以估计；②陆地生态系统在陆面与大气之间的水分、能量交换难以准确估计；③气候变化本身可改变生态系统，从而产生反馈，这种影响又是多层次的。例如，气候变化→生态系统（土壤、作物生产率、植被结构与群落）→反照率、粗糙度→气候系统。这些反馈效应很难定量化描述。

6）气候系统的外部强迫不确定性，如天文因素、太阳辐射、火山爆发、地球轨道参数等变化都难以估计。

7）大气—海洋系统本身的可预报性也有不确定性，它们有一定的期限和程度，对于每个具体问题都有其自身的信噪比，这里有许多不确定性问题。

上述 7 个方面的不确定性目前都难以克服。可以说，在整个科学殿堂中，气候变化科学只是其中之一。在科学和客观世界中不确定性是普遍存在的。王绍武等（2002）曾认为可能有 3 方面的不确定性问题：①资料方面的不确定性；②气候变化机制方面的不确定性；③预测方面的不确定性。他们认为，城市热岛效应是资料中最大的误差来源，特别是一些最近几十年快速发展的城市，其热岛效应的误差没有很好地得到检查和排除。资料覆盖面也很不完善，地面观测温度在 1979—1999 年的趋势是 0.19 ℃/10 a，但覆盖全球的卫星观测资料（反映对流层低层到中层）趋势只有 0.06 ℃/10 a。北极地区的温度变化也没有设想的那样强烈。使用海表温度比使用海表气温得到的变暖估计值偏高。1979 年以来，用气温代替海温，趋势只有 0.13 ℃/10 a，海洋在气候变化中的作用需要更深入地研究。利用代用资料来估计全球温度的变化，带来的不确定性较大，特别是树木年轮，因为 CO_2 浓度的增加可以加速植物的生长，其年轮宽度并不一定主要反映与温度的关系。未来气候变化的预测有很大的不确定性，到 2100 年全球平均气温达 +1.4 ℃～+5.8 ℃ 的估计很可能偏高。这都是近年来国际上某些科学家的观点。由于目前对气候系统的认识仍然有限，上述气候变化预测结果给出的只是可能的变化趋势和方向，包含有相当大的不确定性。降水预测的不确定性比温度的更大。其实，产生不确定性的原因很多，主要有：

1）未来大气中温室气体浓度的估算存在不确定性

未来大气中的二氧化碳浓度，直接影响未来气候变暖的幅度。只有弄清了碳循环过程中的各种"汇"和"源"，尤其是陆地生态系统和海洋物理过程和生化过程到底吸收了多少排放的二氧化碳（包括气候系统各圈层之间的相互影响）才能比较准确地判明未来大气中的二氧化碳浓度将如何变化。但现在对温室气体"汇"和"源"的了解还很有限。同时，各国未来的温室气体和气溶胶排放量，取决于当时的人口、经济、社会等状况，这使得现在就准确地预测未来大气中温室气体的浓度相当困难。

2)可用于气候研究和模拟的气候系统资料不足

我国现有的与气候系统观测有关的观测网,基本是围绕某一部门、某一学科的需要而独立建设和运行的。站网布局、观测内容等方面都不能满足气候系统和气候变化研究和模拟的要求。

3)用于预测未来气候变化的气候模式系统不够完善

要比较准确地预测未来 50～100 年的全球和区域气候变化,必须依靠复杂的全球海气耦合模式和高分辨率的区域气候模式。但是,目前气候模式对云、海洋、极地冰盖等引起物理过程和化学过程的描述还很不完善,模式还不能处理好云和海洋环流的效应以及区域降水变化等。就预测我国未来气候变化而言,适合我国使用的气候模式仍处于发展之中,迄今所用的国外模式尚不能准确地构筑我国未来气候变化的情景。除此而外,作者认为,气候系统本身就存在着固有的不确定性。例如,

①内在随机因素

确定性系统有时会表现出随机行为。假定以微分方程或差分方程来描述某一确定性系统。对于给定的初值,系统应有一个确定的演变过程与之对应。但是,在某些系统(如著名的 LORENZ 系统)中,这种过程对初值的任何微小变化都极为敏感,最终导致"混沌"。混沌现象实际上是非线性动力学系统中具有内在随机性的一种表现形式。从数学上说,确定性系统应给出一个确定的解(过程),即"一一对应"过程。但是现实情况极为复杂,可能存在着四种不同性质的解,即周期解,准周期解,非周期解和定常解。其中非周期解又称为"混沌"解,它是相当普遍的现象。从物理意义上看,一个确定性系统,尤其是非平衡态的耗散系统(如大气),表现为对初值(条件)的敏感性,其解过程是一种在相空间中的非周期过程,即任意两条初始位相极其相近的轨线,经过一定的长时间之后,会成为"差之毫厘,失之千里"的极不相同的无关的轨线。

②外在随机因素

确定性模型是对实际系统的一种理想化描述。由于从实际物理过程抽出的模型(一般以数学模型出现)不能完整无缺地描述现象,必定会遗漏一些次要的特征或物理过程,例如,大气动力学方程组不可能精细地考虑湍流串级扰动所产生的效应,湍流的瞬时状态是非确定性的;其他如水汽相变、潜热释放及云与辐射相互作用,以及更多的反馈效应,都无从一一定量化考虑。所有这些,都是外在的随机因素造成的。当然,对于长期气候演变(年际以上尺度直到冰期间冰期气候)则更具有复杂的外部强迫,产生不可预计的随机性。有鉴于此,可以认为,现实世界中确定性事物是极为罕见的,统计秩序却处处皆有,最近的 CLIVAR 国际研究计划已经认识到这一问题的重要性。

由于目前人类对气候系统的认识有限,气候变化预测结果给出的只是可能的变化趋势和方向,包含有相当大的不确定性。这就给我们提出一个尖锐的问题,如何消除产生不确定性的原因,怎样克服不确定性? 例如,未来大气中的二氧化碳浓度,直接影响未来气候变暖的幅度。只有弄清了碳循环过程中的各种"汇"和"源",尤其是陆地生态系统和海洋物理过程和生化过程到底吸收了多少排放的二氧化碳(包括气候系统各圈层之间的相互影响)才能比较准确地判明未来大气中的二氧化碳浓度将如何变化。但现在对温室气体"源"和"汇"的了解还很有限。同时,各国未来的温室气体和气溶胶排放量,取决于当时的人口、经济、社会等状况,这使得现在就准确地预测未来大气中温室气体的浓度相当困难。

我国现有的与气候系统观测有关的观测网,基本是围绕某一部门、某一学科的需要而独立建设和运行的。站网布局、观测内容等方面都不能满足气候系统和气候变化研究和模拟的要求。

要比较准确地预测未来 50～100 年的全球和区域气候变化,必须依靠复杂的全球海气耦合模式和高分辨率的区域气候模式。但是,目前气候模式对云、海洋、极地冰盖等引起物理过程和化学过程的描述还很不完善,模式还不能处理好云和海洋环流的效应,以及区域降水变化等。

7.1.3　全球气候变化争论的焦点:不确定性和非均匀性

2009 年 11 月份以来,欧洲大部分地区虽然阴雨连绵,但气温并不低,丹麦气象研究所甚至预报 12 月份哥本哈根气候大会期间,气温可能会较常年的平均气温偏高 1 摄氏度。而在中国的北方大部分地区,11 月份就下起了几十年未遇的暴雪,气温骤降。登上长城的美国总统奥巴马紧裹大衣,感叹没想到北京的天气和他老家芝加哥一样冷。中、美、欧三地气温的差异和人们的感受,似乎预示着在哥本哈根气候大会上,各方对全球气候变化的看法也难以一致,至少在科学界是如此。

事实上,全球范围的平均气温在 1998 年达到了一个高峰值以后就再也没有出现新高纪录,这是德国基尔莱布尼茨海洋科学研究所著名的气候研究专家马杰布·拉夫提得出的研究结论。地球的气温从 20 世纪 70 年代直至 90 年代末平均增加了 0.7 摄氏度,之后进入了一个相对稳定的时期。拉夫提的计算结果则显示,最近 10 多年间,全球平均气温基本上处于一个平台的位置,没有明显的增加。他认为"地球变暖处于一个暂停状态并不奇怪,不可能年年出现新的纪录。"

英国哈德莱气候变化研究中心最新的一份研究报告也支持了拉夫提的观点。报告显示,从 1999 年至 2008 年,全球平均气温仅增加了 0.07 摄氏度,而不是 IPCC 报告中所说的 0.2 摄氏度。如果加上厄尔尼诺和拉尼拉两个气候影响因子,实际气候变化接近于零,相当于停止状态。这份报告也指出,世界各地区的气温变化差异还是很大的,例如极地的气温增加了近 3 摄氏度,这也是导致极地冰川加速融化的原因,但在北美、西太平洋和阿拉伯半岛地区气温却在下降,欧洲大部分地区气温略有上升。

通常媒体在报道气候变化方面,喜欢报道极地冰川正在消融,并由此导致海平面上升,进而可能产生一连串灾难的恐怖后果。事实上,极地冰川融化并不代表整个地球变暖,全球气候变化监测网共由 517 个气候观测站组成,每个观测站在地球上都是很小的一个点,必须利用大型计算机对整个观测区域进行计算。另外地球上还存在许多气候观测盲区,例如覆盖面很大的南北两极只有约 20 个观测站。哈德莱中心的研究人员认为,将极地的气候变化视为全球的气候变化是不客观的。

拉夫提表示:"我们必须公开地说明,温室气体造成的温度增加不会接二连三地创新纪录,而是存在自然的上下变化。"将个别地区的气候现象,如马里的干旱、中美洲的飓风作为普遍意义的气候变化例子是不合适的。拉夫提指出,在过去的一段时间里,我们太多地主观推测气温会一直上升,而事实上气候是处于一个相对稳定的状态,甚至气候变冷也很正常。他称一些研究气候变化的专家喜欢用计算机模型预测百年以后的气候变化情况,却不敢或无法预测 10 年以后的情况,因为这样的研究没有风险,就像算命大师一样。

拉夫提认为,自然因素是影响地球气候变化的重要因素,其中海洋洋流规律的变化、太阳活动周期以及火山喷发对气候的中期变化起决定性作用。例如,1991 年 6 月的皮纳托博火山喷发,使全球气温下降了 0.5℃。最近 10 年人们很少听到太阳黑子活动的消息,是因为太阳活动周期处于低潮,美国宇航局的研究人员认为,太阳活动是影响气候变暖的一个重要原因。作为海洋研究专家,拉夫提注意到太平洋较冷的底层洋流向赤道移动的现象增强,这也可以解释赤道附近气温有所下降的原因。拉夫提称,如果太平洋底层洋流确实是减温因素,在未来的 10 年内,全球气候还将保持相对稳定状况。在德国众多的气候研究专家中,拉夫提算是一个非主流观点的专家,大部分的专家还是支持 IPCC 报告的观点,深信全球气候确实是在变暖,而且人类活动是影响气候变化的主要因素。参与编写 IPCC 报告的德国波茨坦气候变化后果研究所专家拉姆斯托夫甚至和拉夫提打赌 2500 欧元,称自己一定会赢。对此拉夫提表示拒绝,他说,"我们是科学家,不是玩扑克游戏。"

总之,所有这些不同观点及感受都可归结为全球气候变化的不确定性和非均匀性。

7.1.4　针对气候不确定性的研究方法

鉴于上述,气候变化的研究方法不应当仅仅局限于确定论模型。科学实践表明,确定论方法遇到的"挑战"是严峻的。例如,大气环流数值模式对初值的极其敏感性是不可克服的(相差极其微小的两个初始场,随时间的增加,其模拟结果的差异迅速增大,最终导致两者毫无相似之处)。"内在随机性"的存在,使得确定论不再占统治地位,它与随机方法论之间的鸿沟已经逐步填补。从辩证唯物自然观来看,确定论的数学模型只是纷繁复杂的大自然现象因果规律的一种理想化描述。在现实世界中,"量"的方面的数学的无穷性,比起"质"的方面的无涯无尽性来说,是极为粗浅的。无论怎样复杂的方程式都不可能是实际现象的无限复杂性的等价反映,它们充其量不过是相对精确或相对逼真地描述了现象,而不是现象本身的全部写照。

概率统计学理论和方法作为一种有力的分析、模拟、预测工具,历来被用于天气和气候学的研究中,经久不衰。之所以如此,其原因正在于:①由于气候系统的不确定性,导致在一个相当长时期内,动力数值模式的不完善性是难于克服的;②气候记录是实验性观测记录(大气气候系统本身就是一个实验场所),不可避免地存在观测误差;③气候记录一般总是按时间序列的形式,分布于全球或区域的大量网格点或测站上,形成在时间空间域上浩如烟海的庞大气候资料集。从理论上说,气候变化的各种时间尺度信号都会蕴含于这个有限的资料记录集当中。在如此庞大的数据记录中,若想从中分析归纳气候变化的规律,判断其成因或据此预测未来的气候变化,除了应用概率统计学理论与方法,结合气候学的特殊情况建立各种适当的统计模型外,没有更好的办法。

气候系统包含许多通过复杂的非线性相互作用过程,这些过程能引起气候系统中在系统受扰动充分时可能超越的那些临界值升高(甚至可能是突变)。这些突变和其他非线性变化包括来自陆地生态系统因气候引起的温室气体排放的大量增加、温盐环流(THC)的崩溃、南极冰盖和格陵兰冰盖的锐减。其中的一些变化在 21 世纪发生的可能性很低;然而,21 世纪的温室气体强迫将可能引起某些改变并由此导致在此后的几个世纪里出现这类变化。其中的一些变化(如对于 THC)在世纪到千年尺度内可能是不可逆的。在有关这类变化的内在机制和可能性或时间尺度上目前还存在相当大的不确定性;然而,来自极地冰芯的证据表明,近些年大气系统一直在发生变化,而且大尺度的半球性变化也将在几十年内迅速发生并对生物物理系统产生大的后果。

在 21 世纪可能出现因为土壤和植被的大尺度变化而导致由气候原因引起的温室气体排放的大量增加。与其他环境强迫和人类活动之间相互作用的全球变暖将导致目前生态系统的迅速崩溃。这样的例子包括冻土带、北方和热带的森林以及与它们相连的使它们更易于发生火灾的草地的干化。通过增加来源于植物和土壤的二氧化碳和其他温室气体的排放以及表面特性和反照率的改变,这类崩溃可以引起进一步的气候变化。来源于无论是大气中化学汇的减少还是埋藏的 CH_4 淤积物的释放,大气中的 CH_4 都绝不可能大量、迅速地增加。在所有 SRES 情景中,都不发生可能与对流层污染物的大量释放相伴出现 CH_4 生命时间的迅速增长的情形。埋藏在永冻土下的固体水合物和海洋沉积物中的甲烷储量是庞大的,超过目前大气中含量的一千倍。在全球变暖引起水合物分解并释放大量甲烷的过程中,将可能发生预期的气候反馈;然而,从固态释放出来的大部分甲烷气体在沉积物和水体中就已经被细菌分解掉,从而限制了排放到大气中的总量,除非有爆炸似的强烈的释放发生。这个机制目前还没有实现量化,但是现在没有观测来证明,在过去 50000 年里大气甲烷的记录中出现过迅速、大量的甲烷释放。全球环流系统由各大海盆中主要的南—北温盐环流路径与大西洋的绕极环流汇合而构成。暖的表层流和冷的深层流在大西洋和环南极洲的一些高纬深水区相连接,正是在这些地区出现海洋和大气间的主要热交换。该洋流系统对热传输及其再分布起到了实质性的作用(如北大西洋中的向极流使得西北欧洲变暖高达 10℃)。模式模拟指出,该环流系统的北大西洋分支对于大气温度和水循环的变化特别脆弱。由全球变暖带来的这些不稳定性,可以破坏这个对区域—半球气候具有强烈影响的环流系统。

美国国家科学院的国家研究委员会地球与生命研究部气候变化科学委员会的咨询报告说:全球变暖研究中仍存在一些不确定性,但全球变暖确实存在,不过下列问题仍然存在:①自然气候变化的幅度究竟如何? ②对气候变化有贡献的温室气体排放是否在加速增长,其增长速率与来源如何? ③气溶胶的驱动作用? ④降低温室气体以及其他一些对气候变化具贡献作用的排放物的增加趋势所需的时间如何? 气候变化是否正在发生以及如何发生;温室气体是否导致气候变化;未来 100 年温度的变化幅度以及发生地点;所预计的气候变化有多少是气候反馈过程(如水蒸气、云和冰雪融化)造成的;不同程度的全球变暖的后果;科学研究是否已经确定温室气体浓度有一个“安全”水平;为了提高对气候变化的认识,还有哪些专门领域需要更深入地进行研究。最后指出在气候变化研究中独立自主开展工作意义重大,以及今后需要加强的研究领域和关注重点。

7.1.5　研究极端气候应考虑不确定性

极端气候问题是相当复杂的科学问题,早在 20 世纪 90 年代中期以来,国际上一直就有不少学者注意到平均气温的变化可能引发极端气候的非线性变化,无论是观测研究或模拟研究都已有共识,必须在全球模拟基础上进一步对区域以下尺度的气候状况进行精细化研究,尤其要重视区域尺度极端气候概率特征的非线性变化。当前,极端气候事件持续增多,天气灾害频繁出现的态势正愈演愈烈,作为气候科学领域的研究工作者,应该大力开展该领域的科学研究。笔者早在 20 世纪末就注意到国际上不少学者对极端气候问题的研究成果。尽管目前全球海、陆、气耦合模式所模拟的各种排放方案下的未来气候情景已具有时间上的高分辨率,但其空间尺度分辨率仍有细化的必要,在全球不同地区采用嵌套的区域模式或者采用各种降尺度方法已经成为研究区域尺度气候状况的有力工具,但其模式输出信息也只对平均气候变化有较高的置信度。由于平均气候变化与极端气候变化之间存在着复杂的相互关系,迄今尚不能完全由动力气候数值模拟直接寻求极端气候变化规律,必须借助于动力气候数值模拟与统计极值分布模式和随机模拟等各种理论和方法相互结合加以研究。当然,根据历史气候记录提取气候极值信息并诊断其变化规律则更离不开各种统计手段。目前,极端气候异常事件的许多统计特征量(如频率,强度等)与平均气温及其变率的线性或非线性关系已经有了一定的理论基础,各种气候数值模式模拟的最新结果也表明,模拟的平均气温场及其变率有相当的可靠性,在给定的初边值条件下作第二类气候预报与观测结果已相当一致。因而,借助优良的气候数值模式输出结果,预测各种条件期望气候情景下,出现气候极端值引发自然灾害的风险(概率)及其区域形态研究也已具备必要的理论基础。事实上,研究气候系统或其中的任何一个子系统,都不能回避气候具有概率性即不确定性的一面。当今数值天气预报和气候模拟研究中已经愈来愈多地融进了一些概率统计原理和方法,例如,动力模式基础上的集成预报就有随机统计试验方法的应用;数值天气预报和动力气候模拟的客观分析、四维同化和初值化等手段也都具有统计处理方法,而数值预报以及各种物理过程的参数化大多也借助于概率统计学方法来解决。近年来,将气候模式模拟的全球尺度气候预测结果,采用统计降尺度或统计、动力降尺度方法细化为中小尺度区域气候情景,已成为全球各地未来气候情景预测的重要工具。这些都有力地证明了考虑气候概率性问题的重要意义。我国大气科学先驱叶笃正先生也曾指出,气候预报应考虑概率问题。近十多年来,我国统计气象学的确取得了许多新成果且在气象领域的各个方面更加普及。然而,近年来国际上关于气候概率分布理论和应用研究已经在极端气候领域取得了新成就,发展了新内涵。相比之下我们面临的科学问题中仍有许多问题需要深入研究。作者认为,研究极端气候更需要考虑不确定性因素。因为,从统计学观点出发,一般可将气候变量视为随机变量,而气候极值就是这种气候随机变量的复杂函数,它更加需要采用各种统计学方法和理论。气候观测记录所记载的过去气候变化中某些极端气候指标虽然早已存在,它们不但具有比平均气候变化更强的长期变率特征,更受到各种偶然性因素影响。如何从大量的偶然性因素中提取必然性因素,这历来是概率统计学与动力学方法相结合寻求气象现象规律性的有效途径。例如,AM 抽样和一年多次抽样所得的结论就不一样。年最大值抽样 AM(annual maxima)统计法,简记为 AM 抽样,即为大家所熟知且惯常应用的每年取最大值一个样本组成系列的统计方法。通常的经典极值分布(如 Gumbel 分布)就是根据次序统计量的抽样方式进行的,即在每一时段(如每一年逐日)抽取一个极大(或极小)值,组成样本或总体。而一年多次抽样法,即每年按一定的个数取样,组成样本系列,这种抽样法目前研究尚少,但值得研究。考虑到 AM 抽样每年只能抽取一个极值,而同一年份中出现极大值的随机性变率相当大,不同地区由于湿润程度不同,每年抽取一个最大值并不符合实际。例如有的年份可能出现大暴雨多次而有的年份可能一次也没有。这样仅以每年取一个最大值的抽样方法就可能造成信息的缺失或是虚假信息的混入。

7.2　极值统计理论在气候变化不确定性研究中的应用

　　尽管目前气候模式能模拟出较为逼真的平均气候变化状况及其变化,然而直接模拟极端气候及其变化仍有相当多的不确定性和困难。气候极值是一种不稳定的、难以预测的复杂随机变量。目前正在发展的降尺度方法与气候极值已有了新的进展（江志红等，2007）。极端气候的预测，必须首先对各种气候要素的极值分布模型做出恰当的统计模拟，以便在未来平均气候预测背景下推断极值的各种统计特征。这是解决极端气候事件诊断和预测的基础。近半个世纪以来，国内外气象水文地学领域在极值统计理论和应用方面已经开拓了不少新的模型、研究方法和思路（Greenwood，1979；Hosking，1990；Katz，1992；丁裕国，2004）。

7.2.1　单变量极值理论及其应用

早在 20 世纪初，Fisher 和 Tippett（1928）就已经证明当取样足够长时，极值的渐近分布可概括为与原始分布有关的三种模型。其后，有学者从理论上证明并将上述三种经典极值分布概括为三参数的广义极值（generalized extreme value）分布，记为 GEV 分布（Pickhands，1975）。目前应用较多的是第Ⅱ型的分布，即 Gumbel 分布。

近年来，广义帕累托（Pareto）分布（GPD）得到广泛应用，尤其是在水文气象学研究中，Coles（2001）和 Katz 等（2005）进一步发展了该模型的应用。其最大优点在于，它并不直接从原始分布中抽取“单元极值”的极大值（或极小值），而是用超门限峰值（peaks over threshold）方法来抽取极值，通常记为 POT 方法。这样，所需资料的年限就可大大缩短，从而增加极值的样本量，克服了“单元极值”抽样方法的缺点。Coles（2001）和 Katz 等（2005）分别从理论上证明，在高门限条件下，GEV 与 GPD 两者参数存在密切联系并将其深化为随机点过程理论。Ding 等（2008）在此基础上进一步证明两者分位数公式在特定条件下的近似关系。由此出发，推算出一定重现期的极端降水量分位数，全面比较了两者的应用效果。大量数值试验表明，GPD 不但计算简便，而且基本不受样本量的影响，具有全部取值域的高精度稳定拟合（包括高端厚尾部）。相比之下，GEV 在概率和分位数模拟上有一定的局限性。GPD 具有较高实用性及理论研究价值。目前，GPD 的应用相当广泛，尤其在暴雨、洪水水位序列的分布和洪水推断方面。

近年来，由于暴雨、暴雪、暴风、洪涝、干旱、低温、热浪等极端天气气候事件所引发的灾害不断，出现几十年乃至上百年一遇的极端事件引发的自然灾害。由于同一年份中出现极大值的随机变率相当大，每年抽取一个最大值并不符合实际。例如，有的年份可能出现超过警戒水平线的大暴雨多次，有的年份可能一次也没有。因此，每年取一个最大值的抽样方法，势必会遗弃相当多的有用信息，尤其是对干旱或半干旱区来说，很可能全年几乎达不到临界值。如按AM 抽样方法，虽也抽取了一个最大值，但又混入一些虚假的极值信息，这是经典极值分布抽样方法的一个重大缺点，诸如此类，还有许多类似问题值得深入探讨。

国内大气科学界在单变量极值理论方面也有不少研究进展和应用，大多采用经典模型，例如，利用近 40 年广州短时降雨资料（如 5，10，…，120 min）研究降水极值分布，发现其遵循皮尔逊Ⅲ型分布（毛慧琴等，2000）；将 Gumbel 分布用于极端气候的拟合，首次引入简便高效的概率加权法（PWM）参数估计代替极大似然法（丁裕国等，2004）；探讨 Gumbel 分布拟合我国西北地区降水极值的适用性（魏峰等，2005）；对长江三角洲强降水过程年极值分布特征做详细研究（谢志清等，2005）。利用近 40 年我国东部（105°E 以东）210 站降水资料，用 Gumbel 分布和 GPD 模型拟合逐日降水，并进一步借助随机模拟方法预估未来气候情景下极端降水的概率特征（蔡敏等，2007；江志红等，2009），得出 Gumbel 分布能较好地拟合极端降水的分布。目前，在动力气候模式尚不能较准确地预测极端天气气候事件及其概率的情况下，采用各种降尺度方法和随机模拟对气候极值发生的可能性进行推测,仍然不失为一种有效的途径。此外,Ding 等(2010)还利用多状态 Markov 链模拟我国东部地区夏季极端降水概率特征。

以上所述仅仅是单变量极值分布理论在气候变化研究中应用的部分成果。该领域研究进展迅速,除了水文、气象部门以外,在重大工程设计方面,如水电工程、建筑工程、环境工程,以及在经济领域中的应用也相当普遍。以建筑工程设计为例,许多规范细则都必须从安全性和可靠性出发,详细了解当地包括气象条件在内的各种自然极值,如最大风速风压荷载和持续时间、最小持续阻抗等参数(江志红等,2010)。

7.2.2　多变量极值理论及其应用

20 世纪 80 年代中期,多变量极值分布及其统计推断理论有了很大发展。所谓多变量极值分布是指几个相关联的变量所组成的多元极值向量的联合分布,是正则化分量的极端值的渐近联合分布。但这种定义有时并不合理,往往限制了多元极值分布在实际中的应用,为此,Coles(2001)提出至少在一个分量上达到极值的极限点过程理论。多变量极值理论的价值还在于它能提高一元分析的准确度,以便于计算每一分量所构成的极值组合的概率。而边际分布和变量间的相关结构则决定了多元极值的联合概率。换言之,假定我们有某个多元极值分布,其一元边缘分布必为经典极值分布中的一种型态,且其相互转换可由变量变换来实现,故不妨设为 Gumbel 分布。此外,由 Gumbel 提出的 Logistic 模型是众多模型中讨论较多且最为简单的。在一般情况下,P 维极值分布密度可写为:

$$g(x_1, x_2, \cdots, x_p) = \left[\prod_{i=1}^{p} \frac{s_i^{1/\alpha}}{\sigma_i} \right] \mu^{1-p/\alpha} Q_p(\mu, \alpha) e^{-\mu} \tag{7.2.1}$$

式中:α 为相关参数向量,$\alpha=1$ 表示各边缘分布相互独立,而 $\alpha \to 0$ 则表示它们彼此为完全函数关系。二维 Gumbel-Logistic 分布模型较适于描述强降水过程的两个主要特征(暴雨量及其过程雨量)。极端降水过程往往既有降水的强度特征又有持续性特征,严格地说,应该是持续时间(分辨率最好达到 1 h 甚至 1 min),但往往只能获得较粗的观测值如日雨量。所以,用暴雨量及其过程雨量来代替有局限性,若用过程雨日的平均雨量来代替可能有所改善。对于某一地区某一时段而言,其强降水特征可表现为多方面,如强降水总量、强降水持续时间、强降水所占区域面积。余锦华等(2012)利用二维 Gumbel-Logistic 分布,模拟了夏季各站强降水的联合概率特征,结果表明,对中国区域几个代表性测站的二维 Gumbel-Logistic 模型拟合和模拟试验效果十分理想。

多元极值分布估计的难点在于参数多,估计难度大。目前常用的仍是经典矩方法和极大似然方法。一般来说,利用多元极值分布模式描述气象水文极端事件具有较好的效果(Gumbel,1967),因为极端天气气候和水文事件往往涉及两三个变量构成的随机事件,如最大降水量、最长降水时间、最高洪峰、最大流量及其持续时间。所以,多元极值分布比通常只用单一变量来描述极端天气或气候事件更有代表性。

21 世纪以来,国际上关于极值分布理论不断有新成果问世(Osborn,2000;Zhao 等,2004)。在极值分布参数估计方面,Adiouni 等(2007)将非平稳序列的广义极值分布参数估计的极大似然方法用于水文气象资料分析;而 Koutsoyiannis(2004)从理论上证明了广义极值分布中的 I 型分布,即 Gumbel 分布对于极端降水量的拟合最佳(当参数 $K=0.15$ 时),并用实际资料验证了欧洲和北美的 169 个具有百年以上降水记录的站点资料。

统计极值理论及其推断历来就是气候统计学的重要研究内容,在工程设计和建设方面有重要意义。近半个世纪以来,在水文气象应用领域发挥了重要的作用。由于气候变化和极端气候研究的需要,极值统计的各种问题一直受到大气科学家的重视。许多新的研究结果也进一步丰富了极值统计理论。尽管目前国际上对于极端气候事件频发的原因解释不一,但其变化规律仍然离不开极值统计理论中的规律性研究。因此,有必要在加强气候变化研究的同时继续加强极端气候事件统计规律(如极值统计理论)的研究。

7.2.3　极值分布模型的估计误差

气候极值推断的不确定性主要来自于推断极值的统计理论本身所造成的不确定性、全球气候模式的不确定性及各种降尺度方法的不确定性。后两者所产生的不确定性不仅影响极端气候推断,还影响区域或局地平均气候的推断。仅就第 1 项而言,为了考察分位数估计的置信区间,引入 GEV 分布模式的分位数估计误差,计算其抽样标准误差。试验表明,样本容量大小是影响 GEV 的分位数标准差的最主要因素,而随着重现期增长(概率变小),其分位数标准误差必然增大,因此直接影响置信区间,即估计的可信度。

自 20 世纪 90 年代中期以来,国际科学界一直关注平均气候的变化可能引发极端气候的各种非线性变化问题,不少研究已经取得共识。例如,目前全球海—陆—气耦合模式模拟的各种排放情景下的未来气候虽已具有时间上的高分辨率,但其空间分辨率仍有待细化,在全球不同地区采用嵌套区域模式或各种降尺度方法已经成为研究区域气候的有力工具,但其模式输出信息也仅对平均气候变化有较高的置信度。极端气候变化则复杂得多,迄今尚不能完全由动力气候数值模拟直接寻求其变化规律,必须借助于统计极值分布模式或随机模拟等各种理论和方法。根据历史气候记录提取气候极值信息并诊断其变化规律更离不开各种统计手段,借助优良的气候模式输出结果,预测各种情景下由气候极值引发自然灾害的风险也取得了一些新进展。

但正如人们所知,研究气候系统(或其任何一个子系统)不能回避气候具有概率性,即不确定性的一面。而研究极端气候更需要考虑不确定性。从统计学出发,一般可将气候变量视为随机变量,而气候极值就是这种随机变量的复杂函数。气候观测记录所记载的过去气候变化中某些极端气候指标早已存在,它们不但具有比平均气候变化更显著的长期变化特征,还受到各种偶然因素的影响。其研究意义在于:①为保证工程建设设计安全,必须计算重现期极值在一定信度下的置信区间,选取极值置信上限为设计参考基准;②重现期极值是原分布的样本统计量,它是总体分位数的一个抽样,具有抽样分布,重现期极值具有抽样误差。因而,探讨极值推断的统计理论本身所造成的不确定性,必然要求估计重现期极值的抽样误差。理论和实践证明,目前我们预估的未来气候极值,只是在一定可信度条件下所做的一种带有置信区间的估计。

7.3　利用二维分布和 Markov 链相结合描述区域暴雨过程的算例

在全球气候增暖环境下(Houghton 等,2001),自 20 世纪 80 年代开始,世界各地极端天气气候事件处于加剧趋势,造成的破坏性也随着经济水平的快速提升而变得越来越严重,并引起各国政府的广泛关注。虽然对预测与防御极端事件遇到的不利影响已经有了很多研究,但是这些工作主要以相关分析、合成分析为基础,方法本身的局限难以从更深的角度理解气候背景影响中国各区域极端气候的分布规律。虽然也有工作专门从极值角度较系统地研究了中国区域极端事件的季节特征和区域差异(任福民,1995),但仍然缺乏对极端气候尤其是洪涝和干旱等区域所固有气候背景的深入分析,缺少对极端事件区域性和群发性过程的剖析。由于中国气候分布区复杂,极端气候事件有较强的空间差异性,季风区与非季风区的洪涝、干旱分布必然存在本质差异,对全球增暖有响应的敏感区亦有所不同。此外,作为广受关注的气候模态将如何主导洪涝等气候极值的时空分布规律迫切需要人们去探索。

以 21 世纪为例,中国境内几次极端事件均破历史纪录。如 2008 年 1 月 10 日—2 月 5 日中国南方经历了历史上罕见的大范围低温雨雪和冰冻灾害等。这些极端事件的强度和影响范围与严重性极其罕见,对各行各业的破坏也是巨大的。可见,造成影响的极端事件通常不是一个空间点的行为,其特征是大面积的区域群发过程。事实上,常规统计方法在分析这类问题时往往受到一定的限制,相关、合成分析的结果某种程度上可能存在虚假成分;数值气候模式虽然能模拟平均气候,但在模拟区域极端事件时,对模式的分辨率尤其水平分辨率要求很高,还不能很好地模拟气候变率的变化。本节尝试利用多种概率分布模式描述区域暴雨过程,探讨概率分布与 Markov 过程结合研究气候不确定性问题的思路和方法。

7.3.1 利用二维 Gumbel 分布描述区域暴雨过程

(1)单变量 Gumbel 分布模式

考虑到 AM 抽样每年只能抽取一个极值,而同一年份中出现极大值的随机性变率相当大,不同地区由于湿润程度不同,每年抽取一个最大值并不符合实际。因此,我们引入一年多次抽样法,并采用最大年值(annual maxima)抽样和一年多次抽样两种方法相结合对江淮地区 26 个测站的实测逐日降雨资料序列选取两个极值,分别为年极大值和年次极大值,分别统计其相应的过程降雨的降雨总量,如果极大值和次极大值同为一次降雨过程则去除该次降雨的次极大值。如此得到的两个时间序列值分别称为暴雨雨峰和过程暴雨总量。

假设暴雨雨峰和过程暴雨总量(可以视为两种随机变量的极端值)各自服从 Gumbel 分布,则要对各自的 Gumbel 分布参数做估计。单变量概率分析 Gumbel 分布的位置参数与尺度参数可以采用最大似然法(ML)或矩法(MM)估计,但对两种有相互关系的 Gumbel 分布随机变量的联合分布分析时,并不知道最大似然法是否可以给出变量之间的联合参数的可靠估计。因此这里采用最简单的,通过变量的边缘分布就可完全确定模型参数的经典矩法估算方法。暴雨雨峰和过程暴雨总量各自的 Gumbel 分布的尺度参数和位置参数主要依据于样本的数据的平均值和标准差。

经计算得到暴雨雨峰和过程暴雨总量的平均值和标准差以及 Gumbel 分布的尺度参数和位置参数,见图 7.1 和图 7.2。图 7.1 可看出,图 7.1a 和 7.1b 在空间分布上有很大的相似性,高值区和低值区分别对应得较好。说明暴雨雨峰的均值与位置参数分布有很好的对应性。图 7.1c 和 7.1d 空间上的分布也有很好的相似性,高值区和低值区以及高值中心和低值中心都对应得很好,比图 7.1a 和 7.1b 的对应效果还要好。说明标准差和尺度参数分布也有很好的对应性。这些分布特征可以根据 Gumbel 分布的矩法估算解析(丁裕国等,2009),尺度参数与标准差为倍数关系,即标准差大的地区尺度参数必然大,而位置参数是均值与标准差的线性函数。从公式来看均值对位置参数有正效应,标准差对其有负效应,而标准差的负效应对均值的正效应而言还要小一个欧拉常数的量级，则相比之下均值对位置参数的影响要大于标准差，从分布图和公式都可以得到该结论。同样地，过程暴雨总量的位置参数和均值以及尺度参数和标准差也得到一样的结论（图 7.2）。

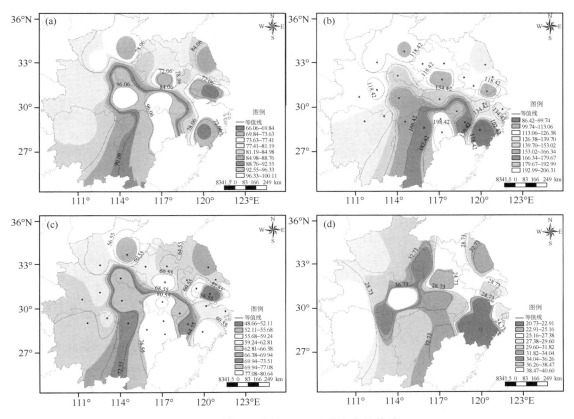

图 7.1　暴雨雨峰的 Gumbel 分布参数估计

（a）均值；（b）位置参数；（c）标准差；（d）尺度参数

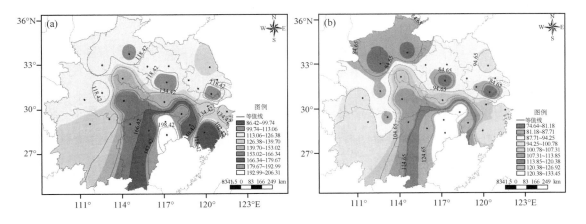

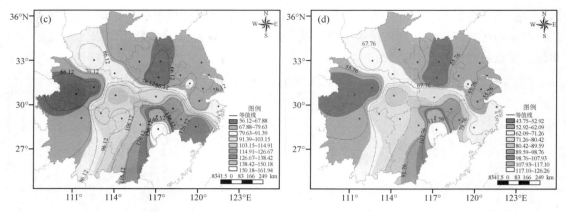

图 7.2　过程暴雨总量 Gumbel 分布的参数空间分布
(a)均值；(b)位置参数；(c)标准差；(d)尺度参数

（2）二维 Gumbel 模式的概率特征

本章应用二维 Gumbel 分布对江淮区域所选 26 个气象观测站组成的江淮区域逐日降雨资料序列（1951—2007 年）的概率特征做了初步研究。由于区域逐日降雨资料序列中所蕴含的区域极端强降水信息的复杂性，若用两个变量的联合值作为描述指标，则其联合重现期（或联合概率）可能会更长（或概率更小）。例如，假定事件 x 为 10 年一遇，事件 y 也为 10 年一遇，在一定的条件下，则两者的联合重现期可能会接近百年一遇。换言之，只有在两种变量同时都发生极端情况时，联合极端事件才可能发生，所以它是更小的小概率事件。假定我们已知各个变量的概率特征，其联合概率特征便可由此推定。

（3）区域暴雨序列的定义

极端降雨事件的时间序列可以用年最大值序列（即 AMS 方法）建立，也可以用部分历时序列（即 PDS 方法）。AMS 法选择年最大值，一般会形成独立同分布序列。这里仍采用单变量 Gumbel 分布模式的抽样方法，采用 AM 抽样和一年多次抽样两种方法结合对实测逐日降雨资料序列进行抽样。从江淮地区的区域降雨量中取极大值和次极大值，称为区域降雨峰值。同时，统计该区区域暴雨雨峰所对应的降雨量大于 50 mm 的暴雨站数，称为区域暴雨站数。再分别建立区域内暴雨时间序列和相应的区域暴雨站数时间序列。即从江淮地区 26 个气象观测站 57 年实测日降雨量资料中选取每年的最大降雨量和次大降雨量（区域降雨峰值 I），然后统计对应于区域降雨峰值 I 的降雨量大于 50 mm 的降雨站数（区域降雨站数 A）。

（4）区域暴雨雨峰和站数的边缘分布

令 P_k 为累计概率，即小于 N 个观测值中第 k 个最小实测值的已知值的概率，即 $P_k = \dfrac{k}{N+1.0}$。利用该式可计算区域降雨峰值和区域降雨站数各自的实测累积概率。参数估计方面仍采用 Gumbel 分布经典的矩法估算联合参数，即通过变量的边缘分布确定模式参数（丁裕国等，2009）。

区域暴雨雨峰和区域暴雨站数之间的线性相关系数（ρ）值为 0.24，相关关系不太好。区域暴雨雨峰和区域暴雨站数之间的联合参数 m 值为 1.15。其中，尺度参数与样本标准差有紧密关系，而位置参数与样本均值有必然联系。计算所得的区域降雨峰值和区域降雨站数的平均值和标准差以及 Gumbel 分布参数列于表 7.1。

表 7.1　区域暴雨雨峰和区域暴雨站数

变量	统计值		Gumbel 分布参数	
	M	S	u	α
$I(\mathrm{mm/d})$	192.252	44.821	172.088	34.946
A(个)	3.465	2.018	2.557	1.574

　　为考察二维 Gumbel 分布的拟合优度,分别对两个 Gumbel 边缘分布进行 χ^2 拟合优度检验。其结果得到区域暴雨雨峰的 χ^2 检验的统计值为 4.25,区域暴雨站数的 χ^2 检验的统计值为 8.28, χ^2 检验中 $\chi^2_{0.05}(9)$ 临界值为 16.92,则假设均通过检验。因此,区域暴雨雨峰和区域暴雨站数的基本分布为 Gumbel 分布的显著性水平为 0.05。

　　对于实测区域暴雨雨峰和区域暴雨站数,计算得到的实测累积概率和拟合累积概率分别绘制在图 7.3a,b 中。

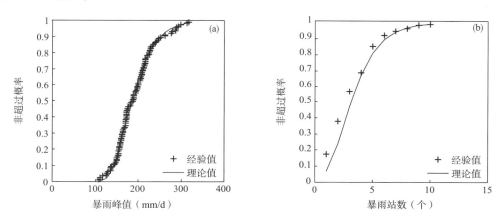

图 7.3　区域暴雨雨峰(a)和站数(b)实测累积概率和拟合累积概率

　　(5)联合分布的统计

　　为了与边缘分布相一致,前述方法计算区域暴雨雨峰和区域暴雨站数的实测累积联合概率,以及区域暴雨雨峰和区域暴雨站数实际同时发生的拟合累积联合概率,结果表明,绘出的区域暴雨雨峰和区域暴雨站数的实测和拟合累积联合概率,两者差别不大(图 7.4)。因此可以断然,使用该模式描述区域暴雨雨峰和区域暴雨站数的联合概率特征是适宜的。

　　(6)条件重现期

　　当我们给定不同的区域暴雨发生站数,例如,$A=(1,4,7,10)$,就可得到区域降雨峰值 I 的各级条件重现期 $T_{I|A}$,对此,计算并绘制于图 7.5a 中。同理,当给定区域降雨峰值,例如,$I=(100,170,240,310)$,则可得到区域降雨站数 A 的条件重现期 $T_{A|I}$(图 7.5b)。为了比较对照,计算了区域降雨峰值 I 的重现期 T_I,我们用虚线绘于图 7.5a 中,T_I 是给定的区域降雨站数 $A\rightarrow\infty$ 时,区域降雨峰值 I 的条件重现期 $T_{I|A}$。由图可见,对于给定的重现期,由单变量频率分析法获得的相应的区域降雨峰值值要大于由联合分布方法得到的该值。这意味着如果忽略区域降雨峰值和区域降雨站数之间的密切关系,仅仅只使用单变量频率分析确定区域降雨峰值,那么将会过高地估计暴雨事件。

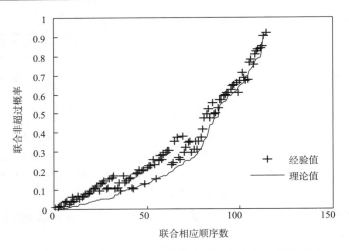

图 7.4　区域暴雨雨峰和站数的实测和拟合累积联合概率

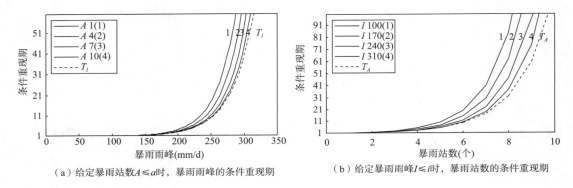

（a）给定暴雨站数 $A \leqslant a$ 时，暴雨雨峰的条件重现期　　　　（b）给定暴雨雨峰 $I \leqslant i$ 时，暴雨站数的条件重现期

图 7.5　区域暴雨雨峰和站数的条件重现期

　　在图 7.6 中我们绘出了拟合和实测联合累积分布的投影图，由图可见，理论计算结果与实际观测结果基本上是一致的，不过由于区域测站数较少，故其联合累积分布曲线并不光滑。

$$F(x,y) = \exp\{-[(-\ln F(x))^m + (-\ln F(y))^m]^{1/m}\}, (m \geqslant 1) \qquad (7.3.1)$$

式中：m 为关联系数，即 X 和 Y 两个随机变量有某种关联性，用下式表示：

$$m = \frac{1}{\sqrt{1-\rho}}, (0 \leqslant \rho \leqslant 1) \qquad (7.3.2)$$

式中：ρ 即为通常的积矩相关系数：

$$\rho = \frac{E[(x-\mu_x)(y-\mu_y)]}{\sigma_x \sigma_y} \qquad (7.3.3)$$

式中：(μ_x, σ_x) 和 (μ_y, σ_y) 分别是 x 和 y 的平均值和标准差。

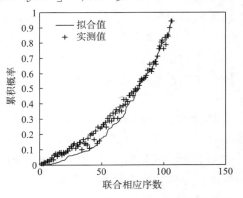

图 7.6　区域暴雨雨峰和区域暴雨总量
的 GEV 联合分布

7.3.2　基于二维广义极值分布(GEV)的区域暴雨描述

研究结果表明,多变量 Gumbel 分布模式对于分析区域强降水过程的两个主要特征(区域暴雨雨峰和区域暴雨所占面积)来说是适宜的。而 Gumbel 分布仅仅是 GEV 模型的一个特例,将多变量 Gumbel 分布模式推广至 GEV 模型,用于分析区域极端暴雨事件的概率分布也是可行的。

假定两个随机变量 X 和 Y,其二维 Gumbel 联合分布可写为:

$$F(x,y) = \exp\left\{-\left[(-\ln F(x))^m + (-\ln F(y))^m\right]^{\frac{1}{m}}\right\} \quad m \geqslant 1 \tag{7.3.4}$$

式中: $F(x)$、$F(y)$ 分别是 X 和 Y 的边缘分布,m 为联合分布参数。

在一般情况下,$m \geqslant 1$。为了将其推广为二维广义极值分布(GEV)的联合累积概率分布函数,首先,在式 7.3.4 中,当 $m=1$ 时,就有特例:

$$F(x,y) = \exp\left\{-\left[(-\ln F(x)) + (-\ln F(y))\right]\right\} \quad m = 1 \tag{7.3.5}$$

这意味着 x 和 y 的线性相关为 0。上式可分解成两个边缘分布的乘积。

推广为二维 GEV 分布。根据分布函数与概率密度函数的关系,我们可以得到它们的联合概率密度函数(PDF),为了推导方便,假定其位置参数为零,根据(7.3.4)式,就有表达式:

$$f(x,y) = \frac{\partial F^2(x,y)}{\partial x \partial y} = \frac{F(x,y)}{\alpha_x \alpha_y} \cdot \left[\exp m \frac{x - \beta_x}{\alpha_x} + \exp m \frac{y - \beta_y}{\alpha_y}\right]^{\frac{1-2m}{m}} \cdot$$
$$\left[\left(\exp m \frac{x - \beta_x}{\alpha_x} + \exp m \frac{y - \beta_y}{\alpha_y}\right)^{\frac{1}{m}} + m - 1\right]^{\frac{1}{m}} \cdot \exp\left[-m\left(\frac{x - \beta_x}{\alpha_x} + \frac{y - \beta_y}{\alpha_y}\right)\right] \tag{7.3.6}$$

又因为各个单变量的 Gumbel 分布密度函数可用其定义式得到:

$$f(x) = \frac{\mathrm{d}F(x)}{\mathrm{d}x} = \frac{1}{\alpha_x}\exp\left[-\frac{x - \beta_x}{\alpha_x} - \exp\left(-\frac{x - \beta_x}{\alpha_x}\right)\right] = \frac{1}{\alpha_x}e^{-\frac{x-\beta_x}{\alpha_x}}F(x) \tag{7.3.7a}$$

$$f(y) = \frac{\mathrm{d}F(y)}{\mathrm{d}y} = \frac{1}{\alpha_y}\exp\left[-\frac{y - \beta_y}{\alpha_y} - \exp\left(-\frac{y - \beta_y}{\alpha_y}\right)\right] = \frac{1}{\alpha_y}e^{-\frac{y-\beta_y}{\alpha_y}}F(y) \tag{7.3.7b}$$

说明当 $m=1$ 时,(7.3.6)式可化为:

$$f(x,y) = \frac{\partial F^2(x,y)}{\partial x \partial y} = \frac{F(x,y)}{\alpha_x \alpha_y}\exp\left[\frac{x - \beta_x}{\alpha_x} + \frac{y - \beta_y}{\alpha_y}\right] \tag{7.3.8}$$

如果两变量的边际分布都服从 Gumbel 分布时,就有 $F(x,y)=F(x)F(y)$,即利用下式:

$$f(x,y) = \frac{\partial F^2(x,y)}{\partial x \partial y} = \frac{F(x,y)}{\alpha_x \alpha_y}e^{\left[\frac{x-\beta_x}{\alpha_x} + \frac{y-\beta_y}{\alpha_y}\right]} = \frac{1}{\alpha_x}e^{\frac{x-\beta_x}{\alpha_x}}F(x) \cdot \frac{1}{\alpha_y}e^{\frac{y-\beta_y}{\alpha_y}}F(y) \tag{7.3.9}$$

其中,

$$F(x) = \exp\left[-\exp\left(-\frac{x - \beta_x}{\alpha_1}\right)\right] \tag{7.3.10a}$$

$$F(y) = \exp\left[-\exp\left(-\frac{y - \beta_y}{\alpha_y}\right)\right] \tag{7.3.10b}$$

推而广之,假定 X,Y 各自的边际分布都服从 GEV 分布,显然,上面的推证表明,当 $k_x=k_y=0$ 时,GEV 分布化为二维 Gumbel 分布。在一般情况下为:

$$F(x) = \exp\left[-\left(1 - k_x \frac{x - \beta_x}{\alpha_x}\right)^{\frac{1}{k_x}}\right] \tag{7.3.11a}$$

$$F(y) = \exp\left[-\left(1 - k_y \frac{y - \beta_y}{\alpha_y}\right)^{\frac{1}{k_y}}\right] \tag{7.3.11b}$$

式中:参数 k_x 和 k_y 分别为 X,Y 各自的形状参数,α_x 和 α_y 分别为 X,Y 各自的尺度参数,β_x 和 β_y 分别为 X,Y 各自的位置参数。

因为通常的 GEV 分布有三种特例:

①$k=0$ 时为 Gumbel 分布:$F(x) = \exp\left[-\exp\left(-\dfrac{x-\beta}{\alpha}\right)\right](-\infty < x < \infty)$

②$k<0$ 时为 Ⅱ 型柯西分布:$F(x) = \exp\left[-\left(\dfrac{x-\beta}{\alpha}\right)^{\frac{1}{k}}\right](x \geqslant \beta)$

③$k>0$ 时为 Ⅲ 型即 Weibull 分布:$F(x) = \exp\left[-\left(-\dfrac{x-\beta}{\alpha}\right)^{\frac{1}{k}}\right](x \leqslant \beta)$

由此可作各种不同参数配置下的数值试验:

①当 $k_x = k_y = 0$ 时,

$$F(x,y) = \exp\left\{-\left[\exp\left(-m\frac{x-\beta_x}{\alpha_x}\right) + \exp\left(m\frac{y-\beta_y}{\alpha_y}\right)\right]^{\frac{1}{m}}\right\}(m=1, x \in \boldsymbol{R}, y \in \boldsymbol{R})$$
$$\tag{7.3.12a}$$

②当 $k_x = 0, k_y < 0$ 时,

$$F(x,y) = \exp\left\{-\left[\exp\left(-m\frac{x-\beta_x}{\alpha_x}\right) + \left(-\frac{y-\beta_y}{\alpha_y}\right)^{\frac{m}{k_y}}\right]^{\frac{1}{m}}\right\}(m=1, x \in \boldsymbol{R}, y = \beta_y)$$
$$\tag{7.3.12b}$$

③当 $k_x = 0, k_y < 0$ 时,

$$F(x,y) = \exp\left\{-\left[\exp\left(-m\frac{x-\beta_x}{\alpha_x}\right) + \left(\frac{y-\beta_y}{\alpha_y}\right)^{\frac{m}{k_y}}\right]^{\frac{1}{m}}\right\}(m=1, x \in \boldsymbol{R}, y > \beta_y)$$
$$\tag{7.3.12c}$$

④当 $k_x > 0, k_y > 0$ 时,

$$F(x,y) = \exp\left\{-\left[\left(-\frac{x-\beta_x}{\alpha_x}\right)^{\frac{m}{k_x}} + \left(-\frac{y-\beta_y}{\alpha_y}\right)^{\frac{m}{k_y}}\right]^{\frac{1}{m}}\right\}(m=1, x = \beta_x, y = \beta_y)$$
$$\tag{7.3.12d}$$

⑤当 $k_x < 0, k_y < 0$ 时,

$$F(x,y) = \exp\left\{-\left[\left(\frac{x-\beta_x}{\alpha_x}\right)^{\frac{m}{k_x}} + \left(\frac{y-\beta_y}{\alpha_y}\right)^{\frac{m}{k_y}}\right]^{\frac{1}{m}}\right\}(m=1, x > \beta_x, y > \beta_y)$$
$$\tag{7.3.12e}$$

⑥当 $k_x > 0, k_y < 0$ 时,

$$F(x,y) = \exp\left\{-\left[\left(-\frac{x-\beta_x}{\alpha_x}\right)^{\frac{m}{k_x}} + \left(\frac{y-\beta_y}{\alpha_y}\right)^{\frac{m}{k_y}}\right]^{\frac{1}{m}}\right\}(m=1, x = \beta_x, y > \beta_y)$$
$$\tag{7.3.12f}$$

对此,由于 $k \neq 0$ 时,可证其分布密度函数为:

$$f(x) = \frac{\mathrm{d}F(x)}{\mathrm{d}x} = \frac{1}{\alpha_x}\left[\left(1 - k_x\frac{x-\beta_x}{\alpha_x}\right)^{\frac{1-k_x}{k_x}}\right]\exp\left[-\left(1 - k_x\frac{y-\beta_y}{\alpha_y}\right)^{\frac{1}{k_x}}\right] \tag{7.3.13a}$$

$$f(y) = \frac{\mathrm{d}F(y)}{\mathrm{d}y} = \frac{1}{\alpha_y}\left[\left(1 - k_x\frac{x-\beta_x}{\alpha_x}\right)^{\frac{1-k_y}{k_y}}\right]\exp\left[-\left(1 - k_y\frac{y-\beta_y}{\alpha_y}\right)^{\frac{1}{k_y}}\right] \tag{7.3.13b}$$

当 $m=1$ 时,按照概率论的边际分布定义(令 $\rho=0$),假定其位置参数为零,就可证明它们的各自边际分布:

$$
\begin{aligned}
F_1(x) = F(x,\infty) &= \int_{-\infty}^{x}\int_{-\infty}^{\infty} f(x,y)\mathrm{d}x\mathrm{d}y \\
&= \int_{-\infty}^{x}\int_{-\infty}^{\infty} f(x)f(y)\mathrm{d}x\mathrm{d}y \\
&= \int_{0}^{x} f(x)\mathrm{d}x\int_{0}^{\infty} f(y)\mathrm{d}y = \int_{0}^{x} f(x)\mathrm{d}x
\end{aligned}
\tag{7.3.14}
$$

假定 $F(x) = \int_{0}^{x} f(x)\mathrm{d}x = \exp\left[-\left(1-k\dfrac{x-\beta_x}{\alpha_x}\right)^{\frac{1}{k}}\right]$

令变量代换 $z = \left[-\left(1-k\dfrac{x-\beta_x}{\alpha_x}\right)^{\frac{1}{k}}\right]$,则:

$$
积分\ F(x) = \int_{-\infty}^{x} f(x)\mathrm{d}x = \int_{-\infty}^{\frac{\alpha}{k}(1-(-z)^k)} e^z\mathrm{d}z = \exp\left[-\left(1-k\dfrac{x-\beta_x}{\alpha_x}\right)^{\frac{1}{k}}\right]
\tag{7.3.15}
$$

同理,可得:

$$
F(y) = \exp\left[-\left(1-k\dfrac{y-\beta_y}{\alpha_y}\right)^{\frac{1}{k}}\right]
\tag{7.3.16}
$$

变量 x 和 y 超过某值的重现期可用下式表达:

$$
T_x = \frac{1}{1-F(x)}
\tag{7.3.17}
$$

$$
T_y = \frac{1}{1-F(y)}
\tag{7.3.18}
$$

在相同原理基础上,变量 x 和 y 的联合重现期为:

$$
T_{x,y} = \frac{1}{1-F(x,y)}
\tag{7.3.19}
$$

假设 $Y=y$,另一变量 X 的条件重现期与假设 $X=x$,另一变量 Y 的条件重现期可分别由下式表达:

$$
T_{X|Y} = \frac{1}{1-F(x|y)}
\tag{7.3.20a}
$$

$$
T_{Y|X} = \frac{1}{1-F(y|x)}
\tag{7.3.20b}
$$

(1)江淮地区各站 GEV 参数估计拟合效果

二维 GEV 分布公式已知,接下来将其应用于极端降雨事件的描述。这里同样采用 AM 抽样和一年多次抽样两种方法相结合对江淮地区 26 个测站的实测逐日降雨资料序列选取两个极值,分别为年极大值和年次极大值,分别统计其相应的过程降雨的降雨总量,如果极大值和次极大值同为一次降雨过程则去除该次降雨的次极大值。如此得到的两列时间序列值分别称为暴雨雨峰和过程暴雨总量。

假定 26 个测站的暴雨雨峰和降雨雨量各自的边缘分布都服从 GEV 分布,根据 L 矩估算 GEV 模式的形状参数 k。统计表明,26 个暴雨雨峰的形状参数 k 的绝对值均小于 0.3,其中只有 5 个测站的暴雨雨峰的形状参数 k 值大于 0,且 k 值均小于 0.09。其余 k 值小于 0 的 21 个测站中,只有 3 个测站的 k 值小于-0.2,且均大于-0.3。而 k 值小于-0.1 大于-0.2 的测站也只有 7 个。11 个测站的 k 值集中于$-0.1\sim0$。同时,26 个测站暴雨雨峰的相应过程暴雨总量的形状参数 k 值均小于 0 且均在$-0.3\sim0$ 之间,其中 6 个测站的 k 值大于-0.1,10 个测站的 k 值大于-0.2,10 个测站的 k 值大于-0.3。总体来看,暴雨雨峰和相应过程暴雨总量的 k 值都比较小。

GEV 模型的三种特例:①$k=0$ 时为第Ⅰ型 Gumbel 分布;②$k<0$ 时为第Ⅱ型柯西分布;③$k>0$ 时为第Ⅲ型 Weibull 分布。根据江淮地区 26 个测站的暴雨雨峰和相应过程暴雨总量的 k 值,对暴雨雨峰和相应过程暴雨总量分别进行边缘分布拟合,并用 K-S 检验拟合效果。结果表明,第Ⅱ型柯西分布的 K-S 检验值均大于 K-S 检验的拒绝临界值,则拒绝假设,服从第Ⅱ型柯西分布的原假设。同样地,第Ⅲ型 Weibull 分布的 K-S 检验值亦均大于 K-S 检验的拒绝临界值,也拒绝服从第Ⅲ型 Weibull 分布的原假设。

由于 26 个测站暴雨雨峰和相应的降雨雨量各自服从柯西分布和韦伯分布的原假设都被拒绝,为了进一步了解各地暴雨雨峰和过程暴雨总量的形状参数在不同时期是否存在大的变率,将各地的暴雨雨峰和过程暴雨总量序列分成 3 个时段,分别为 1951—1970 年,1971—1990 年,1991—2007 年,再求各地的暴雨雨峰和过程暴雨总量在这 3 个时间段内的形状参数 k。结果发现,各地的各个时段内的形状参数的 k 值较小,这就说明了同一测站的暴雨雨峰和过程暴雨总量的形状参数 k 的变率较小。这就可以解析拒绝原假设的原因了,由参数估计得到的近似形状参数一定程度上存在着误差,而估计得到的形状参数比较接近 0,一定程度上可以认为近似为 0,则江淮地区各地的暴雨雨峰和过程暴雨总量均服从 GEV 第Ⅰ型 Gumbel 分布。又为了验证这一想法,接下来假设各站的暴雨雨峰和相应过程暴雨总量各自服从第Ⅰ型 Gumbel 分布,同样用 K-S 检验所有拟合效果。结果表明,26 个测站的暴雨雨峰和相应过程暴雨总量的 K-S 检验值全部小于 K-S 检验的拒绝临界值,则接受服从第Ⅰ型 Gumbel 分布的原假设。

这就说明,虽然 GEV 分布的三种特例由形状参数 k 的取值定义,但 k 是有参数估计计算得到的近似值,当 k 值接近于 0 且它的变率较小时,则可认为 k 近似为 0,即认为样本服从 GEV 第Ⅰ型 Gumbel 分布。

(2)二维 GEV 分布的统计

区域暴雨雨峰和区域暴雨总量的相关系数为 0.52,相关性较好,则联合参数 $m=1.44$,大于 1,则区域暴雨雨峰和相应区域暴雨总量满足二维联合分布的基本条件。由于区域暴雨雨峰和相应暴雨总量的边缘分布各自服从第Ⅰ型 Gumbel 分布,则根据公式(7.3.12a)可计算得到区域暴雨雨峰和相应暴雨总量的二维联合分布概率,并拟合成图,见图 7.6。由图可见,区域暴雨雨峰和相应暴雨总量的拟合值和实测值没有较大差距,基本拟合较好。并用 K-S 检验可得到 K-S 检验值为 0.10,小于 K-S 拒绝临界值 0.13,因此,可以推断使用该模型描述区域暴雨雨峰和区域暴雨总量相关的 GEV 联合分布是合适的。

分别给出区域暴雨雨峰$(0,10,20,\cdots)$和区域暴雨雨量$(0,20,40,\cdots)$,根据 GEV 联合分布公式可以计算出区域暴雨雨峰和区域暴雨雨量的联合累积分布函数,再根据联合重现期公式(7.3.19)则可计算区域暴雨雨峰和区域暴雨雨量的联合重现期,区域暴雨雨峰和区域暴雨雨量的联合累积分布函数和联合重现期的等值线也可绘制出来。这些等值线可以解决单变量暴雨概率分析方法无法解决的一些问题。例如,给出一个暴雨事件的发生概率或重现期,可以得到相应的暴雨雨峰或暴雨雨量多种不同的联合发生情形,反之亦然。为必须考虑区域暴雨雨峰和暴雨总量等有关问题的解决提供了一个非常有用的方法。

（3）条件重现期

对于区域暴雨雨峰和区域暴雨总量的联合分布，给定区域暴雨总量，根据条件重现期公式
(7.3.20a)可计算出区域暴雨雨峰的条件重现期，同样，给定区域暴雨雨峰，根据条件重现期公
式(7.3.20b)亦可以计算区域暴雨总量的条件重现期。图 7.7a 为给定区域暴雨总量(100，
200，300，400，500，600，700，800)的区域暴雨雨峰条件重现期，分别对应曲线(1，2，3，4，5，6，7，
8)。图中的 T_1 则为当给定的区域暴雨总量趋向于无穷时，区域暴雨雨峰的条件重现期。可
以看到，当给定重现期，如 50 a，由单变量概率分析法获得的相应区域暴雨雨峰值要大于由联
合分布方法得到的该值。这说明仅使用单变量概率分析法确定区域暴雨雨峰，可能会导致高
估暴雨事件。图 7.7b 为给定区域暴雨雨峰的区域暴雨总量条件重现期。图中的 T_2 为当给
定的区域暴雨雨峰趋于无穷时，区域暴雨总量的条件重现期。可以看出，当给定重现期，如
50 a，由单变量概率分析法获得的相应区域暴雨总量值比由联合分布方法得到的该值要大。
同样说明使用单变量概率分析法确定区域暴雨总量，将会过高估计暴雨事件。

总之，仅仅使用单变量概率分析方法获得的暴雨极值分位数要大于由联合分布方法所得
到的该值。因此，在极值事件研究中，需要密切关注极值事件变量之间的联系，以便更为客观
地分析极值事件。

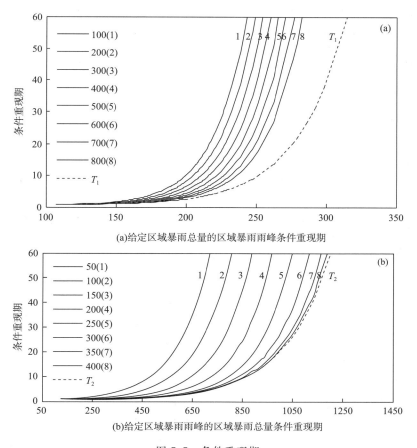

(a)给定区域暴雨总量的区域暴雨雨峰条件重现期

(b)给定区域暴雨雨峰的区域暴雨总量条件重现期

图 7.7　条件重现期

7.3.3　应用二维 GPD 模式模拟区域暴雨事件

近 20 多年来,关于极值统计推断已成为极端气候研究中的一个热点。GPD 用来模拟超过某个高门限值的随机变量已经为许多学者证明是很有用的重要的极值统计方法和途径。前几节我们针对江淮地区及其各个测站分别做了模型拟合分析,其基础是假定观测数据来自 GEV 分布,但在资料样本不长的情况下,GEV 分布所能利用的极值信息有限,统计推断能力将受到影响。实际情况中需要考虑利用超过某阈值的观测极值,又称为阈值超过数。阈值超过数虽然不都是极端降水事件,但可以通过它们推断极端降水事件分布的特征。与 GEV 作为 BM 模型的极限分布一样,超门限阈值 POT 模型常用的极限分布是广义帕累托分布(记为 GPD)模型。它是一种简单的原始分布,专门用于描述超过某个特定临界值(门限值)的全部观测资料值(如大于某临界值的日、候、旬或月的降雨量或大于某临界值的阵风风速)等的概率分布特征。

本节引入多变量 GPD 模式的最新理论,利用江淮地区 26 个测站逐日实测降水资料,模拟我国江淮地区区域暴雨,基于概率加权矩(PWM)的 L 矩估计方法计算其分布参数,探讨暴雨的最佳分布模型,为进一步模拟和预测我国江淮地区暴雨的统计特征奠定理论基础。

(1)单变量分析

为了与前面应用 GEV 模型中的 Gumbel 分布描述江淮地区暴雨事件作对比,探讨区域暴雨的最佳分布模型,我们对江淮地区 26 个测站各站的超过门限阈值的暴雨雨峰及其相应的过程暴雨总量各自首先做单变量 GPD 拟合分析。

①门限值的选取

由于各站的降雨状况不一,门限值的选取也要根据各站的具体情况做出调整。门限必须选得足够高,以保证所选出的极值符合 GPD 分布。但另一方面,门限又不能选得太高,以至于没有足够的样本数据来估计合理的分布参数。因此根据江志红等(2009)提出的采用年平均交叉率接近于 1 的选取方法,确定各站门限的大致范围。所谓交叉率就是极值超过给定门限值的次数(它等价于在降水时间序列曲线坐标图中,门限水平线与超过该门限的极值线交叉的次数),而年交叉率即以一年为时段所量度的交叉次数(程炳岩等,2008)。各站的门限的取值范围为 66~88 mm,而超过门限值的数量范围则为 56~60 个。前面的研究表明,江淮 26 个测站的暴雨分布均服从 GPD 分布,考虑到单变量的预测比较局限,则接下来研究表明多变量相互作用对未来的预测更客观。由于极端事件一般不是单个发生,而常以群发事件出现,则在多变量研究的基础上研究区域的极端事件的群发关系。

研究对象仍然是 26 个测站的逐日降雨量,将区域内大于给定门限的降雨量定义为区域暴雨雨峰,相应的区域日降雨量总和定义为区域暴雨总量。仍然以前一节的方法选取门限,即以年平均交叉率接近于 1 作为标准,确定区域门限的大致范围,最后选定区域暴雨雨峰的门限为 150 mm,区域暴雨总量的门限为 643 mm。

②参数估计

由取值范围可以看到各站的门限值均大于暴雨雨量 50 mm,则可将各站超过门限值的降雨量称为暴雨雨峰。假设各站的暴雨雨峰时间序列均服从广义帕累托分布(GPD),根据基于概率加权矩(PWM)的 L 矩估计方法计算其形状参数和尺度参数。各站形状参数和位置参数的空间分布分别见图 7.8a,b。

　　图 7.8 可以看到各测站估算得到的形状参数值都比较小,范围为-0.3~0.2,而位置参数的取值范围为 18~44,并且两者的空间分布中除了在贵溪都有一个高值区外,其他地方没有明显的相似性。

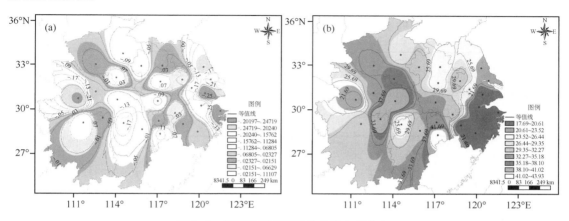

图 7.8　各测站暴雨雨峰的参数空间分布

(a)形状参数;(b)位置参数

③拟合分析

　　经过 K-S 检验,江淮 26 个测站的 K-S 值均小于拒绝临界值,则说明 26 个测站 100% 通过 K-S 检验,且实测累积概率和理论累积概率的相关系数均在 0.9 以上。由此可见,江淮地区夏季(5—9 月)逐日极端降水量基本上符合 GPD 模式。当然,由于样本资料的抽样误差,各站符合程度并不完全一致。这也说明极端降水量采用 GPD 模式拟合是完全可行的。图 7.9 为给定重现期极值的空间分布。

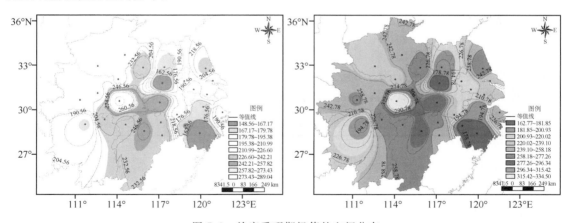

图 7.9　给定重现期极值的空间分布

(a)为给定重现期为 50 年一遇;(b)为给定重现期为 100 年一遇

　　根据所计算的重现期绘制的暴雨空间分布大致体现一个较大的高值中心,并与单变量 Gumbel 分布的对应于 50 年一遇和 100 年一遇的极值分位数的空间分布大体上是一致的。

　　(2)组合变量分析

　　①区域暴雨雨峰和总量的分布

　　选用 K-S 检验降雨量和降雨总量各自的拟合效果,见表 7.2。由于样本总量均为 60,则为

0.05 的显著性水平 K-S 检验临界值为 0.17。可见降雨量和降雨总量各自均服从 GPD 分布。

表 7.2　GPD 模型参数估计及其效果检验

	门限(mm)	尺度参数(α)	形状参数(K)	POT 数	K-S
区域暴雨雨峰	150	63.86	0.22	60	0.08
区域暴雨总量	643	208.37	0.27	60	0.11

从区域暴雨雨峰和区域暴雨总量各自的 GPD 分布拟合图(图 7.10)也能看到理论累积概率和实测累积概率的分布拟合得很好,差距很小。图 7.10a 为区域暴雨雨峰的 GPD,而图 7.10b 为区域暴雨总量的 GPD。

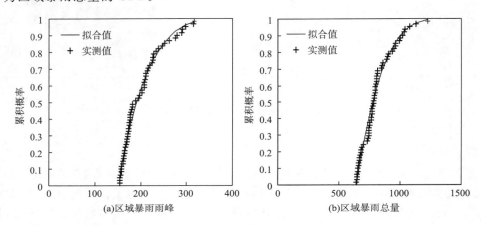

图 7.10　区域暴雨雨峰和区域暴雨总量的 GPD

②极值分位数

区域暴雨雨峰及其相应暴雨总量各自的分位数可由下式求得:

$$x_T = \beta + \frac{\alpha}{k}\left[1 - (\lambda T)^{-k}\right] \qquad (7.3.21)$$

式中:λ 为年交叉率,即 $\lambda = n/M$,n 为大于门限的极值数量,M 为总样本量,T 是根据要求而选定的重现期值,如 50 年或 100 年等。极值分位数见表 7.3。

表 7.3　区域暴雨雨峰和区域暴雨总量的分位数

变量	50 年一遇	100 年一遇
区域暴雨雨峰分位数	167.52	184.88
区域暴雨总量分位数	503.36	549.17

③两变量的线性统计

将区域暴雨雨峰看成变量 X,降雨总量变量为 Y,则 X 和 Y 可写为 $x_t, y_t (t=1, \cdots, n)$,于是,就有行向量,求解特征值和特征向量:

$$\binom{X}{Y} \rightarrow \begin{bmatrix} xx' & xy' \\ yx' & yy' \end{bmatrix} \rightarrow \begin{bmatrix} \lambda_1 & 0 \\ 0 & \lambda_2 \end{bmatrix} \rightarrow \begin{bmatrix} a_{11} & a_{12} \\ a_{21} & a_{22} \end{bmatrix} \qquad (7.3.22)$$

由此得到,线性组合即是:$\begin{bmatrix} F_1 \\ F_2 \end{bmatrix} \rightarrow \begin{bmatrix} a_{11}x + a_{12}y \\ a_{21}x + a_{22}y \end{bmatrix}$,这就是第 1,2 主分量,即是 EOF 中的时间系

数。而 $\begin{bmatrix} a_{11} & a_{12} \\ a_{21} & a_{22} \end{bmatrix}$ 就是它的特征向量，又称为载荷值。第 i 个特征向量场对 $\begin{pmatrix} X \\ Y \end{pmatrix}$ 的贡献率为

$\lambda_i \Big/ \sum\limits_{i=1}^{m} \lambda_i$。计算得到，区域暴雨雨峰的贡献率为 $a = 0.997$，暴雨总量的贡献率为 $b = 0.0029$。

则区域暴雨雨峰和总量存在线性关系为：

$$z = ax + by \qquad (7.3.23)$$

假设变量 Z 服从门限为 150 mm 的 GPD 分布，根据 L 矩估计参数见表 7.4。由表可见，K-S 检验的值比降雨量和降雨总量 K-S 检验值小，表明考虑降雨量和降雨总量的线性关系的 GPD 分布比只考虑降雨量或只考虑降雨总量的 GPD 拟合效果要好。

表 7.4　组合变量的 GPD 模型参数及其效果检验

组合变量	尺度参数(α)	形状参数(k)	POT 数	K-S 检验
Z	50.66	0.017	60	0.07

注：Z 为区域暴雨雨峰和暴雨总量的香型关系 $Z = aX + bY$；POT 数为超过门限值的样本个数，单位为个；k、α 的单位为 mm。

雨量的组合变量描述暴雨事件可能不够客观，考虑多个变量是不同类型时（如降雨量及站数），结果会比较令人满意，但能说明这种组合变量分析也是可行的：

$$H(x) = \frac{1}{-\log G(x)} \log \frac{G(x)}{G(x \wedge 0)}$$

特殊地，当 $x < 0$ 时，$H(x) = 0$，$x > 0$ 时，

$$H(x) = 1 - \frac{\log G(x)}{\log G(x \wedge 0)}$$

式中：$G(x)$ 是一个极值分布，且它满足 $0 < G(x) < 1$。

当极值分布 $G(x)$ 满足 $G(0) = e^{-1}$ 时，式(7.3.23)可转换成下面的公式：

$$H(x) = \frac{\log G(x)}{\log G(x \wedge 0)} \qquad (7.3.24)$$

当变量 B 是超过某一门限值 β_B 的观测资料值，服从 GPD，则 $X = B - \beta_B$ 也服从 GPD，它的门限值为 β_x。假定令变量 F 也是超过某一门限值 β_F 的观测资料值，并且也服从 GPD，则 $Y = F - \beta_F$ 同样也服从 GPD。这样由边缘分布获得的变量 X 和 Y 服从二维 GPD：

$$H(x,y) = 1 - \frac{\left(1 + \frac{k_x(x - \beta_x)}{\alpha_x}\right)^{-r/k_x} + \left(1 + \frac{k_y(y - \beta_y)}{\alpha_y}\right)^{r/k_y}}{\left[\left(1 - \frac{k_x \beta_x}{\alpha_x}\right)^{-r/k_x} + \left(1 - \frac{k_y \beta_y}{\alpha_y}\right)^{-r/k_y}\right]^{1/r}} \qquad (7.3.25)$$

式中：r 为关联参数（可仿两变量 Gumble 分布求得）；而 x 和 y 变量的形状参数和尺度参数分别为 k_x 和 k_y。当 $r = 1$，两变量相互独立，而当 $r = \infty$ 时，两变量不相互独立；一旦当 $r = 1$，两变量相互独立时，$x > 0$，x_∞ 则服从 GPD 分布，同理 y 则可得类似的公式。

7.4　线性相关关系形成的理论机制

7.4.1　线性相关关系形成的理论机制探讨

从生物学耦合模型出发，可以认为，以往关于统计相关性，都仅仅从随机变量的线性相

关来解释各种气象变量观测资料所蕴含的许多相关现象。然而,相关度量的物理本质究竟是什么? 尽管不少变量之间并非真的存在线性关系,但仍处理为线性相关。这是否合理? 一般都未做深入研究。在大气科学中,我们计算每一对相关变量的相关系数时,几乎所有的人都未注意到,我们实际上只是求得两个时间序列的相关。假如我们换一种角度来思考:将两个变量视为某一个协同系统或耦合系统中的两种要素,这实际上就是一种处于相对稳定的动态系统中的两个变量的变化过程的图像,而相关正是该系统中两变量关系的一种客观度量。

早在 1980 年代末,丁裕国(1989)提出线性相关系数的本质是两者交叉谱的协谱总和的概念,应该说这仍然仅仅是从纯统计学观点来阐释相关系数的意义,而并未涉及其物理内涵,更未从协同论和动力学高度来阐明其本质。自从 20 世纪出现了以信息论、系统论和控制论及耗散结构论、突变论、协同论为基础而逐步发展的复杂性科学和非线性动力学以来,各学科纷纷引进这些全新的学术思想,大气科学也因此得益匪浅。但是,笔者认为,我们应从更高的宏观物理学观点,对原有的各种分支学科注入新的活力,所谓协同学理论,是指"任何一个宏观系统其结构的形成过程都是该系统的各子系统或各个组分成员协同合作行为的结果,协同学就是要用客观定量的方法描述其结构形成过程的物理本质"。"协同学"一词源于希腊文,意为"协调合作之学"。

7.4.2 思路

由二维振荡系统模型出发,首先用洛特卡—奥尔特纳模型,模拟出两个时间序列的相关性是一种耦合系统的振荡,统计其相关系数;接着用随机模拟的办法,给出不同样本长度的耦合系统时间序列的相关性度量。

二维振荡系统模型:

$$\begin{cases} \dfrac{dx_1}{dt} = x_1 - x_1 x_2 \\ \dfrac{dx_2}{dt} = \alpha(-x_2 + x_1 x_2) \end{cases} \tag{7.4.1}$$

或写成:

$$\begin{cases} \dfrac{dx_1}{dt} = (a_1 x_1 - b_1 x_1 x_2) \\ \dfrac{dx_2}{dt} = (a_2 x_2 + b_2 x_1 x_2) \end{cases} \tag{7.4.2}$$

$$\begin{aligned} x_{1(t+1)} &= (1+a_1)x_{1t} - b_1 x_{1t} x_{2t} \\ x_{2(t+1)} &= (1+a_2)x_{2t} + b_2 x_{1t} x_{2t} \end{aligned} \tag{7.4.3}$$

$$\begin{aligned} b_2 x_{1(t+1)} &= b_2(1+a_1)x_{1t} - b_2 b_1 x_{1t} x_{2t} \\ b_1 x_{2(t+1)} &= b_1(1+a_2)x_{2t} + b_1 b_2 x_{1t} x_{2t} \end{aligned} \tag{7.4.4}$$

两式相加,得:

$$b_2 x_{1(t+1)} + b_1 x_{2(t+1)} = b_2(1+a_1)x_{1t} + b_1(1+a_2)x_{2t} \tag{7.4.5}$$

特征方程:

$$\begin{aligned} x_{1(t+1)} &= (1+a_1)x_{1t} - b_1 x_{1t} x_{2t} \\ x_{2(t+1)} &= (1+a_2)x_{2t} + b_2 x_{1t} x_{2t} \end{aligned} \tag{7.4.6}$$

如何求解？二维振荡系统的典型范例为洛特卡—奥尔特纳(Lotka-Volterra)模型，该模型最初为描述生态学中的耦合振荡系统模式，即人们常用的所谓捕食者与被捕食者耦合竞争的数学模型：若设物种 A 的出生率为 α_1，物种 B 的死亡率为 $2\gamma_2$，物种 B 吃掉物种 A 有利于物种 B 的增加和物种 A 的减少，但它们都正比于物种 x_1，x_2，物种 A 减少的比率系数为 α，物种 B 增加的比率系数为 β，于是就有：

$$\frac{\mathrm{d}x_1}{\mathrm{d}t} = \alpha_1 x_1 - \alpha x_1 x_2 \tag{7.4.7}$$

$$\frac{\mathrm{d}x_2}{\mathrm{d}t} = \beta x_1 x_2 - 2\gamma x_2 \tag{7.4.8}$$

对上述方程组做无量纲化处理，则：

$$\frac{\mathrm{d}x_1^*}{\mathrm{d}t} = x_1^* - x_1^* x_2^*$$

$$\frac{\mathrm{d}x_2^*}{\mathrm{d}t} = \alpha(-x_1^* - x_1^* x_2^*)$$

7.4.3 复杂协同系统的表象相关性

设有两变量的时间序列 $\{x_{1t}\}$，$\{x_{2t}\}$ 其相关系数为 R，利用随机模拟(设有同周期和不同位相)资料，分别求其功率谱和交叉谱，并将其代入上述模式中，得到拟合方程，率定出系数。将上述方程组改为差分形式，由上述方程组就有：

$$x_{t+1}^{(1)} = 2x_t^{(1)} - x_t^{(1)} x_t^{(2)} \tag{7.4.9}$$

$$x_{t+1}^{(2)} = x_t^{(2)} - \alpha x_t^{(2)} - \alpha x_t^{(1)} x_t^{(2)} \tag{7.4.10}$$

于是得到：

$$x_{t+1}^{(2)} = (1-\alpha)x_t^{(2)} - \alpha x_t^{(1)} x_t^{(2)} \tag{7.4.11}$$

对上面的式(7.4.9)两边同乘 α，就得到：

$$\alpha x_{t+1}^{(1)} = 2\alpha x_t^{(1)} - \alpha x_t^{(1)} x_t^{(2)} \tag{7.4.12}$$

式(7.4.9)减去式(7.4.10)即得：

$$x_{t+1}^{(2)} - \alpha x_{t+1}^{(1)} = (1-\alpha)x_t^{(2)} - 2\alpha x_t^{(1)} \tag{7.4.13}$$

整理后为：

$$x_{t+1}^{(2)} - (1-\alpha)x_t^{(2)} = \alpha x_{t+1}^{(1)} - 2\alpha x_t^{(1)} \tag{7.4.14}$$

7.4.4 大气的耦合振荡与相关系数

大气运动在空间上是多尺度的，在时间上是多频率的，亦即大气中存在各种波长和各种周期的波动运动(章基嘉，1979)。以时域上的多频振动而言，由于各频率振动并非在指定时段内定常存在，而总是有它们的生消涨落，构成极为复杂的大气过程。这种复杂性必然反映在作为大气运动状态的某一物理属性——气象要素的历史演变中。故通常从统计学观点出发，将要素(按时序)记录视为具有时变特点的多频振动。另一方面，当我们考察两个变量(包括非气象的)相关性时，这些变量的记录往往总是按时序排列的，因此，它们的相关性从另一种意义上说，也是两个序列的相关性。而事实证明(林学椿，1978)，气象要素之间的相关系数在时域上是具有明显波动的，这说明，相关波动与样本序列的多频振荡相关。

根据随机过程理论，两个序列的互相关函数系数(又称标准化互协方差函数)可定

义为:

$$\rho_{xy}(t,t') = \frac{C_{xy}(t,t')}{\sqrt{R_x(0)R_y(0)}} \tag{7.4.15}$$

式中:$C_{xy}(t,t')$为两序列在 t 与 t' 时刻的互协方差函数 $R_x(0),R_y(0)$ 分别为两序列各自的方差,在平稳性条件下,若两序列的均值皆为零,上式又可写为:

$$\rho_{xy}(\tau) = \frac{R_{xy}(\tau)}{\sqrt{R_x(0)R_y(0)}} \tag{7.4.16}$$

式中:τ 表示两个序列的时间后延,显然,若 $\tau=0$,有:

$$\rho_{xy}(0) = \frac{R_{xy}(0)}{\sqrt{R_x(0)R_y(0)}} \tag{7.4.17}$$

式(7.4.17)的统计意义正是一般线性相关系数。由相关函数的谱理论可知,互相关函数与互谱密度可互傅里叶变换,且有:

$$G_{xy}(f) = C_{xy}(f) - iQ_{xy}(f) = 2\int_{-\infty}^{\infty} R_{xy}(\tau)e^{-i2\pi f\tau}\mathrm{d}\tau \tag{7.4.18}$$

$$R_{xy}(\tau) = \int_0^{\infty} \left[C_{xy}(f)\cos 2\pi f\tau + Q_{xy}(f)\sin 2\pi f\tau\right]\mathrm{d}f \tag{7.4.19}$$

式中:$G_{xy}(f)$ 为互谱密度,其中 $C_{xy}(f)$ 为共谱,$Q_{xy}(f)$ 为重谱(又称协谱),$R_{xy}(\tau)$ 为相关系数。显然,$\tau=0$ 时,上式可写为:

$$R_{xy}(0) = \int_0^{\infty} C_{xy}(f)\mathrm{d}f \tag{7.4.20}$$

式(7.4.20)表明,两个平稳随机过程的零后延互相关函数,其值等于各谱和分量共谱密度按频率积分。相应于离散时间序列,则有:

$$R_{xy}(0) = \sum_{k=0}^{\infty} C_{xy}(f_k) \tag{7.4.21}$$

由式(7.4.17)可知,当两序列的方差 $R_x(0),R_y(0)$ 均不等于 1 时(即非标准化时),就有:

$$\rho_{xy}(0) = \frac{R_{xy}(0)}{\sqrt{R_x(0)R_y(0)}} = \frac{1}{\sqrt{R_x(0)R_y(0)}} \sum_{k=0}^{\infty} C_{xy}(f_k) \tag{7.4.22}$$

由此可见,两个气象要素(假定它们各自的取样按时序)的线性相关程度,从随机时间序列的观点来看,实质上可以看作为两个序列各自相应的谐和分量相关性的总和,各谐和分量对相关的贡献(以共谱 $C_{xy}(f)$ 为标志)总和表征了相关的程度。除由式(7.4.20)～(7.4.22)从理论上说明这一点外,实际计算也表明这一事实。在表 7.5 中,分别列举南京与上海旬降水量、太阳黑子相对数与上海年降水量、上海 1 月气温与 7 月降水量等三对序列的各种不同抽样相关系数值与相应共谱累积值 $R\sum_{k=0}^{m}C_{xy}(f_k)$,由表 7.5 可见,共谱密度累积值与相关系数值具有相当好的对应关系。

以上事实有力地证明,按时序排列样本所计算得的相关系数,可视为两个序列各谐和分量耦合振动的结果,即有一个相关系数必对应一组共谱密度 $C_{xy}(f_k)(k=1,2,\cdots,m)$。

表 7.5　样本相关系数与累积共谱值

相关系数	累计共谱值	相关系数	累计共谱值
−0.1672	−0.1472	0.6729	0.7122
−0.2917	−0.2679	0.4770	0.5023
−0.0321	−0.0261	0.7870	0.7927
0.2342	0.2018	0.7373	0.7941
0.1568	0.1558	0.8529	0.9761
0.4252	0.3992	0.5028	0.5018
0.3541	0.3300	0.4095	0.4668
0.2958	0.2793	0.7181	0.6863
0.2562	0.2613	0.1095	0.1013
0.0839	0.0914	0.3041	0.3718
……	……	……	……

参考文献

蔡敏,丁裕国,江志红.2007.我国东部极端降水时空分布及其概率特征.高原气象,**26**(2):309-318.

曹鸿兴.1994.气候动力模式与模拟.北京:气象出版社,320.

曹鸿兴.1994.气候动力数值模拟.北京:气象出版社,1-27,123-205.

陈玉华,李正洪.1989.极值分布及其在气象上的应用.气象,**15**(3):51-56.

程炳岩,丁裕国,汪方.2003.非正态分布的天气气候序列极值特征诊断方法研究.大气科学,**27**(5):920-928.

丁裕国.1991.天气气候状态转折规律的统计学探讨,气候学研究——统计气候.北京:气象出版社,40-49.

丁裕国.1993.EOF 在大气科学研究中的新进展.气象科技,(3):10-19.

丁裕国.1994.降水量 Γ 分布模式的普适性研究.大气科学,**18**(5):552-560.

丁裕国,江志红.1989.气候状态向量在短期气候变化研究中的应用.气象科学,**9**(4):369-377.

丁裕国,江志红.1993.具有门限的一种非线性随机动力模式.热带气象学报,**9**(2):97-104.

丁裕国,江志红.1993.气象场相关结构对 EOFs 开展稳定性的影响.气象学报,**51**(4):448-456.

丁裕国,江志红.1996.SVD 方法在气象诊断分析中的普适性.气象学报,**54**(4):365-372.

丁裕国,江志红.1998.气象数据时间序列信号处理.北京:气象出版社,285.

丁裕国,江志红.1999.中国近 50 年严冬和冷夏演变趋势与区划.应用气象学报,**10**(增刊):88-96.

丁裕国,江志红.2009.极端气候研究方法导论.北京:气象出版社,232.

丁裕国,金莲姬,刘晶森.2002.诊断天气气候时间序列极值特征的一种新方法.大气科学,**26**(2):343-351.

丁裕国,刘吉峰,张耀存.2004.基于概率加权估计的中国极端气温时空分布模拟试验.大气科学,**28**(5):771-782.

丁裕国,牛涛.1990.干湿月游程的 Markov 模拟.南京气象学院学报,**13**(3):286-297.

丁裕国,张耀存.1989.降水气候特征的随机模拟试验.南京气象学院学报,**2**:146-155.

董婕,周小刚.1997.西安气象要素变化的马尔科夫概型预报.陕西师范大学学报(自然科学版),**25**(3):104-106.

范丽军,符淙斌,陈德亮.2005.统计降尺度法对未来区域气候变化情景预估的研究进展.地球科学进展,**20**(3):320-329.

范丽军,符淙斌,陈德亮.2007.统计降尺度法对华北地区未来区域气温变化情景的预估.大气科学,**31**(5):887-897.

费史.1978.概率论及数理统计.上海:上海科学技术出版社,551.

复旦大学.1981.概率论(第三册).北京:人民教育出版社,389.

傅国斌,刘昌明.1991.全球变暖对区域水资源影响的计算分析:以海南岛万泉河为例.地理学报,(3):277-288.

高学杰,赵宗慈,丁一汇,黄荣辉,Giorgi F.2003.温室效应引起的中国区域气候变化的数值模拟Ⅱ:中国区域气候的可能变化.气象学报,**61**(01):29-38.

高学杰,赵宗慈.2003.区域气候模式对温室效应引起的中国西北地区气候变化的数值模拟.冰川冻土,**25**(2):165-169.

耿全震,丁一汇,陆尔等.1997.HADLEY 中心海—气耦合模式对中国未来区域气候变化情景的预测.见丁一汇编:中国的气候变化与气候影响研究.北京:气象出版社,440-448.

郝振纯,王加虎,李丽等.2006.气候变化对黄河源区水资源的影响.冰川冻土,2006(1):1-7.

何金海,丁一汇,陈隆勋.1996.亚洲季风研究的新进展.北京:气象出版社.

黄嘉佑.1991.我国夏季气温、降水量场的时空特征分析.大气科学,15(3):124-132.

黄嘉佑.1995.气候状态变化趋势与突变分析.气象,21(7):54-57.

黄清华,张万昌.2004.SWAT 分布式水文模型在黑河干流山区流域的改进及应用.南京林业大学学报,28(2):22-27.

江志红,刘冬,刘渝等.2010.导线覆冰极值的概率分布模拟及其应用试验.大气科学学报,(4):385-394.

江志红,丁裕国,蔡敏.2009.未来极端降水对气候平均变暖敏感性的蒙特卡罗模拟试验.气象学报,67(2):272-279.

江志红,丁裕国,陈威霖.2007.21 世纪中国极端降水事件预估.气候变化研究进展,3(4):202-207.

姜大膀,王会军,郎咸梅.2004.SRES A2 情景下中国气候未来变化的多模式集合预测结果.地球物理学报,47:776-784.

刘昌明,夏军,郭生练等.2004.黄河流域分布式水文模型初步研究与进展.水科学进展,15(4):495-500.

刘昌明等.1993.气候变化时中国水文情势影响的若干分析.北京:气象出版社.

刘春蓁.1997.气候变化对我国水文水资源的可能影响.水科学进展,8(3):220-225.

刘春蓁.2004.气候变化对陆地水循环影响研究的问题.地球科学进展,19(1):115-119.

刘吉峰,霍世青,李世杰,杜宇.2007.SWAT 模型在青海湖布哈河流域径流变化成因分析中的应用.河海大学学报(自然科学版),(2):159-163.

刘吉峰,李世杰,秦宁生.2006.青海湖流域土壤可蚀性 K 值研究.干旱区地理,29(3):321-325.

刘敏,江志红.2009.13 个 IPCC AR4 模式对中国区域近 40a 气候模拟能力的评估.南京气象学院学报,32(2):256-268.

刘晓燕,常晓辉.2005.黄河源区径流变化研究综述.人民黄河,(2):6-8,14.

马力.1990.降水过程中的一个指数关系.新疆气象,13(9):19-21.

毛慧琴.1979.广州短历时降水极值概率分布模型研究.气象,5(10):3-6.

么枕生,丁裕国.1990.气候统计.北京:气象出版社,854.

么枕生.1984.气候统计学基础(统计气候学理论 I).北京:科学出版社,594.

孟庆珍,杜键.2001.成都地面风速年极值的 4 种分布函数拟合结果的比较.成都信息工程学院学报,16(2):97-106.

普利高津.2007.从存在到演化.北京:北京大学出版集团,226.

秦大河,丁一汇,苏纪兰等.2007.中国气候与环境演变(上卷):气候与环境的演变与预测.北京:科学出版社,562.

秦大河.2004.气候变化的事实、影响及对策.见气候变化与生态环境研讨会论文集.北京:气象出版社.

曲延禄等.1988.我国近地面气温极值合地面最大风速极值的渐进分布.气象学报,46(2):186-193.

瑞夫 F(周士勋等译).1979.统计物理学《伯克利物理学教程》第 5 卷.北京:科学出版社,472.

任福民,翟盘茂.1998.1951—1990 年中国极端气温变化分析.大气科学,22(1):217-226.

任国玉,吴虹,陈正洪.2000.我国降水变化趋势的空间特征.应用气象学报,11(3):322-330.

史辅成,慕平,王玉峰.2005.黄河流域下垫面变化对径流量影响的讨论.人民黄河,27(1):21-23.

谭璐,姜潞.2009.系统科学导论.北京:北京师范大学出版集团,208.

屠其璞,邓自旺等.2000.中国气温异常的区域特征研究.气象学报,58(3):288-296.

王柏均,陈刚毅.1994.渐近极值理论在气候极值降水预测中的应用.成都气象学院学报,9(2):30-34.

王德潜,刘祖植,刘方.2000.西北地区水资源特征与可持续利用.第四纪研究,(6):493-503.

王冀,江志红,宋洁,丁裕国.2008.基于全球模式对中国计算气温指数模拟的评估.地理学报,63(3):

227-236.

王金花,康玲玲,余辉等.2005.气候变化对黄河上游天然径流量影响分析.干旱区地理,(6):288-291.

王绍武,龚道溢,陈振华.1999.近百年来中国的严重气候灾害.应用气象学报,**10**(1):43-53.

王守荣,郑水红,程磊.2003.气候变化对西北水循环和水资源影响的研究.气候与环境研究,(1):43-51.

王昭,陈德华.2001.影响黄河源区径流变化的因素分析.水文地质工程地质,**3**:35-37.

威切曼(复旦大学物理系译).1978.量子物理学《伯克利物理学教程》第4卷.北京:科学出版社,514.

魏锋,丁裕国,白虎志.2005.基于概率加权估计的西北地区极端降水时空分布模拟试验.地球科学进展,**20**:65-70.

夏军,谈戈.2006.全球变化与水文科学新的进展与挑战.资源科学,**24**(3):1-7.

谢志清,姜爱军,丁裕国等.2005.长江三角洲强降水过程年极值分布特征研究.南京气象学院学报,**28**(2):267-274.

严绍谨,彭永清.1989.非平衡态理论与大气科学.北京:学苑出版社,413.

叶笃正,黄荣辉等.1996.长江黄河流域旱涝规律和成因研究.济南:山东科技出版社.

余锦华,李佳耘,丁裕国.2012.利用二维极值分布模拟我国几个代表站的强降水概率特征.大气科学学报,**35**(6):652-657.

於凡,张光辉,柳玉梅.2008.全球气候变化对黄河流域水资源影响分析.水文,**28**(10):52-56.

曾涛,郝振纯,王加虎.2004.气候变化对径流影响的模拟.冰川冻土,**26**(3):324-332.

翟盘茂,潘晓华.2003.中国北方近50年温度和降水极端事件变化.地理学报,**58**(S1):1-10.

翟盘茂,任福民.1997.中国近40年最高最低温度变化.气象学报,**55**(4):418-429.

翟盘茂,任福民,张强.1999.中国降水极值变化趋势检验.气象学报,**57**(2):208-216.

张国胜,李林,时兴合等.2000.黄河上游地区气候变化及其对黄河水资源的影响.水科学进展,**11**:277-283.

张建中,周琴芳等.1986.常用时间序列分析软件包.北京:气象出版社.

张士锋,贾绍凤,刘昌明等.2004.黄河源区水循环变化规律及其影响.中国科学(E辑),(34):117-125.

张学文,马力.1992.熵气象学.北京:气象出版社,203.

张学文,组成论.2003.合肥:中国科学技术大学出版社,255.

赵芳芳,徐宗学.2007.统计降尺度方法和Delta方法建立黄河源区气候情景的比较分析.气象学报,**65**(8):653-662.

赵宗慈,丁一汇,徐影,张锦.2003.人类活动对20世纪中国西北地区气候变化影响检测和21世纪预测.气候与环境研究,**18**:27-34.

赵宗慈.2006.全球气候变化预估最新研究进展.气候变化研究进展,**2**(2):68-71.

周德刚,黄荣辉.2006.黄河源区径流减少的原因探讨.气候与环境研究,(5):302-309.

周家斌,黄嘉佑.1997.近年来中国统计气象学的进展.气象学报,**55**(3),297-305.

庄立伟,王石力.2003.东北地区逐日气象要素的空间插值方法应用研究.应用气象学报,**14**(5):605-615.

Adiouni S E,Quarda T,Zhang X,*et al*.2007. Generalized maximum likelihood estimators for the nonstationary generalized extreme value model. *Water Resouces Research*,**43**:1029-1397.

Arnold J G,Srinivasan R,Ramanaryanan T S,*et al*.1999. Water resources of the Texas Gulf Basin.*Wat. Sci. Tech.*,**39**(3):121-133.

Berger A,Goosens C.1983. Persistence of wet and dry spells at Uccle(Belgium). *J Climate*,**3**:21-34.

Bocciolone M,Gasparetto M,Lagomarsino S,*et al*.1993. Statistical analysis of extreme wind speeds in the Straits of Messina. *J. Wind Eng. Ind. Aerodyn.*,**48**:359-377.

Buishand T A.1989. Statistics of extremes in climatology. *Statistica Neerlandica*,**43**:1-31.

Christensen N S,*et al*. 2004. The effects of climate change on the hydrology and water resources of the Colorado River Basin. *Climatic Change*,**62**:337-363.

Coles S G,Walshaw D. 1994. Directional modelling of extreme wind speeds. *Appl. Stat.* ,**43**: 139-157.

Coles S. 2001. An introduction to statistical modeling of extreme values. Springer Verlag, London, UK.

Desmond A F,and Guy B T. 1991. Crossing theory for non-Gaussian stochastic processes with application to hydrology. *Water Resour. Res.* ,**27**:2791-2797.

Ding Yuguo, Cheng Binggan, and Jiang Zhihong. 2008. A newly-discovered GPD-GEV relationship together with comparing their models of extreme precipitation in summer. *Advance in Atmospheric Science* , **25** (3):507-516.

Ding Yuguo, Zhang Jinling, Jiang Zhihong. 2010. Experimental simulations of extreme precipitation based on the multi-status Markov chain model. *Acta Meteorologica Sinica* ,**24**(4):484-491.

Ding Yuguo,*et al*. 1996. Study on canonical autoregression prediction of meteorological element fields. *A. M. S.* ,**10**(1):41-51.

Ding Yuguo,*et al*. 1998. Theoretical relationship between SSA and MESA with both application. *A. A. S.* ,**15** (4):541-552.

Fill H D,Stedinger J R. 1995. Homogeneity tests based upon Gumbel distribution and a critical appraisal of Dalrymple's test. *J. Hydrol.* ,**166**: 81-105.

Fisher R A,Tippett L H C. 1928. Limiting forms of the frequency distribution of the largest or smallest members of a sample. *Proc. Cambridge Philos. Soc.* ,**24**: 180-190.

Greenwood J A, Landwehr J M, Matalas N C, *et al*. 1979. Probability-Weighted moments: Definition and relation to parameters of several distribution expressible in inverse form. *Water Resources Research* , **15** (5):1049-1054.

Groisman P Ya,and Coauthors. 1999. Changes in the probability of heavy precipitation: Important indicators of climatic change. *Climatic Change* ,**42**:243-283.

Gumbel E J. 1958. Statistics of Extremes. Columbia University Press,New York,pp375.

Hewitson B C. 1997. GCM derived climate change impacts on regional climate variability. Preprints, Fifth International Conference on Southern Hemisphere Meteorology and Oceanography,Pretoria,South Africa. American Meteorological Society,24-26.

Hosking J R M,Wallis J R,Wood E F. 1985. Estimation of the generalized extreme value distribution by the method of probability-weighted moments. *Technometrics*,**27**: 251-261.

Hosking J R M,Wallis J R. 1987. Parameter and quantile estimation for the generalized Pareto distribution. *Technometrics*,**29**: 339-349.

Hosking J R M. 1990. L-moment-analysis and estimation of distributions using linear combinations of order-statistics. *J. R. Stat. Soc. B*,**52**: 105-124.

Houghton J T. 1984. Global Climate. Cambridge: Cambridge University Press, United Kingdom and New York.

Houghton J, *et al*. 1996. Climate Change. Contribution of Working Group I to the second Assessment Report of IPCC. Cambridge University Press.

Houghton J T,Ding Y,Griggs D J, *et al*. 2001. Climate change 2001: the science of climate change. Third Assessment Report of the Intergovernmental Panel on Climate Change ,Cambridge: Cambridge University Press,United Kingdom and New York,NY,USA.

Huang Jiayou. 1990. Meteorological statistical methods in analysis and prediction. Beijing:China Meteoro. Press,182-188.

IPCC,Climate Change 1995,The Second IPCC Scienfic Assessment WMO/UNEP,J. T. Houghton,*et al*, Cabridge University Press,Intergovnmental Panel on Climate Change,pp572.

Jenkinson A F. 1955. The frequency distribution of the annual maximum(or minimum)values of meteorological elements. *Q. J. R. Meteorol. Soc.* ,**81**: 158-171.

Karim M A, Chowdury J U. 1995. A comparison of four distributions used in flood frequency analysis in Bangladesh. *Hydrol. Sci. J.* ,**40**: 55-66.

Katz R W, Brushi G S, Parlange M B. 2005. Statistics of extremes: Modeling ecological disturbances. *Ecology*, **86**(5):1124-1134.

Katz R W, and Browns B G. 1992. Extreme events in a changing climate: Variability is more impotant than averages. *Climatic Change* ,**21**:289-302.

Kedem B. 1980. Binary time series. Marcel Dekker, INC. ,1-33.

Kemeny J G, *et al*. 1960. Finite Markov Chains. Published simultanueously in Canada by D. Van.

Kharin V V, and Zwiers F W. 2000. Changes in the extrimes in an ensemble of transient climatic simulations with a coupled atmosphere-ocean GCM. *J. Climate*,**13**:3760-3788.

Kiktev D, Sexton D M H, Alexander L, and Folland C K. 2003. Comparison of modeled and observed trends in indices of daily climate extremes. *Journal of Climate* ,**16**:3560-3571.

Kim J W, Chang J T, Baker N L, *et al*. 1984. The statistical problem of climate inversion: Determination of the relationship between local and large-scale climate. *Mon. Wea. Rev.* ,**112**: 2069-2077.

Koutsoyiannis D. 2004. Statistics of extremes and estimation of extreme rainfall theoretical investigation. *Hydrology Science Journal*, **49** (4): 575-590.

Landwehr J M. 1979. Probability weighted moments compared with some traditional techniques in estimating gumbel parameters and quantiles. *Water Resource* ,**15**(5):1054-1060.

Lechner J A, Simiu E, Heckert N A. 1993. Assessment of peaks over threshold methods for estimating extreme-value distribution tails. *Struct. Safety*,**12**: 305-314.

Leese M N. 1973. Use of censored data in the estimation of Gumbel distribution parameters for annual maximum flood series. *Water Resour. Res.* ,**9**: 1534-1542.

Liu Jifeng, Ding Yuguo, Zhang Yaocun. 2005. Simulation experiment of temporal-spatial distributions of extreme temperatures over China based on probability weighted moment estimation. *Atmospheric Sciences* , **29**(2):197-210.

Lye L M, Lin Y. 1994. Long-term dependence in annual peak flows of Canadian rivers. *J. Hydrol.* , **160**: 89-103.

Maidnment D R. (张建云,李纪生等译). 2002. 水文学手册. PP1278.

Mearns L O, Katz R W, and Schneider S H. 1984. Extreme high temperature events: Changes in their probabilities with changes in mean temperature. *Climate Appl. Metor.* ,**23**:1601-1613.

Neitsch S L, Arnold J G, Kinlry J R, *et al*. 2002. Soil and water assessment tool theoretical documentation: vision 2000. Texas: Texas Water Resources Institute, College Station, Nostrand Company, Inc. PP210.

Olkin I, Gleser L J, and Derman C. 1980. Probability models and applications. Marcmillan Publishing Co. , Inc. New York , pp576.

Osborn T J, Hnhne M, Jones P D, *et al*. 2000. Observed trends in the daily intensity of United Kingdom precipitation. *International Journal of Climatol* , **20**:347-364.

Pickands J. 1975. Statistical inference using extreme order statistics. *Ann. Stat.* ,**3**: 119-131.

Priestley M B. Spectral analysis and time series, Vol. 1, Academic Press, London, 1981, 280-290.

Rice S O. 1945. Mathematical analysis of random noise. *Bell. Sys, Tech. J.* ,**24**: 156.

Saxton K E, Rawls W J. 2006. Soil water characteristic estimates by texture and organic matter for hydrologic solutions. *Soil Science Society of America Journal* ,**70**(5):1569-1578.

Sharpley A N, Williams J R. 1990. EPIC-Erosion Productivity Impact Calculator, 1. model documentation. U. S. Department of Agriculture. *Agricultural Research Service*, *Tech. Bull*, 1768.

Timbal B, Hope P, Charles S. 2008. Evaluating the consistency between statistically downscaled and global dynamical model climate change projections. *Journal of Climate*, 21(22): 6052-6059.

Wilks D S. 1989. Statistical specification of local surface weather elements from large-scale information. *Theor. Appl. Climatol.* **40**: 119-134.

Williams K S, David R M. 1996. A GIS assessment of nonpoint source pollution in the San Antonio-Nueces Costal basin. Center for Research in Water Resources, Austin: University of Texas.

Winkler J A, Palutikof J P, Andresen J A, *et al*. 1997. The simulation of daily temperature time series from GCM output: Part II: Sensitivity analysis of an empirical transfer function methodology. *Journal of Climate*, **10**: 2514-2535.

Yao C S. 1997. A new method of cluster analysis for numerical classification of climate. *Theor. Appl. Climatol.* , 57.

Yao Zhensheng. 1998. A loading correlation model for climatic classification with climatic descriptions in synoptic climatology, Climatology studies——Climate and Environment. Beijing: China Meteoro. Press, 1-9.

Zhai P M, and Ren F M. 1999. Changes of China's maximum and minmum temperatures in 1951—1990. *Acta Meteor. Sinica.* , **13**: 278-290.

Zhai P M, Zhang X B, Wan H, and Pan X H. 2005. Trends in total precipitation and frequency of daily precipitation extremes over China. *J. Climate*, **18**: 1096-1108.

Zhai Panmao, Sun Anjing, Ren Funmin, *et al*. 1999. Changes of climate extremes in China. *Climatic Change*, **42**: 203-218.

Zhang Xuebin, Hogg W D, and Mekis E. 2001. Spatial and temporal characteristics of haevy pricipitation events over Canada. *J, Climate*, **14**: 1923-1936.

Zhao Zongci, Akimasa S, Chikako H, *et al*. 2004. Detection and projections of floods/droughts over East Asia for the 20th and 21st centuries due to human emission. *World Resource*, **16** (3): 312-329.

Zhao Zongci, Luo Yong, and Gao Xuejie. 2000. GCM studies on anthropogenic climate change in China. *Acta Meteorological Sinica*, **14**: 247-256.

Zorita E, Hughes J, Lettenmaier D, *et al*. 1995. Stochastic characterization of regional circulation patterns for climate model diagnosis and estimation of local precipitation. *Journal of Climate*, **8**: 1023-1042.

Zwiers F W, Ross W H. 1991. An alternative approach to the extreme value analysis of rainfall. *Atmos. Ocean*, **29**: 437-461.

后记（一）

　　本书完稿之时，作者深感对于科学知识的欠缺，这主要在于：其一，各学科领域发展太快，致使任何个人都无法赶上时代的科学进步；其二，作者年事已高，心有余而力不足；其三，作者所从事的专业与技术，相比于整个科学殿堂来说，只是一般的应用基础理论，正如作者在书中所言，大气科学的一切成就和进展都是建立在基础自然科学理论发展的基础之上的。所以，作者写作本书的宗旨则在于抛砖引玉，如能引导青年学者更好地从事本学科领域的教学与研究，也就达到了作者的初衷。

　　愿一切热爱科学的青年学者，都能如愿以偿！

作者：丁裕国　刘吉峰　王　冀

后记(二)

在本书付梓出版之际,我们敬爱的丁裕国老师因病突然去世!

丁裕国教授长期致力于气候学理论及其应用研究,尤其精通以气候统计学理论为基础的各种地学领域的研究方法和进展。丁老师很早就关注并研究马尔科夫过程在气象水文中的应用。自 20 世纪 80 年代以来,丁老师及其合作者发表了几十篇有关 Markov 过程理论及其应用论文,并将 Markov 过程理论与概率统计分布和随机模拟技术相结合用于气候极值诊断和气候不确定性分析。

作为丁裕国老师的学生,我们非常有幸与丁老师合作完成这部著作,感谢丁老师在编写本书的过程中给予的指导和帮助,丁老师严谨的治学态度、扎实的工作作风、对学生无微不至的关怀令我们终生难忘,也始终鼓舞着我们在学术道路上不断前进。

谨以此书献给敬爱的丁裕国老师!

作者:刘吉峰　王　冀